控制系统的仿真与分析

——基于MATLAB的应用

于浩洋　王希凤　初红霞　编著

化学工业出版社

·北京·

内容简介

本书系统地介绍了 MATLAB 在几个主要控制领域的应用。全书共分为七章，包括 MATLAB 介绍、控制系统的分析与设计仿真、神经网络控制的分析与仿真、模糊逻辑控制的分析与仿真、模型预测控制的分析与仿真、系统辨识分析与仿真、工程应用。各章在讲解基本应用的同时给出实际例子，并在最后一章给出了几个工程的分析、设计、建模、仿真实例。

本书既可作为高等院校自动化、电气、控制工程、机电等相关专业本科生及研究生的授课、实习教材，也可为相关领域的工程技术人员和研究人员提供参考。

图书在版编目（CIP）数据

控制系统的仿真与分析：基于 MATLAB 的应用 / 于浩洋，王希凤，初红霞编著. —北京：化学工业出版社，2023.1

ISBN 978-7-122-42669-7

Ⅰ.①控…　Ⅱ.①于…　②王…　③初…　Ⅲ.①自动控制系统-系统仿真-Matlab 软件　Ⅳ.①TP273-39

中国国家版本馆 CIP 数据核字（2023）第 002360 号

责任编辑：宋　辉
文字编辑：李亚楠　陈小滔
责任校对：王　静
装帧设计：王晓宇

出版发行：化学工业出版社（北京市东城区青年湖南街 13 号　邮政编码 100011）
印　　刷：三河市航远印刷有限公司
装　　订：三河市宇新装订厂
787mm×1092mm　1/16　印张 19½　字数 494 千字
2023 年 5 月北京第 1 版第 1 次印刷

购书咨询：010-64518888
售后服务：010-64518899
网　　址：http://www.cip.com.cn
凡购买本书，如有缺损质量问题，本社销售中心负责调换。

定　　价：59.00 元　　　　　　　　　　　　　　版权所有　违者必究

MATLAB

前言

MATLAB 作为当前国际控制界最流行的面向工程与科学计算的高级语言，近年来得到了业界的一致认可，在控制系统的分析、仿真与设计方面得到了非常广泛的应用，其自身也因此得到了迅速的发展，功能不断扩充，现已发展到 9.x 的版本。为了更好地推动 MATLAB 在控制系统分析、仿真与设计中的应用，我们结合多年来的教学和科研工作编写了此书。

本书内容深入浅出，各章之间既相互联系又相互独立，读者可以根据自己的需要进行选择阅读。全书从实际出发，对常规函数的功能、格式和参数做了较详细的说明，通过大量的典型实例对 MATLAB/Simulink 的功能、操作及其在自动控制中的应用进行了较为详细的论述。书中所述内容和例子是我们多年教学与科研的结晶，同时在每章的后面例举了部分习题以供课后练习。

本书共分 7 章，包括：MATLAB 简介、控制系统的分析与仿真、神经网络控制的分析与仿真、模糊逻辑控制的分析与仿真、模型预测控制的分析与仿真、系统辨识分析与仿真、工程应用。所有的例子都提供了相应的 MATLAB 程序或仿真模型，便于读者掌握和巩固所学的知识。

本书由黑龙江工程学院三位老师编写，其中，第 1 章、第 4 章和第 7 章由于浩洋编写；第 2 章、第 3 章由初红霞编写；第 5 章、第 6 章由王希凤编写，于浩洋负责统稿工作。

本书秉承着应用性和实用性的主线，力求做到：

1. 适用性

本书既可作为高等院校控制类专业本科生及研究生的授课及实习教材，也可作为相关领域工程技术人员和研究人员的参考书。为了达到学习和实践的目的，本书在每章的后面都给出了习题，习题答案见前言后二维码。

2. 实用性

本书的编写力求与时俱进，注重理论与实践相结合，例举了大量应用实例，便于理解和上手。

3. 兼容性

由于 MATLAB 的发展很快，版本也一直在不断地更新。经过市场调研，现在 MATLAB 的使用者以 7.x、8.x 版本的居多，也有一些用户使用的是 9.x 版本，为了能使本书中所例举的实例在这些版本下都能正常、顺利地运行，所有应用实例均采用 7.x 版本，这样可以保证所有实例及程序在 7.x、8.x 或 9.x 版本下均能正常运行。

由于编者水平和学识有限，加之本书的知识覆盖面较广，书中难免有遗漏与不当之处，恳请广大读者批评指正。

编著者

本书习题答案

本书课件

MATLAB

第1章 MATLAB 简介

1.1 MATLAB 语言及特点

MATLAB 是 matrix&laboratory 两个词的组合，意为矩阵工厂（矩阵实验室）。该软件是美国 MathWorks 公司出品的商业数学软件，主要面对科学计算、可视化以及交互式程序设计的计算环境。它将数值分析、矩阵计算、科学数据可视化以及非线性动态系统的建模和仿真等诸多强大功能集成在一个易于使用的视窗环境中，为科学研究、工程设计以及必须进行有效数值计算的众多科学领域提供了一种全面的解决方案，并在很大程度上摆脱了传统非交互式程序设计语言的编辑模式。

MATLAB 和 Mathematica、Maple 并称为三大数学软件。MATLAB 的基本数据单位是矩阵，它的指令表达式与数学、工程中常用的形式十分相似，故用 MATLAB 来解算问题要比用 C、FORTRAN 等语言完成相同的事情简捷得多，并且 MATLAB 也吸收了像 Maple 等软件的优点，使 MATLAB 成为一个强大的数学软件。

随着 MathWorks 公司的不断研究，MATLAB 语言已成为带有独特的数据结构、输入/输出、结构控制语句和函数，并且是面向对象的高级语言。它集计算、数据可视化和程序设计于一体，并能将问题和解决方案以用户熟悉的数学符号表示出来，用于数据分析、无线通信、深度学习、图像处理与计算机视觉、信号处理、量化金融与风险管理、机器人控制系统等领域。

MATLAB 具有以下显著特点：

（1）功能强大

1）运算功能强大

① MATLAB 的数值运算要素不是单个数据，而是矩阵，每个元素都可看作复数，运算包括加、减、乘、除、函数运算等。

② 通过 MATLAB 的符号工具箱，可以解决在数学、应用科学和工程计算领域中常常遇到的符号计算问题。

2）有功能丰富的工具箱

具有大量针对各专业应用的工具箱，使 MATLAB 适用于不同领域。

3）文字处理功能强大

MATLAB 的 Notebook 为用户提供了强大的文字处理功能，允许用户从 Word 访问

MATLAB 的数值计算和可视化结果。

（2）人机界面友好，编程效率高

① 语言规则与笔算式相似，命令表达方式与标准的数学表达式非常相近。

② 采用解释方式工作，键入算式无需编译立即得出结果，若有错误也立即做出反应，便于编程者立即改正。

（3）有强大而智能化的作图功能

① 工程计算的结果可视化，使原始数据的关系更加清晰明了。

② 可建立多种坐标系。

③ 能绘制三维坐标中的曲线和曲面。

（4）可扩展性强

MATLAB 包括基本部分和工具箱两大部分，具有良好的可扩展性，工具箱可以任意增减。

（5）具有 Simulink 动态仿真功能

MATLAB 的 Simulink 提供了动态仿真的功能，用户通过绘制框图来模拟一个线性或非线性、连续或离散的系统，通过 Simulink 能够仿真并分析该系统。

1.2　机器配置要求

目前使用的 MATLAB 版本多在 7.x 及 8.x，也有应用 9.x（根据个人需求和机器配置）的。它可以被安装在 PC 机和 Macintosh 上，支持 UNIX、OS 和 Windows 操作系统，而且无论是单机还是网络环境，都可以发挥其卓越的性能。同时，随着 MATLAB 的版本的提高，MATLAB 的功能也越来越强大。以 MATLAB 8.x 为例，MATLAB 8.0 以上的版本对系统的要求较高，为了加快运行速度，机器的配置应该较好。MathWorks 公司对 Windows 操作系统下的机器配置提出了下述要求：

① 操作系统：Windows/MacOS/Linux。

② 处理器：Pentium III 以上，Xeon、Pentium M、AMD Athlon、Athlon XP、Athlon MP。

③ 内存要求：最小 1GB，推荐 2GB 以上。

④ 硬盘空间：至少 32GB。

⑤ 显卡：强烈推荐 32 位或 64 位支持 OpenGL 图形适配器的显卡。

⑥ 其他要求：Windows 支持的声卡、打印机等硬件。运行 MATLAB 8.0 以上版本的某些程序可能需要运行 Office。

1.3　MATLAB 的接口

1.3.1　MATLAB 应用程序接口

新版本的 MATLAB 可以利用 MATLAB 编译器和 C/C++数学库和图形库，将自己的 MATLAB 程序自动转换为独立于 MATLAB 运行的 C 和 C++代码。允许用户编写可以和 MATLAB 进行交互的 C 或 C++语言程序。另外，MATLAB 网页服务程序还容许在 Web 应用中使用自己的 MATLAB 数学和图形程序。MATLAB 的一个重要特色就是具有一套程序扩展系统和一组称之为工具箱的特殊应用子程序。工具箱是 MATLAB 函数的子程序库，每一个工具箱都是为某一类学科专业和应用而定制的，主要包括信号处理、控制系统、神经网络、模糊逻辑、小波分析和系统仿真等方面的应用。

1.3.2　MATLAB 的仿真及硬件接口

为了使设计者更快地将算法设计变为硬件实现，MATLAB 也提供了一套与硬件接口的方法。例如，MATLAB 可以自动产生基于硬件描述语言的滤波器，使得滤波器从设计到实现变得简单快捷。MATLAB 还支持 TI 公司的 DSP 设计，在 Simulink 中仿真完成以后，直接生成 DSP 的 C 语言代码，跨越了从算法到实现之间的鸿沟。MATLAB 也可以将算法生成 COM 组件，被其他程序调用，结合 VB 和 MATLAB 的 COM 组件，算法的编写容易了许多。

1.4　常用工具箱

MATLAB 常用工具箱如表 1-1 所示。

表 1-1　常用工具箱

工具箱	汉语名称	工具箱	汉语名称
MATLAB Main Toolbox	MATLAB 主工具箱	Control System Toolbox	控制系统工具箱
Communication Toolbox	通信工具箱	Financial Toolbox	财政金融工具箱
System Identification Toolbox	系统辨识工具箱	Fuzzy Logic Toolbox	模糊逻辑工具箱
Higher-Order Spectral Analysis Toolbox	高阶谱分析工具箱	Image Processing Toolbox	图像处理工具箱
Computer Vision System Toolbox	计算机视觉工具箱	LMI Control Toolbox	线性矩阵不等式工具箱
Model Predictive Control Toolbox	模型预测控制工具箱	μ-Analysis and Synthesis Toolbox	μ 分析工具箱
Neural Network Toolbox	神经网络工具箱	Optimization Toolbox	优化工具箱
Partial Differential Toolbox	偏微分方程工具箱	Robust Control Toolbox	鲁棒控制工具箱
Signal Processing Toolbox	信号处理工具箱	Spline Toolbox	样条工具箱
Statistics Toolbox	统计工具箱	Symbolic Math Toolbox	符号数学工具箱
Simulink Toolbox	动态仿真工具箱	Wavelet Toolbox	小波工具箱

1.5　MATLAB 的开发环境

MATLAB 的开发环境就是使用 MATLAB 的过程中可激活的，并且为用户使用提供支持的集成系统。

1.5.1　MATLAB 桌面平台

（1）MATLAB 的命令窗口（Command Window）
命令窗口是对 MATLAB 进行操作的主要载体，默认的情况下，启动 MATLAB 时就会打开命令窗口。一般来说，MATLAB 的所有函数和命令都可以在命令窗口执行。在 MATLAB 命令窗口中，命令的实现不仅可以由菜单操作来实现，也可以由命令执行操作来执行。

实际上掌握 MATLAB 命令执行操作是走入 MATLAB 世界的第一步，命令执行操作实现了对程序设计简单而又重要的人机交互，通过对命令执行操作，避免了编写程序的麻烦，体现了 MATLAB 所具有的灵活性。

（2）历史命令窗口（Command History）

历史命令窗口默认设置下会保留自安装时起的所有命令的历史记录，并且标明使用时间，以方便使用者的查询。双击某一行命令，即在命令窗口中执行该命令。

（3）当前目录窗口（Current Directory）

在当前目录窗口中可显示或改变当前目录，还可以显示当前目录下的文件，包括文件名、文件类型、最后修改时间及该文件的说明信息等并提供搜索功能。

（4）MATLAB 主窗口

该窗口不能进行任何计算任务的操作，只能用来进行一些整体的环境参数的设置。

（5）工作空间管理窗口（Workspace）

工作空间管理窗口是 MATLAB 的重要组成部分，在工作空间管理窗口中将显示所有目前保存的内存中的 MATLAB 变量的变量名、数据结构、字节数及类型，而不同的变量类型分别对应不同的变量名图标。

1.5.2 MATLAB 帮助系统

MATLAB 提供了相当丰富的帮助信息，同时也提供了获得帮助的方法。首先，可以通过平台的"help"菜单来获得帮助，也可以通过工具栏的帮助选项获得帮助。此外，MATLAB 也提供了在命令窗口中获得帮助的多种方法，在命令窗口中获得 MATLAB 帮助的命令及说明如表 1-2 所示。

其调用格式为：命令+制定参数。

表 1-2 MATLAB 的帮助命令及说明

命令	说明
doc	在帮助浏览器中显示指定函数的参考信息
help	在命令窗口中显示 M 文件帮助
helpbrower	打开帮助浏览器，无参数
helpwin	打开帮助浏览器，MATLAB 函数的 M 文件帮助信息置于初始界面
lockfor	在命令窗口中显示具有指定参数特征函数的 M 文件帮助
web	显示指定的网络页面，默认为 MATLAB 帮助浏览器

另外也可以通过在组件平台中调用演示模型（demo）来获得特殊帮助。

控制系统的分析与设计仿真

MATLAB 的控制系统工具箱，主要处理以传递函数为主要特征的经典控制和以状态空间为主要特征的现代控制理论中的问题。

2.1　常用控制系统的数学模型及 MATLAB 描述

在控制系统的分析和设计中，首先要建立系统的数学模型。在 MATLAB 中，常用的系统模型有传递函数模型、零极点模型以及状态空间模型等。而且 MATLAB 控制工具箱对 LTI 系统的建模也提供了大量完善的工具函数。

（1）传递函数模型(tf)

在 MATLAB 语言中，可以利用分别定义的传递函数分子、分母多项式系数向量方便地对其加以描述。通常定义系统传递函数的分子、分母多项式系数向量为：

$$num=[a_1\ a_2...a_{m-1}\ a_m];\quad den=[b_1\ b_2...b_{n-1}\ b_n]$$

其中，分子、分母多项式系数向量中的系数均按 s 的降幂排列。函数用 tf 来建立传递函数的系统模型。

格式：sys=tf(num,den)

说明：sys=tf(num,den)生成连续时间系统的传递函数模型。num 和 den 分别为分子和分母。返回 sys 为 tf 对象。

注意：此时系数必须按照 s 的降幂排列。具体 tf 函数命令见 help。

例 2-1：现有一个 SISO 系统的传递函数为 $G(s) = \dfrac{3s+1}{2s^2+5s+11}$，试创建该系统的传递函数模型。

解：依题意，调用 MATLAB 函数命令 tf( )执行如下的 MATLAB 程序 example2-1.m：

```
%MATLAB PROGRAM example2-1.m
num=[3 1];
den=[2 5 11];
g=tf(num,den)
```

程序运行后即得到该系统的传递函数模型如下：

```
Transfer function:
   3 s + 1
---------------
2 s^2 + 5 s + 11
```

（2）零极点模型(zpk)

连续系统传递函数表达式是用系统增益、系统零点与系统极点来表示的，叫作系统零极点增益模型。可以说系统零极点增益模型是传递函数模型的一种特殊形式。即有：

$$G(s) = k\frac{(s+z_1)(s+z_2)\cdots(s+z_m)}{(s+p_1)(s+p_2)\cdots(s+p_n)}$$

格式：sys=zpk(num,den)

　　　　sys=zpk(num,den,Ts)　　%Ts 为采样周期

说明：sys=zpk(num,den)函数返回的变量 sys 为连续时间系统的零极点增益模型。函数输入参量的含义同 tf( )函数命令的解释。需要指出，对于已知的零极点增益模型传递函数，其零点与极点可分别由 sys.z[1]与 sys.p[1]指令求出。

例 2-2：已知离散系统的状态空间方程为：

$$x(k+1) = \begin{bmatrix} -2.8 & -1.4 & 0 & 0 \\ 1.4 & 0 & 0 & 0 \\ -1.8 & -0.3 & -1.4 & -0.6 \\ 0 & 0 & 0.6 & 0 \end{bmatrix}x(k) + \begin{bmatrix} 1 \\ 0 \\ 1 \\ 0 \end{bmatrix}u(k)$$

$$y(k) = \begin{bmatrix} 0 & 0 & 0 & 1 \end{bmatrix}x(k)$$

试求采样周期 $T_s = 0.1$s 时系统的传递函数模型的两个向量 num、den 与系统的零极点增益模型。

解：由系统的状态空间模型，输入下面的 MATLAB 程序 example2-2.m：

```
%MATLAB PROGRAM example2-2.m
a = [-2.8 -1.4 0 0;1.4 0 0 0;-1.8 -0.3 -1.4 -0.6;0 0 0.6 0];
b = [1;0;1;0];
c = [0 0 0 1];
d = [0];
sys = ss(a,b,c,d,0.1);
sys1 = tf(sys);
num = sys1.num{1}
den = sys1.den{1}
sys2 = zpk(sys)
```

运行以上语句段可得采样周期 $T_s = 0.1$s 时系统的传递函数模型的两个向量 num、den 与系统的零极点增益模型分别为：

```
num = 0    0    0.6000    0.6000    0.9240
den = 1.0000    4.2000    6.2400    3.7520    0.7056
Zero/pole/gain:
    0.6 (z^2 + z + 1.54)
------------------------------
(z+1.4)^2 (z+1.061) (z+0.3394)
Sampling time: 0.1
```

（3）状态空间模型(ss)

格式：sys=ss(a,b,c,d)

说明：sys=ss(a,b,c,d)生成连续系统的状态空间模型，其中 a、b、c、d 分别对应系统的 *A*、*B*、*C*、*D* 参数矩阵。

sys=ss(a,b,c,d,Ts)生成离散系统的状态空间模型，T_s 为采样周期，当 $T_s = -1$ 或者 $T_s = [ ]$ 时，系统的采样周期未定义。

例 2-3：造纸工业中的一加压液流箱系统，该系统的状态变量是箱中的液位 $h(t)$ 与料浆的总压头 $G(t)$，输入变量是料浆流入量 $u_1(t)$ 与空气流入量 $u_2(t)$，输出变量是状态变量 $G(t)$ 与 $h(t)$

本身。系统状态空间模型为：$\begin{cases} \begin{bmatrix} \dot{G}(t) \\ \dot{h}(t) \end{bmatrix} = \begin{bmatrix} -0.5620 & 0.05114 \\ -0.254 & 0 \end{bmatrix} \begin{bmatrix} G(t) \\ h(t) \end{bmatrix} + \begin{bmatrix} 0.03247 & 1.145 \\ 0.1125 & 0 \end{bmatrix} \begin{bmatrix} u_1(t) \\ u_2(t) \end{bmatrix} \\ \begin{bmatrix} y_1(t) \\ y_2(t) \end{bmatrix} = \begin{bmatrix} 1 & 1 \end{bmatrix} \begin{bmatrix} G(t) \\ h(t) \end{bmatrix} + \begin{bmatrix} 0 & 0 \end{bmatrix} \begin{bmatrix} u_1(t) \\ u_2(t) \end{bmatrix} \end{cases}$，试

用矩阵组[a、b、c、d]表示系统。

解：由系统的状态空间模型，编写如下的 MATLAB 程序：

```
%MATLAB PROGRAM example2-3.m
a = [-0.5620 0.05114;-0.254 0];
b = [0.03247 1.145;0.1125 0];
c = [1 1];d=[0 0];sys=ss(a,b,c,d)
a =
           x1        x2
  x1   -0.562    0.05114
  x2   -0.254      0
b =
           u1        u2
  x1   0.03247    1.145
  x2   0.1125      0
c =
      x1   x2
  y1   1    1
d =
      u1   u2
  y1   0    0
Continuous-time model.
```

2.2　基于 MATLAB 的控制系统模型转换和简化

2.2.1　控制系统模型转化 MATLAB 函数

一个系统的数学模型的表达形式（微分方程模型、传递函数模型、零极点模型、状态空间模型等）之间存在着内在的联系，虽然它们的外在形式不同，但实质内容是等价的。人们在进行系统分析研究时，往往根据不同的要求选择不同形式的系统数学模型，因此研究不同形式的数学模型之间的转换具有重要意义。表 2-1 为 MATLAB 常用模型转换函数。

表 2-1　MATLAB 常用模型转换函数

函数名	函数功能描述	常用格式
ss2tf	状态空间转换为传递函数模型	[b,a]=ss2tf(A,B,C,D,iu)
ss2zp	状态空间转换为零极点模型	[z,p,k]=ss2zp(A,B,C,D,iu)
tf2ss	传递函数转换为状态空间模型	[A,B,C,D]=tf2ss(b,a)
tf2zp	传递函数转换为零极点模型	[z,p,k]= tf2zp(b,a)
tf2zpk	传递函数转换为零极点模型	[z,p,k]=tf2zpk(b,a)
zp2ss	零极点转换为状态空间模型	[A,B,C,D]=zp2ss(z,p,k)
zp2tf	零极点转换为传递函数模型	[b,a]=zp2tf(z,p,k)

函数名	函数功能描述	常用格式
chgunits	转换 FRD 模型的 nunits 属性	sys=chgunits(sys,units)
reshape	转换 LTI 阵列的形状	sys=reshape(sys,s1,s2,...,sk)
		sys=reshape(sys,[s1 s2...sk])
residue	提供部分分式展开	[z,p,k]=residue(b,a)
		[b,a]= residue(z,p,k)

（1）系统模型向传递函数形式的转换

功能：可以实现将状态空间方程转换为传递函数的形式。

格式：[num,den]=ss2tf(A,B,C,D,iu)或[num,den]=zp2tf(z,p,k)

说明：其中 iu 用于指定变换所使用的输入量。为了获得传递函数的系统形式，还可以采用下述方式进行，即：

$$G1=(A,B,C,D)；\quad G2=tf(G1)$$

可以证明，由给定的状态空间方程模型转换为传递函数形式的结果是唯一的。

例 2-4：已知连续系统$\sum(\boldsymbol{A},\boldsymbol{B},\boldsymbol{C},\boldsymbol{D})$的系数矩阵是：

$$\boldsymbol{A}=\begin{bmatrix} 2 & 0 & 0 \\ 0 & 4 & 1 \\ 0 & 0 & 4 \end{bmatrix},\quad \boldsymbol{B}=\begin{bmatrix} 1 \\ 0 \\ 1 \end{bmatrix},\quad \boldsymbol{C}=\begin{bmatrix} 1 & 1 & 0 \end{bmatrix},\quad \boldsymbol{D}=0，求取该系统相应的传递函数模型。$$

解：应用 MATLAB 的 ss2tf 函数可以方便地实现这种转换。

```
%MATLAB PROGRAM example2-4.m
A=[2 0 0;0 4 1;0 0 4];B=[1 0 1]';C=[1 1 0];D=0;
[num,den]=ss2tf(A,B,C,D)
G=tf(num,den)
```

运行结果：

```
num = 0    1.0000   -7.0000   14.0000
den =1    -10    32    -32
Transfer function:
   s^2 - 7 s + 14
-----------------------
s^3 - 10 s^2 + 32 s - 32
```

（2）系统模型向零极点形式的转换

功能：实现将各类系统模型转换为零极点形式模型的函数。

格式：[z,p,k]=ss2zp(A,B,C,D,iu)

　　　[z,p,k]= tf2zp(num,den)

　　　Gzp=zpk(sys)

说明：上述第一式是将以状态空间方程形式给出的模型根据指定的输入转换为零极点模型形式；第二式是将以传递函数形式给出的模型转换为零极点形式；第三式可将非零极点形式的模型转换为零极点系统模型。

例 2-5：已知系统传递函数为$G(s)=\dfrac{2s^2+3s+1}{s^4+5s^3+2s^2+7}$，将其转换为零极点形式的模型。

解：应用 MATLAB 的 tf2zp 函数可以方便地实现这种转换，程序如下：

```
%MATLAB PROGRAM example2-5.m
num=[2 3 1];den=[1 5 2 7];
[z,p,k]= tf2zp(num,den)
G= zpk(z,p,k)
```

运行结果：

```
z=                           p =                           k = 2
  -1.0000                        -4.8840
  -0.5000                        -0.0580 + 1.1958i
-0.0580 - 1.1958i

Zero/pole/gain:
     2 (s+1) (s+0.5)
--------------------------------
(s+4.884) (s^2 + 0.116s + 1.433)
```

（3）系统模型向状态空间方程形式的转换

格式：[A,B,C,D]=tf2ss(num,den)

　　　[A,B,C,D]=zp2ss(z,p,k)

　　　syss=ss(sys)

例 2-6：已知系统传递函数为 $G(s) = \dfrac{2s^2 + 3s + 1}{s^4 + 5s^3 + 2s^2 + 7}$，将其转换为状态空间方程形式模型。

解：应用 MATLAB 的 tf2ss 函数可以方便地实现这种转换，程序如下：

```
%MATLAB PROGRAM example2-6.m
num=[2 3 1];den=[1 5 2 7];
[A,B,C,D]=tf2ss(num,den)
G=ss(A,B,C,D)
```

运行结果：

```
a =                          b =
     x1  x2  x3                      u1
  x1 -5  -2  -7               x1   1
  x2  1   0   0               x2   0
  x3  0   1   0               x3   0
c =                          d =
     x1  x2  x3                      u1
  y1  2   3   1               y1   0
Continuous-time model.
```

2.2.2　控制系统模型简化 MATLAB 函数

一个控制系统可由多个子系统相互连接而成，而基本的连接方式包括串联、并联和反馈。一个复杂的系统结构图，可以通过 MATLAB 函数进行简化，求出系统的传递函数。

（1）两个系统的串联连接

格式：sys=series(sys1,sys2)

对于 SISO 系统，series 命令相当于符号 "*"。

（2）两个系统的并联连接

格式：sys=parallel(sys1,sys2)

对于 SISO 系统，parallel 命令相当于符号 "+"。

（3）两个系统的反馈连接

格式：sys=feedback(sys1,sys2,sign)

sign 用于说明反馈性质（正、负）：sign=1，表示单位正反馈，sign 缺省时，默认为负，即 sign=−1。

例 2-7：已知多回路反馈系统的结构图如图 2-1 所示，求闭环系统的传递函数 $\dfrac{C(s)}{R(s)}$。

其中，$G_1(s)=\dfrac{1}{s+10}, G_2(s)=\dfrac{1}{s+1}, G_3(s)=\dfrac{s^2+1}{s^2+4s+4}, G_4(s)=\dfrac{s+1}{s+6}$，

$H_1(s)=\dfrac{s+1}{s+2}, H_2(s)=2, H_3(s)=1$。

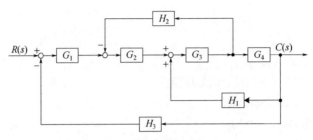

图 2-1 多回路反馈系统结构图

解： MATLAB 文本如下：

```
%MATLAB PROGRAM example2-7.m
G1=tf([1], [1 10]);G2=tf([1],[1 1]);G3=tf([1 0 1], [1 4 4]);
numg4=[1 1];deng4=[1 6];G4=tf(numg4, deng4);
H1=zpk([-1], [-2], 1);
numh2=[2]; denh2=[1]; H3=1        %建立各个方块子系统模型
nh2=conv(numh2, deng4); dh2=conv(denh2, numg4);
H2=tf(nh2, dh2);                   %先将 H₂ 移至 G₄ 之后
sys1=series(G3,G4);
sys2=feedback(sys1,H1,+1);         %计算由 G₃、G₄ 和 H₁ 回路组成的子系统模型
sys3=series(G2, sys2);
sys4=feedback(sys3, H2);           %计算由 H₂ 构成反馈回路的子系统模型
sys5=series(G1, sys4);
sys=feedback(sys5, H3)             %计算由 H₃ 构成反馈主回路的系统闭环传递函数
```

在 MATLAB 中运行上述 M 文本后，求得系统的闭环传递函数为

```
Zero/pole/gain:
              0.083333(s+1)^2(s+2)(s^2+1)
     --------------------------------------------------
     (s+10.12)(s+2.44)(s+2.349)(s+1)(s^2+1.176s+1.023)
```

式中，"^"表示乘方运算。

2.3 基于 MATLAB 的控制系统时域分析

2.3.1 稳定性分析

在时域稳定性分析中，基于判别特征方程根的方法以及很多其他与此相关的系统稳定性判别方法，都叫作代数稳定判据。

控制系统稳定性分析的各种方法，各有其应用范围。以下就代数稳定判据、根轨迹法、根轨迹设计工具来判断系统稳定性的 MATLAB 实现进行介绍。

（1）代数稳定判据与举例

求解控制系统闭环特征方程的根并判断所有根的实部是否小于零，在 MATLAB 中是很容易用函数 roots( )实现的。

格式：roots(P)

说明：函数输入参量 P 是降幂排列多项式系数向量，输出即为求出的根，且存放在系统变量 ans 中。在自动控制的稳定性分析中，P 就是系统闭环特征多项式降幂排列的系数向量。若能够求得 P，则其根就可以求出。

例 2-8： 已知系统的开环传递函数为 $G(s) = \dfrac{100(s+2)}{s(s+1)(s+20)}$，试判别该系统的稳定性。

解： 根据题意，利用 roots( )函数给出以下 MATLAB 程序段：

```
%MATLAB PROGRAM example2-8.m
k=100;z=[-2];p=[0 -1 -20];
[n1,d1]=zp2tf(z,p,k);
G=tf(n1,d1);
P=n1+d1
roots(P)
```

运行该程序段可得多项式系数向量 P 及其根：

```
P = 1    21   120    200
ans =
 -12.8990
  -5.0000
  -3.1010
```

计算数据表明所有特征根的实部均为负值，所以闭环系统是稳定的。

（2）用根轨迹法判断系统稳定性

1）根轨迹分析的 MATLAB 实现的函数指令格式

① 绘制系统零极点图的函数 pzmap。

格式：[p,z]=pzmap(a,b,c,d)

　　　[p,z]=pzmap(sys)

　　　[p,z]=pzmap(p,z)

说明：pzmap( )函数命令可以绘制线性时不变系统(LTI)的零极点图。当不带输出变量引用时，pzmap( )函数可在当前图形窗口中绘出系统的零极点图。当带行输出变量引用函数时，可返回系统零极点位置的数据，而不直接绘制零极点图，如果需要，可以再用 pzmap(p,z)绘制零极点图。

pzmap(a,b,c,d)函数可以在复平面内绘制用状态空间模型描述系统的零极点图。在图中，极点用"×"表示，零点用"○"表示。

pzmap(sys)函数可以在复平面里绘制以传递函数模型 sys 表示的开环系统的零极点图。

pzmap(p,z)函数可在复平面里绘制零极点图，其中行矢量 p 为极点位置，列矢量 z 为零点位置。这个函数命令用于直接绘制给定的零极点图。

② 求系统根轨迹的函数 rlocus( )。

格式：rlocus(sys)

　　　rlocus(sys,k)

　　　[r,k]= rlocus(sys)

说明：rlocus(sys)函数命令用来绘制 SISO 的 LTI 对象的根轨迹图。输入参数 sys 为闭环系统的开环传递函数 $G(s)H(s)$。当不带输出变量引用时，函数可在当前图形窗口中绘制出闭环系统特征方程 $1+kG(s)H(s)=0$ 的根轨迹图。函数既适用于连续时间系统，也适用于离散时间系统。

rlocus(sys,k)可以用指定的反馈增益向量 k 来绘制系统 sys 的根轨迹图。

[r,k]=rlocus(sys)这种带有输出变量的引用函数，返回系统闭环极点位置的复数矩阵 r 及其相应的增益向量 k，而不直接绘制出零极点图。

③ 计算给定一组根的系统根轨迹增益函数 rlocfind( )。

格式：[k,poles]= rlocfind(sys)或[k,poles]= rlocfind(sys,p)

说明：[k,poles]= rlocfind(sys)函数输入变量 sys 可以是由函数 tf( )、zpk( )、ss( )中任何一个所建立的 LTI 对象模型，即开环传递函数 $G(s)H(s)$。函数命令执行后，可在根轨迹图形窗口中显示十字形光标，当用户选择根轨迹上某一点时，相应的增益由 k 记录，与增益相对应的所有闭环极点记录在 poles 中。函数既适用于连续时间系统，也适用于离散时间系统。

[k,poles]= rlocfind(sys,p)函数可对给定根 p 计算对应的增益 k 与极点 poles。

2）根轨迹稳定性分析的 MATLAB 实现举例

例 2-9：设一系统开环传递函数 $G(s)H(s) = \dfrac{0.25s+1}{s(0.5s+1)}$。

① 试绘制该系统闭环的零极点图，并判断系统稳定性。

② 当系统的开环传递函数为 $G(s)H(s) = K\dfrac{0.25s+1}{s(0.5s+1)}$ 时，试绘制该系统的常规根轨迹图，并判断系统稳定性。

解： ① 根据题意，给出以下 MATLAB 程序段：

```
%MATLAB PROGRAM example2-91.m
n1=[0.25 1]; d1=[0.5 1 0];
s1=tf(n1,d1); sys=feedback(s1,1);
P=sys.den{1};p=roots(P)
G=zpk(sys);pp=G.p{1}
pzmap(sys)
[p,z]=pzmap(sys)
```

程序运行结果：

```
p =
  -1.2500 + 0.6614i
  -1.2500 - 0.6614i
pp =
  -1.2500 + 0.6614i
  -1.2500 - 0.6614i
p =
  -1.2500 + 0.6614i
  -1.2500 - 0.6614i
z = -4
```

即系统闭环特征根、闭环极点均在 s 平面左半平面，绘制系统闭环的零极点图如图 2-2 所示，两者数据一致，都表明闭环系统是稳定的。

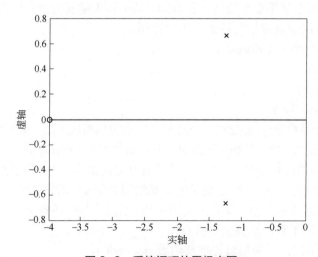

图 2-2　系统闭环的零极点图

② 根据题意，给出以下 MATLAB 程序段：

```
%MATLAB PROGRAM example2-92.m
n=[0.25 1]; d=conv([1 0],[0.5 1]);
sys=tf(n,d);
rlocus(sys)
[k,poles]=rlocfind(sys)
```

程序运行后绘制系统根轨迹如图 2-3 所示。当参数 $k(0→∞)$ 变动时，根轨迹均在 s 平面极坐标的左侧，对应的系统闭环是稳定的。

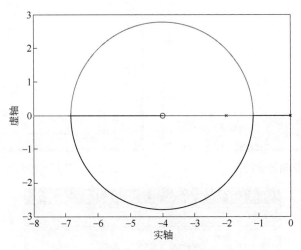

图 2-3　系统根轨迹图

程序中的 rlocfind( )是一条带鼠标操作的函数命令，函数命令执行后，可在图形窗口根轨迹图中显示十字形光标。当选择根轨迹上某一点时，其相应的增益由变量 k 记录，与此增益相关的所有极点记录在变量 poles 中。从显示所有极点的数值（即在坐标系中位置），就可判断系统的稳定性。

按以上叙述对根轨迹图进行多次操作，得两个分离点：d_1=−1.172、d_2=−6.828，对应着开环增益 K_1=0.686、K_2=23.32。

当在根轨迹圆上时，系统闭环特征方程出现了共轭复根，意味着系统闭环阶跃响应有超调，但系统闭环还是稳定的。

3）应用根轨迹设计工具进行稳定性判断

为使用 rltool 根轨迹设计工具，MATLAB 提供了对应功能的 rltool( )函数命令。

格式：rltool 或 rltool(sys)

说明：函数输入参数 sys 是系统的开环模型，rltool( )函数执行后直接打开系统根轨迹设计器，如图 2-4 所示，只不过图中 "Current Compensator" 下的 C(s)右边编辑窗口里是空的，根轨迹编辑器空白区也是空的。若 rltool(sys)函数执行后再打开带系统的根轨迹设计器，如图 2-5 所示，此时图中 "Current Compensator" 下的 C(s)右边编辑窗口里是 "1"。 根轨迹编辑器空白区也有了原系统的根轨迹图。

当鼠标指向补偿校正器 C 描述区内的任何位置或图示区中的 C 方框并单击左键时，即会弹出补偿校正器编辑器对话框，如图 2-6 所示。在 "Zeros" 区单击 "Add Real Zero" 按钮时，可在编辑框内输入欲添加的实数零点值；单击 "Add Complex Zero" 按钮时，可在编辑框内输入欲添加的零点实部与虚部的值。在 "Poles" 区内可做同样操作，如果输入的值不合要求，可在"Delete"框内勾选将其数据删除。补偿校正器 C 有增益"Gain",可在其右的编辑框内进行修改。补偿校正器编辑器也是一个非常方便有用的工具。

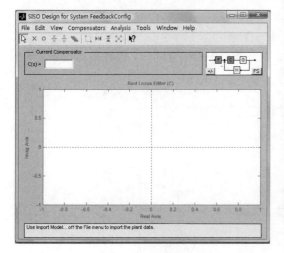 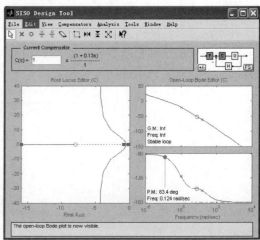

图 2-4　根轨迹设计器　　　　　　　图 2-5　执行 rltool(sys)时根轨迹设计器

图 2-6　补偿校正器编辑器对话框

例 2-10: 已知系统开环的传递函数为 $G(s)H(s) = \dfrac{K}{s(0.5s+8)(s+1)}$,试对系统的稳定性进行分析,并用根轨迹设计器对系统进行补偿设计,使系统单位阶跃给定响应一次超调 $\sigma\% \leqslant 20\%$ 后即衰减到稳态值,调节时间 $t_s \leqslant 5s$,并在根轨迹设计器中观察根轨迹图与 Bode 图(伯德图),以及系统阶跃给定响应曲线。

解: 根据题意,调用函数 rltool( )编写如下的 MATLAB 程序 example2-10.m:

```
%MATLAB PROGRAM example2-10.m
n1=[1];d1=conv(conv([1 0],[1 1]),[0.5 8]);
sys=tf(n1,d1);
rltool(sys)
```

函数执行后,则打开系统模型 sys 带根轨迹图的设计器,如图 2-5 所示。主菜单项"View"下的"Root Locus"与"Open-Loop Bode"同时被选中执行后,根轨迹编辑器空白区里同时有左边的根轨迹图与右边的伯德图,如图 2-5 所示,由伯德图可以看出,补偿器校正后系统是一个稳定的闭环,且频域性能指标优良。

当主菜单项"Analysis"下的"Response to Step Command"被选中执行后,可以得到系统闭环的单位阶跃给定响应曲线,如图 2-7 所示。

由响应曲线可知,系统的单位阶跃给定响应超调 $\sigma\% \approx 20\%$,并且超调后一次衰减到稳定值,调节时间 $t_s \leqslant 5s$,均已满足题目要求。

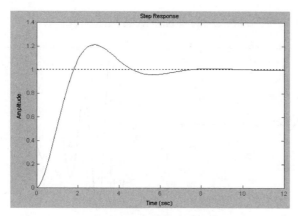

图 2-7　单位阶跃给定响应曲线

2.3.2　快速性分析

MATLAB 函数指令方式下的时域响应仿真，就是利用 MATLAB 所提供的求取连续系统的单位阶跃响应函数 step( )、单位冲激响应函数 impulse( )、零输入响应函数 initial( )，以及其他函数求出其响应。MATLAB 也提供了相应离散系统的单位阶跃响应函数 dstep( )、单位冲激响应函数 dimpulse( )、零输入响应函数 dinitial( )，以及其他函数，也可以求出其响应。

下面介绍单位阶跃响应的函数 step( )。

格式：step(sys)

说明：step( )函数用来计算系统的单位阶跃响应，可用于 SISO 或者 MIMO 的连续时间系统或者离散时间系统。其中，LTI 对象 sys 可以是由函数 tf( )、zpk( )、ss( )中任何一个建立的系统模型。计算离散时间系统阶跃响应的函数为 dstep( )。当函数命令为无等式左边输出变量的格式时，函数在当前图形窗口中直接绘制出系统的阶跃响应曲线。当函数为带有输出变量引用的函数时，可计算系统阶跃响应的输出数据，而不绘制出曲线。

例 2-11：已知单位负反馈系统前向通道的传递函数为 $G(s) = \dfrac{80}{s^2 + 2s}$，试作出其单位阶跃响应曲线与误差响应曲线。

解：根据题目要求，用函数命令编写如下程序：

```
%MATLAB PROGRAM example2-11.m
sys=tf(80,[1 2 0]);
closys=feedback(sys,1);
figure(1);
step(closys);hold on
t1=[0:5:20];[y,t]=step(closys);
figure(2);ess=1-y;
plot(t,ess);y1=step(closys,t1);
ess1=1-y1
```

运行该程序可得系统的单位阶跃给定响应曲线（图 2-8）与误差响应曲线（图 2-9），误差为：

```
ess1 =
    1.0000
    0.0064
    0.0000
    0.0000
   -0.0000
```

例 2-12：已知二阶系统传递函数为 $\varPhi(s) = \dfrac{\omega_n^2}{s^2 + 2\xi\omega_n + \omega_n^2}$，当 $\omega_n = 1$ 时，试绘制当阻尼比

ξ 值从 0 到 1（步长 0.1）时二阶系统的单位阶跃响应曲线簇。

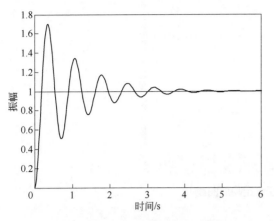

图 2-8　单位阶跃给定响应曲线

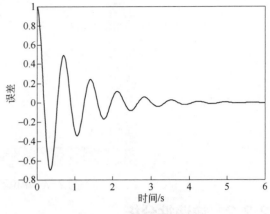

图 2-9　误差响应曲线

解：根据题目要求，用函数命令编写如下程序：

```
    %MATLAB PROGRAM example2-12.m
num=1;i=0;
for zeta=0:0.1:1
    den=[1,2*zeta,1];
    sys=tf(num,den);
i=i+1;
step(sys,10),hold on
end
lab1='\varsigma=0';text(3.7,1.9,lab1),
lab2='\varsigma=0.1';text(2.9,1.77,lab2),
lab3='\varsigma=0.2';text(2.9,1.57,lab3),
lab4='\varsigma=0.3';text(2.9,1.42,lab4),
lab5='\varsigma=0.4';text(3,1.3,lab5),
lab6='\varsigma=0.5';text(3.2,1.2,lab6),
lab7='\varsigma=0.7';text(3.6,1.08,lab7),
lab8='\varsigma=1.0';text(3.6,0.85,lab8),
```

2.4　基于 MATLAB 的控制系统频域分析

（1）Bode 图

功能：计算频域性能指标。

格式：bode(sys)

　　　[mag,phase,w]= bode(sys)

说明：bode( )函数用来计算并显示绘制的 Bode 图，可用于 SISO 或者 MIMO 的连续时间系统或者离散时间系统。当函数命令为无等式左边输出变量的格式时，函数在当前图形窗口中直接绘制出系统的 Bode 图。LTI 对象 sys 可以是由函数 tf( )、zpk( )、ss( )中任何一个函数建立的开环系统模型。计算离散时间系统 Bode 图的函数为 dbode( )。

[mag,phase,w]= bode(sys)或者[mag,phase,w]=bode(sys,w)函数为带有输出变量引用的函数，可计算系统 Bode 图的输出数据，而不绘制出曲线。输出变量 mag 是系统 Bode 图的振幅值；输出变量 phase 为 Bode 图的相位值；输出变量 w 是系统 Bode 图的频率点。

（2）Nyquist（奈奎斯特）曲线

功能：绘制连续 Nyquist 曲线的函数为 nyquist( )。

格式：nyquist(sys)或[re,im,w]=nyquist(sys)

说明：nyquist(sys)函数用来计算并绘制系统的奈奎斯特（Nyquist）曲线，可用于 SISO 或者 MIMO 的连续时间系统。LTI 对象 sys 可以是由函数 tf( )、zpk( )、ss( )中任何一个函数建立的开环系统模型。当函数命令为无等式左边输出变量的格式时，函数在当前图形窗口中直接绘制出系统的 Nyquist 曲线。

[re,im,w]=nyquist(sys)或者[re,im,w]=nyquist(sys,w)函数为带输出变量引用的函数，可计算系统在频率 w 处的频率响应输出数据，而不绘制出曲线。其中，输出变量 re 为频率响应的实部（Re），im 为频率响应的虚部（Im），w 是频率点。

（3）用频率法判定系统稳定性的 MATLAB 实现

1）用 Bode 图法判断系统稳定性

MATLAB 中求系统幅值裕度和相位裕度的函数为 margin( )，既可绘制系统 Bode 图，又能够计算频域性能指标。

格式：margin(sys)或[Gm,Pm,Wcg,Wcp]=margin(sys)

说明：margin( )函数可以从频率响应数据中计算出幅值裕度、相位裕度及其对应的角频率。输入参量 sys 一般是用系统的开环传递函数描述的系统模型，对于开环 SISO 系统，既可以是连续时间系统，也可以是离散时间系统。当不带输出变量引用函数时，margin( )可在当前图形窗口中绘制出带有稳定裕度的 Bode 图。

例 2-13：某大学机器人研究所研制开发了一套用于星际探索的系统，其目标机器人是一个六足步行机器人。该机器人单足控制系统结构图如图 2-10 所示。

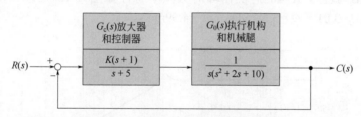

图 2-10　机器人单足控制系统结构图

要求应用 MATLAB 软件包完成：①绘制 $K=20$ 时，闭环系统的对数频率特性；②分别确定 $K=20$ 和 $K=40$ 时，闭环系统的谐振峰值 M_r、谐振频率 ω_r 和带宽频率 ω_b。

解：本题展示在频域中进行空间机器人控制系统参数的设计过程。确定不同增益取值时的系统的频域特征参数，为进一步设计控制系统参数提供必备的技术数据。

① $K=20$ 时的闭环系统 Bode 图。开环传递函数：

$$G_C(s)G_0(s) = \frac{20(s+1)}{s(s+5)(s^2+2s+10)}$$

闭环传递函数：

$$\phi(s) = \frac{20(s+1)}{s(s+5)(s^2+2s+10)+20(s+1)} = \frac{20(s+1)}{s^4+7s^3+20s^2+70s+20}$$

应用 MATLAB 软件包，可得闭环系统对数频率特性，如图 2-11 所示。

② 确定谐振峰值 M_r、谐振频率 ω_r 和带宽频率 ω_b。令 $K=20$，由图 2-11 可得：谐振峰值

$M_r=0$；谐振频率 ω_r 不存在；在 $20\lg|\phi(\mathrm{j}\omega)|(\mathrm{dB})=-3\mathrm{dB}$ 处，查出带宽频率 $\omega_b=3.62\mathrm{rad/s}$。

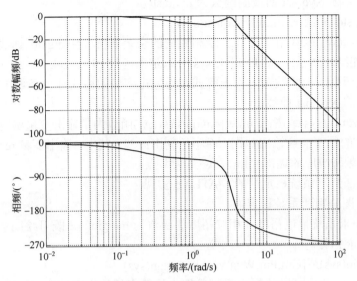

图 2-11　机器人控制系统闭环 Bode 图（$K=20$）

令 $K=40$，因为 $20\lg40-20\lg20=6\mathrm{dB}$，故可将图 2-11 中 $20\lg|\phi(\mathrm{j}\omega)|(\mathrm{dB})$ 向上平移 6dB，可得：

$$M_r(\mathrm{dB})=9.4\mathrm{dB}, M_r=2.95$$
$$\omega_r=3.7\mathrm{rad/s}, \quad \omega_b=4.7\mathrm{rad/s}$$

③ MATLAB 验证。$K=40$ 时的闭环对数频率特性如图 2-12 所示。由图 2-12 测得 $M_r(\mathrm{dB})=9.58\mathrm{dB}, M_r=3.01$；$\omega_r=3.68\mathrm{rad/s}$，$\omega_b=4.59\mathrm{rad/s}$。

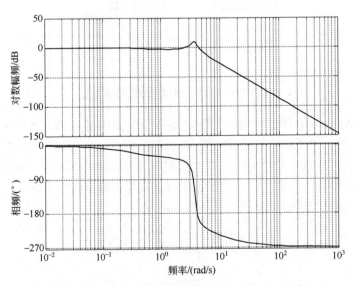

图 2-12　机器人控制系统闭环 Bode 图（$K=40$）

MATLAB 文本如下：

```
%MATLAB PROGRAM example2-13.m
 K=[20,40];
```

```
   Gc=tf([1],conv([1,0],[1,2,10]));
for i=1:2
  G1=tf(K(i)*[1,1],[1,5]);
  G0=series(G1,Gc);
  G=feedback(G0,1);
   figure(i); bode(G); grid         %分别绘制 K=20 和 K=40 时的伯德图
end
```

例 2-14：已知某系统开环传递函数 $G(s)H(s) = \dfrac{75(0.2s+1)}{s(s^2+16s+100)}$，试用 Bode 图法判断闭环系统的稳定性，并用阶跃响应曲线验证。

解：①用 Bode 图对闭环系统判稳。程序如下：

```
%MATLAB PROGRAM example2-141.m
num=75*[0 0 0.2 1];den=conv([1 0],[1 16 100]);
s=tf(num,den);
[Gm,Pm,Wcg,Wcp]=margin(s)
margin(s)
```

程序运行结果：

```
Gm =Inf; Pm = 91.6644; Wcg =Inf; Wcp =0.7573
```

即绘制出系统 Bode 图如图 2-13 所示，并计算出频域指标：幅值裕度 $L_h=\infty$dB；$-\pi$ 穿越频率 $W_g=\infty$(1/s)；相位稳定裕度 $\gamma=91.6644°$；剪切频率 $w_c=0.7573$(1/s)。

这些频域性能指标数据说明系统闭环不仅稳定，而且有很大的稳定裕度。

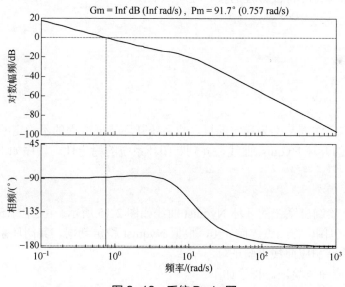

图 2-13　系统 Bode 图

② 绘制系统单位阶跃响应曲线（图 2-14）验证系统的稳定性。程序如下：

```
%MATLAB PROGRAM example2-142.m
num=75*[0 0 0.2 1];den=conv([1 0],[1 16 100]);
s=tf(num,den);
sys=feedback(s,1);
t=0:0.01:30;
step(sys,t)
```

2）用 Nyquist 曲线法判断系统稳定性

相关原理请参阅有关自动控制原理的书籍。

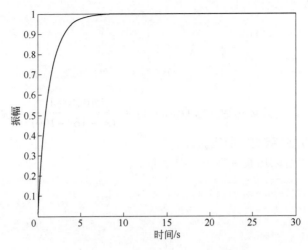

图 2-14　系统的单位阶跃响应曲线

例 2-15：已知某系统开环传递函数为 $G(s)H(s) = \dfrac{600}{0.0005s^3 + 0.3s^2 + 15s + 200}$，试用 Nyquist 稳定判据判断闭环系统的稳定性，并用阶跃响应曲线验证。

解：①计算系统开环特征方程的根。程序如下：

```
P=[0.0005 0.3 15 200];
roots(P)
```

程序运行结果：

```
ans =
  1.0e+002 *
  -5.4644
  -0.2678 + 0.0385i
  -0.2678 - 0.0385i
```

即 3 个根均有负实部，都为稳定的根。故系统开环特征方程的不稳定的根的个数 p=0。

② 绘制系统的开环 Nyquist 曲线，并判断闭环系统的稳定性。程序如下：

```
n=600;d=[0.0005 0.3 15 200];
GH=tf(n,d);
nyquist(GH)
```

程序运行后，绘制出系统的开环 Nyquist 曲线如图 2-15 所示。由图 2-15 可以看出，系统的 Nyquist 曲线不包围$(-1, j_0)$点。而 p=0，根据 Nyquist 稳定判据，其闭环系统是稳定的，这还可以用系统的阶跃响应曲线来验证。

③ 用阶跃响应曲线验证。程序如下：

```
syms s GH sys;
GH=600/(0.0005*s^3+0.3*s^2+15*s+200);
sys=factor(GH/(1+GH))
```

程序运行结果：

```
sys =1200000/(s^3+600*s^2+30000*s+1600000)
```

即 $G(s)H(s) = \dfrac{1200000}{s^3 + 600s^2 + 30000s + 1600000}$

还要用以下程序绘制系统单位阶跃响应曲线：

```
n=1200000;d=[1 600 30000 160000];
sys=tf(n,d);
step(sys)
```

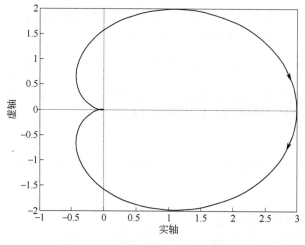

图 2-15　系统的开环 Nyquist 曲线

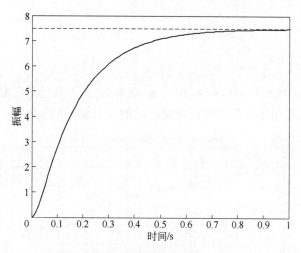

图 2-16　系统单位阶跃响应曲线

　　程序运行后，绘制出系统单位阶跃响应曲线如图 2-16 所示。由图 2-16 可知，曲线略微超调后迅速衰减到响应终了值，对应的系统闭环不仅稳定，而且具有优良的性能指标，这就验证了 Nyquist 稳定判据判断结论的正确性。

2.5　基于 MATLAB 的控制系统设计

2.5.1　基于 MATLAB 的频率特性设计

　　控制系统设计的思路之一就是在原系统特性的基础上，对原特性加以校正，使之达到要求的性能指标。最常用的经典校正方法有根轨迹法和频域法。而常用的串联校正装置有超前校正、滞后校正和超前滞后校正装置。本实验主要研究在 MATLAB 环境下进行串联校正设计。

　　（1）基于频率法的串联超前校正

　　超前校正装置的主要作用是通过其相位超前效应来改变频率响应曲线的形状，产生足够大的相位超前角，以补偿原来系统中元件造成的过大的相位滞后。因此校正时应使校正装置的最大超前相位角出现在校正后系统的开环截止频率ω_c处。

例 2-16：单位反馈系统的开环传递函数为$G(s) = \dfrac{K}{s(s+1)}$，试确定串联校正装置的特性，使系统满足在斜坡函数作用下系统的稳态误差小于 0.1，相位裕度$\gamma \geqslant 45°$。

解：根据系统静态精度的要求，选择开环增益：

$$e_{ss} = \lim_{s \to 0} sE(s) = \lim_{s \to 0} s \times \frac{\dfrac{1}{s^2}}{1 + \dfrac{K}{s(s+1)}} < 0.1 \Rightarrow K > 10$$

取K=12，求原系统的相位裕度。

```
%MATLAB PROGRAM example2-161.m
num0=12;   den0=[2,1,0];   w=0.1:1000;
[gm1,pm1,wcg1,wcp1]=margin(num0,den0);
[mag1,phase1]=bode(num0,den0,w);
[gm1,pm1,wcg1,wcp1]
margin(num0,den0)      %计算系统的相位裕度和幅值裕度，并绘制出 Bode 图
grid;
ans =
    Inf   11.6548   Inf   2.4240
```

由结果可知，原系统相位裕度γ=11.6°，ω_c=2.4rad/s，不满足指标要求，系统的 Bode 图如图 2-17 所示。考虑采用串联超前校正装置，以增加系统的相位裕度。

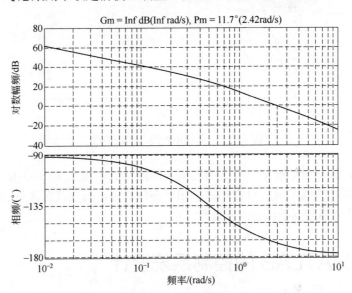

图 2-17　原系统的 Bode 图（例 2-16）

确定串联装置所需要增加的超前相位角及求得的校正装置参数。

$\Phi_c = \gamma - \gamma_0 + \varepsilon$，$\gamma = 45°$，$\gamma_0$ 为原系统的相位裕度，ε 取 5°，令$\Phi_m = \Phi_c$，$\alpha = (1 + \sin\Phi_m)/(1 - \sin\Phi_m)$，

```
>>e=5;  r=45;  r0=pm1;
phic=(r-r0+e)*pi/180;
alpha=(1+sin(phic))/(1-sin(phic));
```

将校正装置的最大超前角处的频率ω_m作为校正后系统的剪切频率ω_c，则有：

$$20\lg | G_c(j\omega_c)G_0(j\omega_c)| = 0 \Rightarrow |G_0(j\omega_c)| = \frac{1}{\sqrt{\alpha}}$$

即原系统幅频特性幅值等于 $-20\lg\sqrt{\alpha}$ 时的频率，选为 ω_c。

根据 $\omega_m = \omega_c$，求出校正装置的参数 T，即 $T = \dfrac{1}{\omega_c\sqrt{\alpha}}$。

```
%MATLAB PROGRAM example2-162.m
[il,ii]=min(abs(mag1-1/sqrt(alpha)));
wc=w( ii);  T=1/(wc*sqrt(alpha));  numc=[alpha*T,1];  denc=[T,1];
[num,den]=series(num0,den0,numc,denc);     %原系统与校正装置串联
[gm,pm,wcg,wcp]=margin(num,den);           %返回系统新的相位裕度和幅值裕度
printsys(numc,denc)                        %显示校正装置的传递函数
disp('校正之后的系统开环传递函数为:');
printsys(num,den)                          %显示系统新的传递函数
[mag2,phase2]=bode(numc,denc,w);           %计算指定频率内校正装置的相位范围和幅值范围
[mag,phase]=bode(num,den,w);               %计算指定频率内系统新的相位范围和幅值范围
subplot(2,1,1);semilogx(w,20*log10(mag),w,20*log10(mag1),'--',w,20*log10(mag2),'-.');
grid;   ylabel('幅值(db)');    title('--Go,-Gc,GoGc');
subplot(2,1,2);  semilogx(w,phase,w,phase1,'--',w,phase2,'-',w,(w-180-w),':');
grid;  ylabel('相位(°)'); xlabel('频率(rad/sec)');
title(['校正前:幅值裕量=',num2str(20*log10(gm1)),'db','相位裕量=',num2str(pm1),'°';
'校正后:幅值裕量=',num2str(20*log10(gm)),'db','相位裕量=',num2str(pm),'°']);
```

系统校正前后的传递函数及 Bode 图如图 2-18 所示。

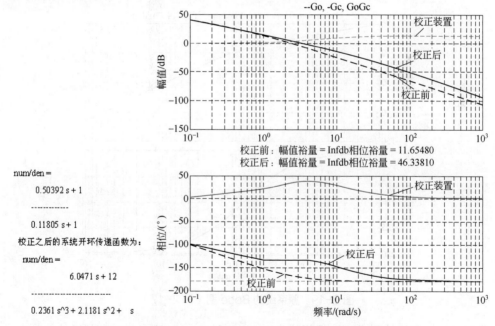

图 2-18　系统校正前后的传递函数及 Bode 图（例 2-16）

（2）基于频率法的串联滞后校正

滞后校正装置将给系统带来滞后相位。引入滞后装置的真正目的不是为了提供一个滞后相位，而是要使系统增益适当衰减，以便提高系统的稳态精度。

滞后校正的设计主要是利用它的高频衰减作用，降低系统的截止频率，以便能使得系统获得充分的相位裕量。

例 2-17：单位反馈系统的开环传递函数为 $G(s) = \dfrac{K}{s(0.1s+1)(0.2s+1)}$，试确定串联校正装置的特性，使校正后系统的静态速度误差系数等于 30，相位裕度 $\gamma = 40°$，幅值裕量不小于 10dB，截止频率不小于 2.3rad/s。

解： 根据系统静态精度的要求，选择开环增益

$$K_v = \lim_{s \to 0} sG(s) = \lim_{s \to 0} s \times \frac{K}{s(0.1s+1)(0.2s+1)} = 30 \Rightarrow K = 30$$

利用 MATLAB 绘制原系统的 Bode 图和相应的稳定裕度。

```
%MATLAB PROGRAM example2-171.m
num0=30;
den0=conv([1,0],conv([0.1,1],[0.2,1]));
w=logspace(-1,1.2);
[gm1,pm1,wcg1,wcp1]=margin(num0,den0);
[mag1,phase1]=bode(num0,den0,w);
[gm1,pm1,wcg1,wcp1]
margin(num0,den0)
grid;
ans =
   0.5000  -17.2390   7.0711   9.7714
```

由结果可知，原系统不稳定，且截止频率远大于要求值。系统的 Bode 图如图 2-19 所示，考虑采用串联超前校正无法满足要求，故选用滞后校正装置。

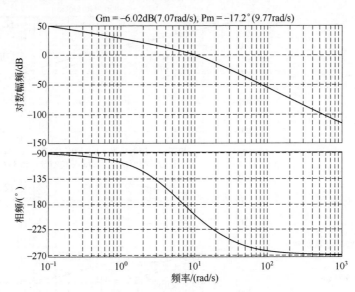

图 2-19　原系统的 Bode 图（例 2-17）

根据对相位裕量的要求，选择相位为 $\varphi = -180° + \gamma + \varepsilon(\varepsilon=5° \sim 10°, \gamma=40°)$ 处的频率作为校正后系统的截止频率 ω_c。确定原系统在新 ω_c 处的幅值衰减到 0dB 时所需的衰减量为 $-20\lg\beta$。一般取校正装置的转折频率分别为 $\dfrac{1}{T} = \left(\dfrac{1}{5} \sim \dfrac{1}{10}\right)\omega_c$ 和 $\dfrac{1}{\beta T}$。系统校正前后的传递函数及 Bode 图如图 2-20 所示。

```
%MATLAB PROGRAM example2-172.m
e=10; r=40; r0=pm1; phi=(-180+r+e);
[il,ii]=min(abs(phase1-phi));wc=w( ii); beit=mag1(ii); T=10/wc;
```

```
numc=[ T,1];  denc=[ beit*T,1];
[num,den]=series(num0,den0,numc,denc);          %原系统与校正装置串联
[gm,pm,wcg,wcp]=margin(num,den);                %返回系统新的相位裕度和幅值裕度
printsys(numc,denc)                             %显示校正装置的传递函数
disp('校正之后的系统开环传递函数为:');
printsys(num,den)                               %显示系统新的传递函数
[mag2,phase2]=bode(numc,denc,w);                %计算指定频率内校正装置的相位范围和幅值范围
[mag,phase]=bode(num,den,w);                    %计算指定频率内系统新的相位范围和幅值范围
subplot(2,1,1);semilogx(w,20*log10(mag),w,20*log10(mag1),'--',w,20*log10(mag2),'-.');
grid;  ylabel('幅值(db)');   title('--Go,-Gc,GoGc');
subplot(2,1,2);  semilogx(w,phase,w,phase1,'--',w,phase2,'-',w,(w-180-w),':');
grid;   ylabel('相位(⁰)'); xlabel('频率(rad/sec)');
title(['校正前:幅值裕量=',num2str(20*log10(gm1)),'db','相位裕量=',num2str(pm1),'⁰';
'校正后:幅值裕量=',num2str(20*log10(gm)),'db','相位裕量=',num2str(pm),'⁰']);
```

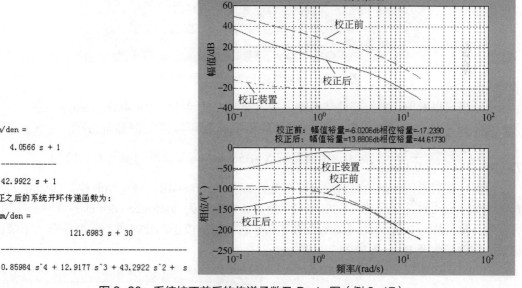

```
num/den =

    4.0566 s + 1
   ---------------
   42.9922 s + 1

校正之后的系统开环传递函数为:
num/den =

                       121.6983 s + 30
-----------------------------------------------
0.85984 s^4 + 12.9177 s^3 + 43.2922 s^2 +  s
```

图 2-20   系统校正前后的传递函数及 Bode 图（例 2-17）

（3）基于频率法的串联滞后-超前校正

滞后-超前校正装置综合了超前校正和滞后校正的优点，从而改善了系统的性能。

例 2-18： 单位反馈系统的开环传递函数为 $G(s) = \dfrac{K}{s(s+1)(0.4s+1)}$，若要求相位裕度 $\gamma = 45°$，

幅值裕量大于 10dB，$K_v = 10(1/\text{s})$，试确定串联校正装置的特性。

解： 根据系统静态精度的要求，选择开环增益：

$$K_v = \lim_{s \to 0} sG(s) = K = 10$$

利用 MATLAB 绘制原系统的 Bode 图和相应的稳定裕度，如图 2-21 所示。

```
%MATLAB PROGRAM example2-181.m
>>num0=10;   den0=conv([1,0],conv([1,1],[0.4,1]));   w=logspace(-1,1.2);
[gm1,pm1,wcg1,wcp1]=margin(num0,den0);
[mag1,phase1]=bode(num0,den0,w);
[gm1,pm1,wcg1,wcp1]
margin(num0,den0)
grid;
ans =
 0.3500  -24.1918  1.5811  2.5520
```

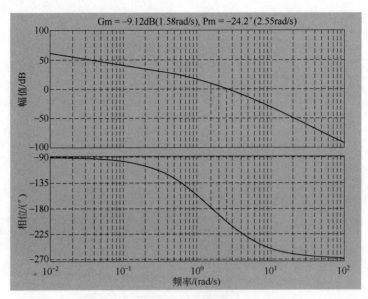

图 2-21 原系统的 Bode 图（例 2-18）

由结果可以看出，单级超前装置难以满足要求，故设计一个串联滞后-超前装置。

选择原系统-180°的频率为新的截止频率 ω_c，则可以确定滞后部分的 T_2 和 β，其中 $\dfrac{1}{T_2} = \dfrac{1}{10}\omega_c \Rightarrow T_2 = \dfrac{1}{0.1\omega_c}$，$\beta$=10。由原系统 ω_c=1.58rad/s 可得此时的幅值为 9.12dB。

根据校正后系统在新的幅值交接频率处的幅值必须为 0dB，确定超前校正部分的 T_1。在原系统[ω_c, $-20\lg G_0(j\omega_c)$]，即（1.58,-9.12）处画一条斜率为 20dB/dec（dec 即为度的英文简称）的直线，此直线与 0dB 线及-20dB 线的交点分别为超前校正部分的两个转折频率。系统校正前后的传递函数及 Bode 图如图 2-22 所示。

num/den =

    13.4237 *s*^2 + 8.4501 *s* + 1

    13.4237 *s*^2 + 63.5032 *s* + 1

校正之后的系统开环传递函数为:

num/den =

        134.2374 *s*^2 + 84.5006 *s* + 10

5.3695 *s*^5 + 44.1945 *s*^4 + 102.7283 *s*^3 + 64.9032 *s*^2 +   *s*

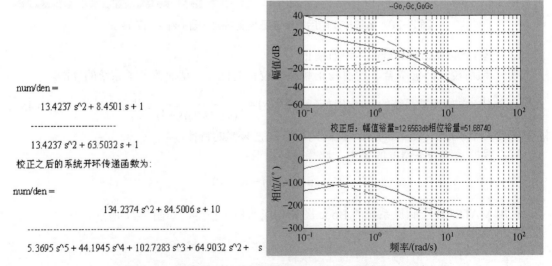

图 2-22 系统校正前后的传递函数及 Bode 图（例 2-18）

```
%MATLAB PROGRAM example2-182.m
  wc=1.58; beit=10;  T2=10/wc;lw=20*log10(w/1.58)-9.12;
  [il,ii]=min(abs(lw+20));  w1=w(ii);
  numc1=[1/w1,1];denc1=[1/ (beit*w1),1];
```

```
numc2=[ T2,1];denc2=[ beit*T2,1];
[numc,denc]=series(numc1,denc1,numc2,denc2);
[num,den]=series(num0,den0,numc,denc);printsys(numc,denc)
disp('校正之后的系统开环传递函数为:');printsys(num,den)
[mag2,phase2]=bode(numc,denc,w);
[mag,phase]=bode(num,den,w);
[gm,pm,wcg,wcp]=margin(num,den);
subplot(2,1,1);semilogx(w,20*log10(mag),w,20*log10(mag1),'--',w,20*log10(mag2),'-.');
grid;    ylabel('幅值(db)');    title('--Go,-Gc,GoGc');
subplot(2,1,2);   semilogx(w,phase,w,phase1,'--',w,phase2,'-',w,(w-180-w),':');
grid;    ylabel('相位(0)'); xlabel('频率(rad/sec)');
title(['校正后: 幅值裕量=',num2str(20*log10(gm)),'db','相位裕量=',num2str(pm),'°']);
```

2.5.2　基于 MATLAB 的 PID 控制器设计

比例-积分-微分（PID）控制器是工业控制中常见的一种控制装置，PID 有几个重要的功能：提供反馈控制；通过积分作用消除稳态误差；通过微分作用进行预测以减小动态偏差。PID 控制器作为最常用的控制器，在控制系统中所处的位置如图 2-23 所示。

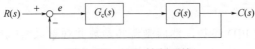

图 2-23　PID 控制系统

PID 控制器的传递函数表达式为：

$$G_c(s) = K_p(1 + \frac{1}{K_i s} + K_d s)$$

PID 控制器的整定就是针对具体的被控对象和控制要求调整控制器参数，求取控制质量最好的控制器参数值，即确定最适合的比例系数 K_p、积分时间 T_I 和微分时间 T_D。

（1）PID 控制器模型的建立

按图 2-24 组成 PID 控制器，其传递函数表达式为 $G_c(s) = K_p(1 + \frac{1}{T_i s} + \frac{K_d T_d s}{1 + T_d s})$。对于实际的微分环节，可将分子、分母同除以 T_d，传递函数变为 $G_c(s) = K_p[1 + \frac{1}{T_i s} + \frac{K_d s}{\frac{1}{T_d} + s}]$，如果要改变 PID 的参数 T_d、K_d、T_i、K_p，只要改变模块的分子、分母多项式的系数即可。

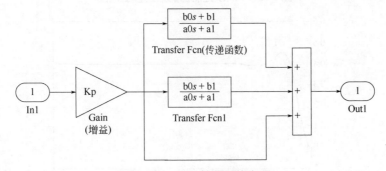

图 2-24　PID 控制器的实现

图 2-24 中，Gain 模块的增益值对应于 K_p 参数，积分环节和微分环节可以通过传函

（Transfer Fcn）模块来实现。在 Transfer Fcn 模块中，令 $b_0 = K_d, b_1 = 0, a_0 = 1, a_1 = 1/T_d$，可得微分控制器；在 Transfer Fcn1 模块中，令 $b_0 = 0, b_1 = 1, a_0 = T_i, a_1 = 0$，可得积分控制器。然后据 T_d、K_d、T_i、K_p 参数调整要求，修改对应的 b_0、b_1、a_0、a_1 值，对系统进行整定。

（2）PID 控制器的参数整定

采用根据经验公式和实践相结合的方法进行 PID 控制器的参数整定。

1）衰减曲线经验公式法

在闭环控制系统中，先将控制器变为纯比例作用，并将比例度预置在较大的数值上。在达到稳定后，用改变给定值的方法加入阶跃干扰，观察被控变量曲线的衰减比，然后从大到小改变比例度，直至出现 4∶1 衰减比为止，记下此时的比例度 δ_s（称为 4∶1 衰减比例度），从曲线上得到衰减周期 T_s。然后根据经验公式，求出控制器的参数整定值。

比例度系数：$\delta = 0.8\delta_s$；

积分时间：$T_I = 0.3T_s$；

微分时间：$T_D = 0.1T_s$。

2）实践整定法

先用经验公式法初定 PID 参数，然后微调各参数并观察系统响应变化，直至得到较理想的控制性能。

例 2-19：已知系统框图如图 2-25 所示，采用 PID 控制器，使得控制系统的性能达到最优。

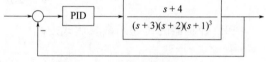

图 2-25　PID 控制器参数整定

解：①建模　首先建立加入 PID 控制器的系统模型，框图如图 2-26 所示，图中 Transfer Fcn 对应积分环节，Transfer Fcn1 对应微分环节。在未加 PID 控制器的情况下，获取输出波形如图 2-27 所示。图中，系统的稳态误差较大，非理想状态。

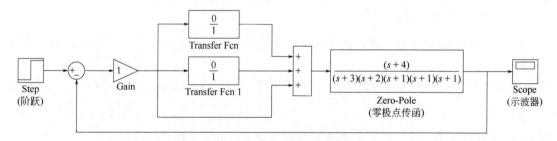

图 2-26　PID 控制器的系统模型框图

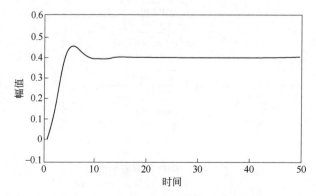

图 2-27　未加 PID 控制器的输出波形

② 整定　根据衰减曲线经验公式法，首先令积分环节和微分环节模块不发生作用，如图 2-26 所示，单独调节比例参数，大约在 K=1.6 时，出现了 4∶1 的衰减比，此时，根据经验公式换算相关参数，直接设定积分和微分环节的参数，微调，直到达到最佳状态为止。整定好的 PID 控制系统如图 2-28 所示，示波器的输出波形如图 2-29 所示。

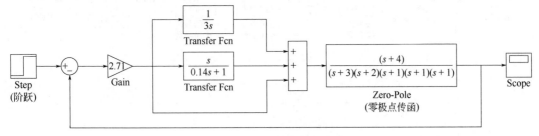

图 2-28　PID 控制参数整定

③ 结果分析　最后达到系统的稳态误差为 0，超调量为 4%左右，接近理想系统的输出状态。

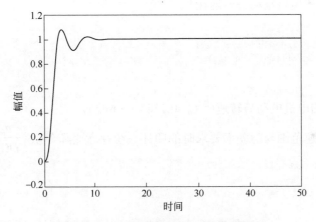

图 2-29　PID 控制器整定后的输出波形

2.6　线性连续控制系统分析与设计实例

2.6.1　简单闭环控制系统的 MATLAB 计算及仿真

在此节中，将对简单闭环控制的调速系统进行 PI 校正设计，并验算设计后系统的时域与频域性能指标是否满足要求。请看以下示例。

例 2-20：已知晶闸管-直流电机单闭环调速系统（V-M 系统）的 Simulink 动态结构如图 2-30 所示。

图 2-30 中，电机参数：P_{nom}=2.2kW，n_{nom}=1500r/min，U_{nom}=220V，I_{nom}=12.5A，电机电枢电阻 R_a=1Ω。V-M 系统主电路总电阻 R=2.9Ω，电枢主回路总电感 L=40mH，拖动系统运动部分飞轮矩 GD^2=1.5N·m^2，整流触发装置的放大系数 K_s=44，三相桥平均失控时间 T_s=0.00167s。(1)要求系统调速范围 D=15，静差率 s=5%，求闭环系统的开环放大系数 K。(2)若 U_n^*=10V 时，n= n_{nom}=1500r/min，求拖动系统测速反馈系数 α。(3)计算比例调节器的放大系数 K_p。(4)试问系统能否稳定运行？其临界开环放大系数为多少？(5)试绘制出比例调节器

K_p=20 与 K_p=21 时系统的单位给定阶跃响应曲线以验证系统能否稳定运行。(6)以相位稳定裕度γ=45°为校正主要指标对系统进行滞后校正。(7)以剪切频率为校正主要指标对系统进行滞后校正。

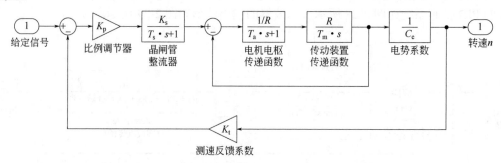

图 2-30　转速单闭环调速系统的 Simulink 动态结构图

解：（1）求满足系统调速范围与静差率要求时的闭环系统开环放大系数 K。

① 额定磁通下的电机电动势转速比 $C_e = \dfrac{U_{nom} - I_{nom}R_a}{n_{nom}}$。

```
syms Unom Inom nnom Ra Ce;
Unom=220;Inom=12.5;Ra=1;nnom=1500;
Ce=(Unom-Inom*Ra)/nnom
```
程序运行结果：
```
Ce=0.1383
```
即额定磁通下的电机电动势转速比 C_e=0.1383V·min/r。

② 满足系统调速范围与静差率要求时的闭环系统稳态速降 $\Delta n_{cl} = \dfrac{n_{nom}s}{D(1-s)}$。

```
syms nnom s D deltancl;
nnom=1500;s=0.05;D=15;
Deltancl=nnom*s/(D*(1-s))
```
程序运行结果：
```
Deltancl=5.2632
```
即满足要求时的闭环系统稳态速降 $\Delta n_{cl} = 5.2632\text{r}/\min$。

③ 开环系统稳态速降 $\Delta n_{op} = \dfrac{I_{nom}R}{C_e}$。

```
syms Inom R Ce deltanop;
Inom=12.5;R =2.9;Ce=0.1383;
Deltanop=Inom*R/Ce
```
程序运行结果：
```
Deltanop=262.1114
```
即开环系统稳态速降 $\Delta n_{op} = 262.1114\text{r}/\min$。

④ 根据自动控制理论有 $K = \dfrac{\Delta n_{op}}{\Delta n_{cl}} - 1$。

```
syms deltanop deltancl K;
deltanop=262.1114;
deltancl=5.2632;
K= deltanop/ deltancl-1
```
程序运行结果：
```
K=48.8008
```
即满足系统调速范围与静差率要求时的闭环系统开环放大系数 K=48.8008。

（2）求系统测速反馈系数 $\alpha = \dfrac{U_n}{n_{nom}}$。

对单闭环调速系统有静态结构图，如图 2-31 所示。

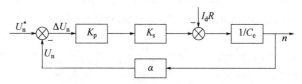

图 2-31 单闭环调速系统静态结构图

根据自动控制理论有如下方程组

$$\begin{cases} U_n = K\Delta U_n \\ U_n^* - U_n = \Delta U_n \end{cases}$$

式中，$K = K_p K_s \alpha / C_e$。

代入已知条件，得到

$$\begin{cases} U_n = 48.8008\Delta U_n \\ 10 - U_n = \Delta U_n \end{cases}$$

用 MATLAB 程序解此方程组：

```
syms Un deltaUn alpha;
[Un,deltaUn]=solve('Un=48.8008*deltaUn','10-Un=deltaUn');
Alpha=vpa(Un/1500,2)
```

程序运行结果：

```
Alpha= .65e-2
```

即 $\alpha = 0.0065$V·min/r$=K_t$。

（3）计算比例调节器的放大系数 K_p。

根据自动控制理论，闭环系统的开环放大系数 K、测速反馈系数 α、电机电动势转速比 C_e 与放大系数 K_p 之间满足关系式：$K = K_p K_s \alpha / C_e$。

```
syms K K_p K_s C_e alpha;
K=48.8008'K_s=44;C_e=0.1383;alpha=0.0065;
K_p=(K*C_e)/(K_s*alpha)
```

程序运行结果：

```
K_p=23.5984
```

即 $K_p = 23.5984$。

（4）计算参数 T_a 与 T_m。

① 电枢回路电磁时间常数 $T_a = L/R$。

```
syms L R T_a;
L=40e-3;R=2.9;
T_a=L/R
```

程序运行结果：

```
T_a=0.0138
```

即电枢回路电磁时间常数 $T_a = 0.0138$s。

② 系统运动部分飞轮矩相应的机电时间常数 $T_m = \dfrac{GD^2 R}{375 C_e C_m}$。

```
syms GDpf  R Ce Cm Tm;
GDpf =1.5;R=2.9;Ce=0.1383;Cm=Ce*30/pi;
Tm=GDpf*R/(375*Ce*Cm)
```

程序运行结果：

```
Tm=0.0635
```

即飞轮矩相应的机电时间常数 T_m=0.0635s。

（5）绘制带参数单闭环调速系统的 Simulink 动态结构图。

图 2-32 即为模型 smx2501.mdl，图中 K_t=α=0.0065V·min/r。

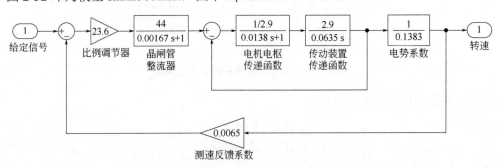

图 2-32　带参数单闭环调速系统的 Simulink 动态结构图模型 smx2501.mdl

（6）求闭环系统临界开环放大系数。

根据自动控制理论的代数稳定判据，系统稳定的充要条件为 $K<\dfrac{T_m(T_a+T_s)+T_s^2}{T_aT_s}$，其临界

开环放大系数 $K_{cr}=\dfrac{T_m(T_a+T_s)+T_s^2}{T_aT_s}$。

```
syms K Kcr Tm Ta Ts;
Tm=0.0635;
Ta=0.0138;
Ts=0.00167;
Kcr=(Tm*(Ta+Ts)+Ts^2)/(Ta*Ts)
```

程序运行结果：

```
Kcr=42.7464
```

即闭环系统临界开环放大系数 K_{cr}=42.7464。

（7）求系统闭环特征根以验证系统能否稳定运行。

```
[a,b,c,d]=linmod('smx2501');
s1=ss(a,b,c,d);
sys=tf(s1);
sys1=zpk(s1);
P=sys.den{1};
roots(P)
```

程序运行结果：

```
ans=1.0e+002*
-6.7944
0.0409+2.2377i
0.0409-2.2377i
```

即系统闭环特征根有两个根的实部为正，说明系统不能稳定运行。

（8）绘制出比例调节器 K_p=20 与 K_p=21 系统的单位给定阶跃响应曲线，以验证系统能否稳定运行。

① 比例调节器 K_p=20 时，求闭环系统开环放大系数 K。

根据 $K=K_pK_s\alpha/C_e$，有

```
syms Kp Ks Ce alpha;
Kp=20;Ks=44;Ce=0.1383;alpha=0.0065;
K=Kp*Ks*alpha/Ce
```

程序运行结果：

```
K=41.3594
```

即 K_p=20 对应着闭环系统开环放大系数 K=41.3594。

② 当 K_p=20 时（需将动态模型结构图 smx2501.mdl 的 K_p 设置为 20，下同），绘制其系统单位阶跃响应曲线。

```
%MATLAB PROGRAM sL2501.m
[a,b,c,d]=linmod('smx2501');
s1=ss(a,b,c,d);
sys=tf(s1);step(sys);
```

当 $K=K_pK_s\alpha/C_e$=41.3594<K_{cr}=42.7464，此时对应着模型 smx2501.mdl 中的 K_p=20，运行程序 sL2501.m，系统单位阶跃响应曲线应呈现剧烈的振荡（虽然是衰减的），如图 2-33 所示。

③ 比例调节器 K_p=21 时，求闭环系统开环放大系数 K。

```
sys Kp Ks Ce alpha;
Kp=21;Ks=44;Ce=0.1383;alpha=0.0065;
K=Kp*Ks*alpha/Ce
```

程序运行结果：

```
K=43.4273
```

④ 当 K_p=21 时，绘制其系统单位阶跃响应曲线。

当 $K=K_pK_s\alpha/C_e$=43.4273>K_{cr}=42.7464，此时对应着模型 smx2501.mdl 中的 K_p=21，运行程序 sL2501.m，系统单位阶跃响应呈现发散的振荡，如图 2-34 所示，即系统是不稳定的。当 K_p=23.5984 时，系统越发不稳定。

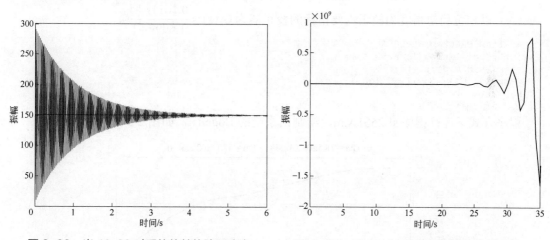

图 2-33　当 K_p=20 时系统的单位阶跃响应　　　图 2-34　当 K_p=21 时系统的单位阶跃响应

（9）分别以相位稳定裕度与剪切频率为校正主要指标对系统进行滞后校正。模型 smx2501.mdl（即图 2-32）的开环模型为 smx2501A.mdl，以下程序要用到它。

```
[a,b,c,d]=linmod('smx2501A');
s1=ss(a,b,c,d);s2=tf(s1);
gama=48;[Gc]=lagc(1,s2,[gama])
wc=35;[Gc]=lagc(2,s2,[wc])
```

其中，lagc( )为自定义的函数。

```
function[Gc]=lagc(key,sope,vars)
if key==1
    gama=vars(1);
    gama1=gama+5;
    [mu,pu,w]=bode(sope);
    wc=spline(pu,w',(gama1-180));
```

```
elseif key==2
    wc=vars(1);
end
num=sope.num{1};den=sope.den{1};
na=polyval(num,j*wc);
da=polyval(den,j*wc);
g=na/da;g1=abs(g);
h=20*log10(g1);
beta=10^(h/20);
T=10/wc;
betat=beta*T;
Gc=tf([T 1],[betat 1]);
```

程序运行结果：

```
Transfer function:
0.1611 s + 1
------------
1.699 s + 1
 Transfer function:
0.2857 s + 1
------------
6.26s + 1
```

即以相位稳定裕度为校正主要指标的滞后校正器为 $G_c(s) = \dfrac{0.1611s+1}{1.699s+1}$，而以剪切频率为

校正主要指标的滞后校正器为 $G_c(s) = \dfrac{0.2857s+1}{6.26s+1}$。

下面验算设计的校正器校正效果。

（A）以相位稳定裕度为校正主要指标的校正器为 $G_c(s) = \dfrac{0.1611s+1}{1.699s+1}$。

```
%MATLAB PROGRAM sL2501A.m
[a,b,c,d]=linmod('smx2501A');
s1=ss(a,b,c,d);s2=tf(s1);
gama=48;[Gc]=lagc(1,s2,[gama])
sys=s2*Gc;
margin(sys)
```

程序方式下运行程序 sL2501A.m，绘制出系统的 Bode 图，如图 2-35 所示。

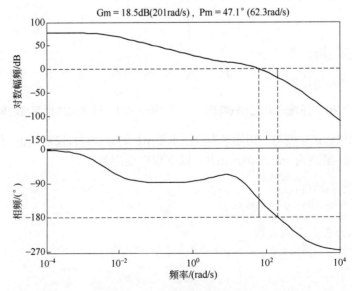

图 2-35　经校正器 $G_c(s) = \dfrac{0.1611s+1}{1.699s+1}$ 校正后的 Bode 图

从图 2-35 可以看出，校正后系统的相角稳定裕度 γ=47.7°～48°，达到预期目的。

（B）以剪切频率为校正主要指标的滞后校正器为 $G_c(s)=\dfrac{0.2857s+1}{6.26s+1}$。

```
%MATLAB PROGRAM sL2501B.m
[a,b,c,d]=linmod('smx1501A');
s1=ss(a,b,c,d);
s2=tf(s1);
wc=35;
[Gc]=lagc(2,s2,[wc])
```

程序方式下运行程序 sL2501B.m，绘制出系统的 Bode 图，如图 2-36 所示。

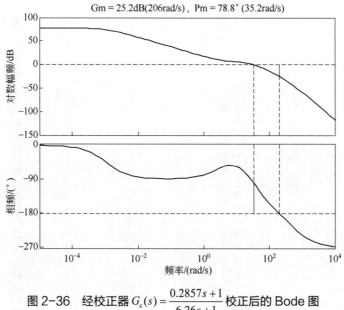

图 2-36　经校正器 $G_c(s)=\dfrac{0.2857s+1}{6.26s+1}$ 校正后的 Bode 图

从图 2-36 可以看出，校正后系统的剪切频率 w_c=35.2rad/s>35rad/s，也达到预期目的。

2.6.2　多闭环控制系统的 MATLAB 计算及仿真

根据自动控制系统设计理论，采用两个 PI 调节器（即 ACR、ASR 均采用 PI 调节器）的双闭环调速系统具有良好的稳态与动态性能，结构简单，工作可靠，设计也很方便，实践证明，它是一种应用最广的调速系统。然而，其动态性能的不足之处就是转速超调，而且抗干扰性能的提高也受到一定限制。

解决这个问题的一个简单有效的办法就是在转速调节器上引入转速微分负反馈，这样就可以抑制速度超调直到消除超调，同时可以大大降低动态速度降落。请看以下示例。

例 2-21：带转速微分负反馈的晶闸管-直流电机双闭环调速系统（V-M 系统）的系统结构如图 2-37 所示。图 2-37 中电机参数：P_{nom}=3kW，n_{nom}=1500r/min，U_{nom}=220V，I_{nom}=17.5A，电机电枢电阻 R_a=1.25Ω。整流装置内阻 R_{rec}=1.3Ω，平波电抗器电阻 R_L=0.3Ω，V-M 系统主电路总电阻 R=2.85Ω，电枢主回路总电感 L=200mH，拖动系统运动部分飞轮矩 GD^2=3.53N·m²，三相桥失控平均时间 T_s=0.00167s，要求系统调速范围 D=20，静差率 s=10%，堵转（最大）电流 I_{dbl}=2.1I_{nom}，ACR、ASR 均采用 U_{im}^*=-8V，ACR 限幅输出 U_{ctm}=8V，最大给定 U_{nm}^*=10V。

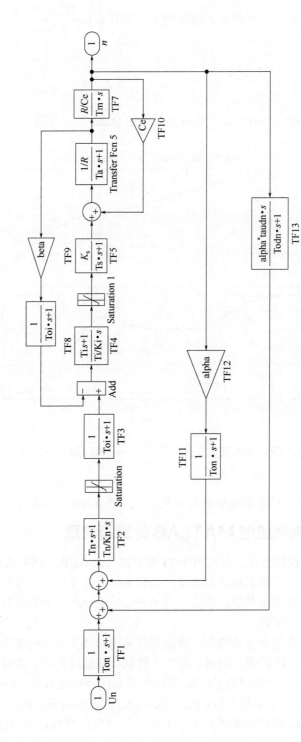

图 2-37 带转速微分负反馈的 V-M 双闭环系统结构构图模型 smx2502F.mdl

（1）试计算系统的参数：电机电动势转速比 C_e、闭环系统稳态速降Δn_{nom}、触发整流装置的放大系数 K_s、电流反馈系数 β、电枢电磁时间常数 T_a、系统机电时间常数 T_m、系统测速反馈系数 α。（2）选择几个滤波时间长度 T_{0i}、T_{0n}、T_{0dn} 与中频宽 h。（3）计算电流调节器传递函数 $W_{\text{ACR}}(s) = K_i \dfrac{\tau_i s + 1}{\tau_i s}$。（4）计算转速调节器传递函数 $W_{\text{ASR}}(s) = K_n \dfrac{\tau_n s + 1}{\tau_n s}$。（5）对双闭环调速系统进行单位阶跃给定响应仿真与单位阶跃负载扰动响应仿真。（6）对转速微分负反馈环节 $\dfrac{a\tau_{dn}s}{T_{0dn}s + 1}$ 进行参数计算。（7）对带转速微分负反馈双闭环调速系统进行单位阶跃响应仿真与单位阶跃负载扰动响应仿真。并对（5）与（7）两项仿真做简单比较。（8）计算退饱和时间 t_t、退饱和转速 n_t。

解：（1）拖动调速系统几个参数的计算与选择

① 额定磁通下的电机电动势转速比 $C_e = \dfrac{U_{\text{nom}} - I_{\text{nom}} R_a}{n_{\text{nom}}}$。

```
syms Unom Inom nnom Ra Ce;
Unom=220;Inom=17.5; Ra=1.25; nnom=1500;
Ce=(Unom-Inom*Ra)/nnom
```
程序运行结果：
```
Ce=0.1321
```
即额定磁通下的电机电动势转速比 C_e=0.1321V·min/r。

② 满足系统调速范围与静差率要求的闭环系统稳态速降 $\Delta n_{\text{nom}} = \dfrac{n_{\text{nom}} s}{D(1-s)}$。

```
syms nnom s D deltannom;
nnom=1500; s=0.1; D=20;deltannom=nnom*s/(D*(1-s))
```
程序运行结果：
```
deltannom=8.3333
```
即满足要求的闭环系统稳态速降Δn_{nom}=8.3333r/min。

③ 满足系统要求的触发整流装置的放大系数 $K_s = \dfrac{C_e n_{\text{nom}} + I_{\text{dbl}} R}{U_{\text{ctm}}}$。

```
syms Ks nnom Idbl R Ce Uctm
Ce=0.1321; nnom=1500; Idbl=2.1*17.5; R=2.85; Uctm=8;
Ks=(Ce*nnom+Idbl*R)/Uctm
```
程序运行结果：
```
Ks=37.8609
```
即取满足系统要求的触发整流装置的放大系数 K_s=38。

④ 满足系统要求的电流反馈系数 $\beta = \dfrac{U_{\text{im}}^*}{I_{\text{dm}}} = \dfrac{U_{\text{im}}^*}{2.1 I_{\text{nom}}}$。

```
syms beta Uim Idm Inom
Uim=8; Inom=17.5; Idm=2.1*Inom;
beta=Uim/Idm
```
程序运行结果：
```
beta=0.2177
```
即满足系统要求的电流反馈系数 β=0.2177V/A。

⑤ 电机电枢电磁时间常数 $T_a = \dfrac{L}{R}$。

```
syms Ta R L; L=200*10^(-3);R=2.85;
Ta=L/R
```

程序运行结果：

```
Ta=0.0702
```

即电机电枢电磁时间常数 T_a=0.0702s。

⑥ 电机拖动系统电机时间常数 $T_m = \dfrac{GD^2R}{375C_eC_m}$。

```
syms GDpf R Ce Cm;
GDpf=3.53;R=2.85;Ce=0.1321;Cm=30*Ce/pi;
Tm=(GDpf*R)/(375*Ce*Cm)
```

程序运行结果：

```
Tm=0.1610
```

即电机拖动系统电机时间常数 T_m=0.1610s。

⑦ 满足系统要求的转速反馈系数 $\alpha = \dfrac{U_n^*}{n_{nom}}$。

```
syms alpha Un nnom;
Un=10;nnom=1500;alpha=Un/nnom
```

程序运行结果：

```
alpha=0.0067
```

即满足系统要求的转速反馈系统 α=0.0067V·min/r。

（2）选取参数

选取电流环滤波时间常数 T_{0i}=0.002s；选取转速环滤波时间常数 T_{0n}=0.01s；选取转速微分滤波时间常数 $T_{0dn}=T_{0n}$=0.01s；选择中频宽 h=5。

（3）电流调节器 $W_{ACR}(s) = K_i\dfrac{\tau_i s+1}{\tau_i}$ 参数的计算

根据自动控制系统设计理论，选取积分时间常数 $\tau_i = T_a$ =0.0702s；三相桥整流电路平均失控时间 T_s=0.00167s；合并电流环小时间常数 $T_{\Sigma i}=T_s+T_{0i}$=0.00167+0.002=0.00367s；电流环开环增益 $K_I = \dfrac{1}{2T_{\Sigma i}} = \dfrac{1}{2\times0.00367} = 136.2398\mathrm{s}^{-1}$；电流调节器的比例系数 $K_i = K_I\dfrac{\tau_i R}{\beta K_s} = 3.2904$，所以电流调节器的传递函数为

$$W_{ACR}(s) = K_i\frac{\tau_i s+1}{\tau_i} = 3.2904\times\frac{0.0702s+1}{0.0702s} = \frac{0.0702s+1}{0.0213s}$$

（4）转速调节器 $W_{ASR}(s) = K_n\dfrac{\tau_n s+1}{\tau_n}$ 参数的计算

根据自动控制系统设计理论，$T_{\Sigma i}$=0.00367s，合并转速环小时间常数 $T_{\Sigma n} = 2T_{\Sigma i} + T_{0n} =$ 2×0.00367+0.01=0.0173s；选取转速调节器积分时间常数 $\tau_n = hT_{\Sigma n}$=5×0.0173s=0.0867s；转速环开环增益 $K_N = \dfrac{h+1}{2h^2T_{\Sigma n}^2} = \dfrac{6}{50\times0.0173^2} = 400.95\mathrm{s}^{-2}$；转速调节器比例系数 $K_n = \dfrac{(h+1)\beta C_e T_m}{2h\alpha R T_{\Sigma n}}$ $\dfrac{6\times0.2177\times0.1321\times0.1610}{10\times0.0067\times2.85\times0.0173} = 8.4095\mathrm{s}^{-2}$，所以转速调节器传递函数 $W_{ASR}(s) = K_n\dfrac{\tau_n s+1}{\tau_n s} =$ $8.4095\times\dfrac{0.0867s+1}{0.0867s} = \dfrac{0.0867s+1}{0.0103s}$。

（5）双闭环调速系统的 Simulink 动态结构图及其仿真

采用两个 PI 调节器的双闭环调速系统原理如图 2-38 所示。

带参数的双闭环调速系统原理图如图 2-39 所示。

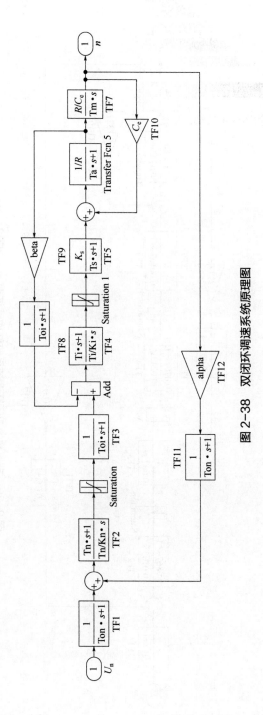

图 2-38　双闭环调速系统原理图

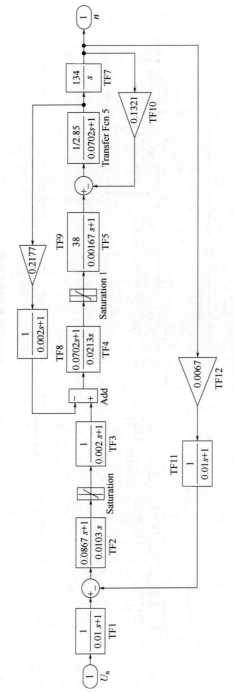

图 2-39　带参数的双闭环调速系统结构图模型 smx2502A.mdl

用以下 MATLAB 程序绘制双闭环调速系统的单位阶跃响应曲线。

```
% MALAB PROGRAM sL2502.m
[a,b,c,d]=linmod('smx2502A');
sl=ss(a,b,c,d);
sys=tf(sl);step(sys)
```

程序运行后，绘制的单位阶跃响应曲线如图 2-40 所示。

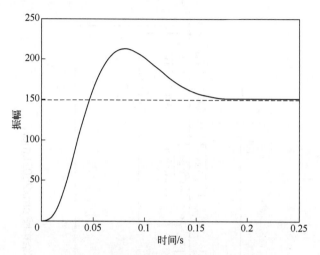

图 2-40　双闭环调速的单位阶跃响应曲线

双闭环调速系统负载扰动仿真动态结构图如图 2-41 所示。

用以下 MATLAB 程序绘制双环调速系统的单位阶跃负载扰动响应仿真曲线。

```
% MATLAB PROGRAM sL2502A.m
[a,b,c,d]=linmod('smx2502I');
sl=ss(a,b,c,d);tl=[0:0.001:0.3];
[y,t]=step(sl,tl); step(sl,tl);
[detac,tp,tv]=dist(1,y,t)
```

程序运行后，绘制的单位阶跃负载扰动响应曲线如图 2-42 所示，并计算出性能指标。

```
detac=-3.9347; tp=0.0460; tv=0.2720
```

即最大动态降落 $\Delta c_{\max}\%=-3.9347\%$；最大动态降落时间 $t_p=0.0460\text{s}$；恢复时间 $t_v=0.2720\text{s}$（对应 5% 的误差带）。

（6）转速微分负反馈环节 $\dfrac{\alpha\tau_{\mathrm{d}n}s}{T_{0\mathrm{d}n}s+1}$ 参数的计算。

已经计算出转速反馈系数 $\alpha=0.0067\text{V}\cdot\text{min/r}$。根据自动控制系统设计理论，选取转速微分滤波时间常数 $T_{0\mathrm{d}n}=T_{0n}=0.01\text{s}$。

$$\tau_{\mathrm{d}n}\big|_{\sigma=0}\geqslant\frac{4h+2}{h+1}T_{\Sigma n}=\frac{20+2}{6}\times0.0173=0.0634$$

取 $\tau_{\mathrm{d}n}=0.0634$，那么 $\dfrac{\alpha\tau_{\mathrm{d}n}s}{T_{0\mathrm{d}n}s+1}=\dfrac{0.0067\times0.0634s}{0.01s+1}$。

（7）带转速微分的转速调节器的原理图，即动态结构图。

带转速微分负反馈的转速调节器原理图如图 2-43 所示。

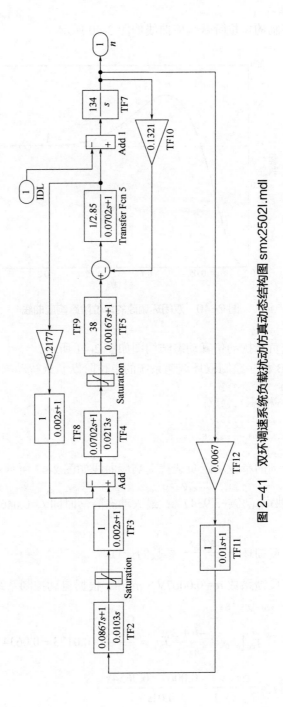

图 2-41 双环调速系统负载扰动仿真动态结构图 smx2502l.mdl

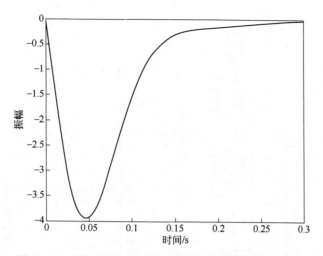

图 2-42　双闭环调速系统的单位阶跃负载扰动响应曲线

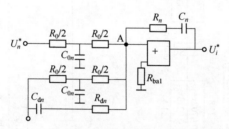

图 2-43　带转速微分负反馈的转速调节器原理图

由图 2-43 可知，根据电路的分流公式，有：

$$i_{dn}(s) = \frac{\alpha n(s)}{R_{dn} + \dfrac{1}{sC_{dn}}} = \frac{\alpha C_{dn} sn(s)}{R_{dn} C_{dn} s + 1}$$

对图 2-43 的虚地点 A 写出 Kirchhoff（基尔霍夫）电流定律为

$$\frac{U_n^*(s)}{R_0(T_{0n}s+1)} - \frac{\alpha n(s)}{R_0(T_{0n}s+1)} - \frac{\alpha C_{dn} sn(s)}{R_{dn} C_{dn} s + 1} = \frac{U_i^*(s)}{R_n + \dfrac{1}{sC_n}}$$

整理后得

$$\frac{U_n^*(s)}{T_{0n}s+1} - \frac{\alpha n(s)}{T_{0n}s+1} - \frac{\alpha \tau_{dn} sn(s)}{T_{0dn}s+1} = \frac{U_i^*(s)}{K_n + \dfrac{\tau_n s + 1}{\tau_n s}}$$

式中，$\tau_{dn}=R_0 C_{dn}$ 为转速微分的时间常数；$T_{0dn}=R_{dn} C_{dn}$ 为转速微分滤波时间常数。

根据图 2-37 可知，将已知参数与算得的参数代入图 2-37 中，即得带参数的 Simulink 动态结构图，如图 2-44 所示，即系统动态模型 smx2502E.mdl，以下仿真要用到它。

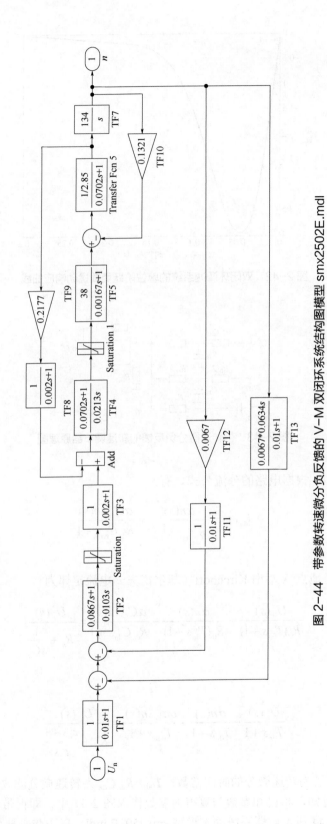

图 2-44 带参数转速微分负反馈的 V-M 双闭环系统结构构图模型 smx2502E.mdl

用以下 MATLAB 程序绘制转速微分负反馈双闭环调速系统的单位阶跃响应曲线。

```
% MATLAB PROGRAM sL2502B.m
clear
[a,b,c,d]=linmod('smx2502E');
sl=ss (a, b, c, d);
sys=tf (sl);
step (sys);
```

程序运行后，绘制的单位阶跃响应曲线如图 2-45 所示。

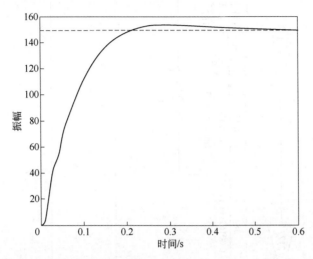

图 2-45　转速微分负反馈双闭环调速系统的单位阶跃响应曲线

比较图 2-42 与图 2-45 可见，普通双环系统单位阶跃响应的超调 $\sigma\%>30\%$，而带转速微分负反馈的双环系统，其单位阶跃响应基本无超调，转速微分负反馈作用显著。

转速微分负反馈双闭环调速系统负载扰动仿真动态结构图如图 2-46 所示，即系统动态模型 smx2502J.mdl，以下仿真要用到它。

用以下 MATLAB 程序绘制双环调速系统的单位阶跃负载扰动响应仿真曲线。

```
% MATLAB PROGRAM sL2502B.m
[a,b,c,d]=linmod('smx2502J')
sl=ss(a,b,c,d)
tl=[0:0.001:0.3];
[y,t]=step(sl,tl); step(sl,tl);
[detac,tp,tv]=dist(l,y,t)
```

程序运行后，绘制的单位阶跃负载扰动响应曲线如图 2-47 所示，并计算出性能指标。

```
detac=-1.6788
tp=0.0750
tv=0.3000
```

即最大动态 $\Delta c_{\max}\%=-1.6788\%$；最大动态降落时间 $t_p=0.0750s$；恢复时间 $t_v=0.30s$（对应 5% 的误差带）。

比较图 2-42 与图 2-47 及其计算的数据，对于单位阶跃负载扰动，带转速微分负反馈的双环系统比普通双环系统的最大动态降落要小得多，但最大动态降落时间与恢复时间要长一些。

（8）计算退饱和时间 t_t 与退饱和转速 n_t。

根据自动控制系统设计理论，有退饱和时间计算公式，即

$$t_t = \frac{C_e n^* T_m}{R(I_{dm} - I_{dL})} + T_{\Sigma n} - \tau_{dn}$$

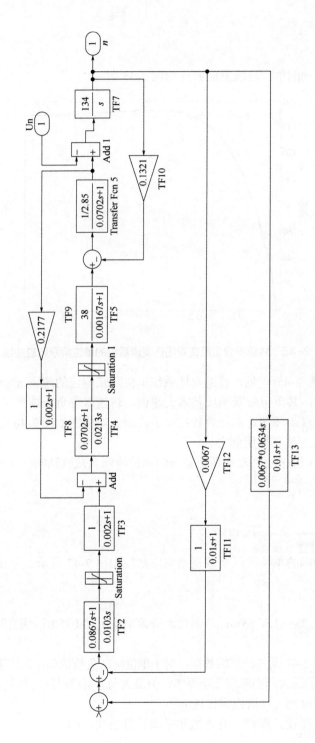

图 2-46 转速微分负反馈双闭环调速系统负载扰动仿真动态模型 sxm2502J.mdl

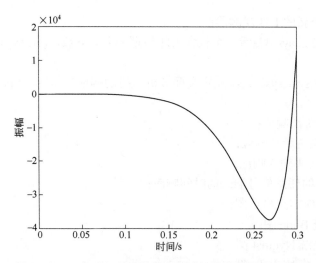

图 2-47　双闭环调速系统的单位阶跃负载扰动响应曲线

还有退饱和转速计算公式 $n_{\mathrm{t}} = n^{*} - \dfrac{R}{C_{\mathrm{e}}T_{\mathrm{m}}}(I_{\mathrm{dm}} - I_{\mathrm{dL}})\tau_{dn}$。可以用以下 MATLAB 程序计算退

饱和时间 t_{t} 与退饱和转速 n_{t}。

```
syms Ce nx Tm R Idm Inom IdL Tsigman taudn tt;
Ce=0.1321;nx=1500;Tm=0.1610;R=2.85;Inom=17.5;Idbl=2.1*Inom;
Idm=Idbl;IdL=0;Tsigman=0.0173;taudn=0.0634;
tt=Ce*nx*Tm/(R*(Idm-IdL))+Tsigman-taudn
nt=nx-R*(Idm-IdL)*taudn/(Ce*Tm)
```

程序执行结果：

```
tt=0.2585
nt=1.878e+003
```

即退饱和时间 t_{t}=0.2585s，退饱和转速 n_{t}=1878r/min。

2.6.3　系统分析的 GUI 函数

MATLAB 控制系统工具箱提供了可视化用户界面函数，如表 2-2 所示。

表 2-2　可视化用户界面函数

函数名	函数功能描述
ltiview	激活 LTI 系统响应分析工具
sisotool	激活 SISO 设计工具

① ltiview。

功能：激活 LTI 系统响应分析工具。

格式：ltiview

　　　ltiview(sys1,sys2,...,sysn)

　　　ltiview('plottype',sys1,sys2,...,sysn)

　　　ltiview('plottype',sys,extras)

　　　ltiview('clear',viewers)

　　　ltiview('current',sys1,sys2,...,sysn, viewers)

说明：

ltiview 激活一个新的 LTI 观测器；

ltiview(sys1,sys2,...,sysn)激活一个包含 LTI 模型 sys1，sys2，...，sysn 阶跃响应的 LTI 观测器；

ltiview('plottype',sys1,sys2,...,sysn)定义要分析系统的响应类型 plottype，其中 plottype 可以为以下字符串之一：

- 'step'：系统阶跃响应；
- 'impulse'：系统脉冲响应；
- 'initial'：系统零输入响应；
- 'lsim'：系统的任意信号输入的时间响应；
- 'pzmap'：系统零点极点图；
- 'bode'：系统 Bode 图；
- 'nyquist'：系统 Nyquist 图；
- 'nichols'：系统 Nichols 图；
- 'sigma'：系统的奇异值响应。

例 2-22：通过编程激活一个 LTI 观测器，包含两个系统 sys1 和 sys2，如图 2-48 所示。

```
% MATLAB PROGRAM example2-22.m
sys1=rss(3,2,2);
sys2=rss(4,2,2);
ltiview('step',sys1,sys2)
```

② sisotool。

功能：激活 SISO 设计工具。

格式：sisotool

sisotool(plant)

sisotool(plant,comp)

sisotool(views)

sisotool(views,plant,comp,sensor,prefilt)

sisotool(views,plant,comp,options)

说明：当使用无输入参数调用 sisotool 时，函数激活一个 SISO 设计的图形用户界面（GUI）。输入参数 plant 为任意一个由 ts、ss 或 zpk 生成的 SISO LTI 模型。comp 为补偿器。sensor 为传感器。views 可以为如下的字符串之一：

'rlocus'——根轨迹作图；'bode'——开环响应的 Bode；'nichols'——Nichols 作图；'filter'——前置滤波器 F 和闭环响应的 Bode 图。

例 2-23：激活 SISO 设计工具程序如下：

```
% MATLAB PROGRAM example2-23.m
H=[tf([1 1],[1 3 3 2])];
sys=ss(H);
sisotool(sys)
```

程序运行后，激活的 SISO 设计工具 GUI 如图 2-49 所示。

SISO 设计工具界面说明：

- 菜单栏允许用户引入或者引出系统模型，并对其进行编辑。还可以对系统进行连续化或者离散化处理。

- 反馈结构图解区给出当前反馈系统的整个结构。C 和 F 为补偿器，G 和 H 为系统的数据模块，用户可以根据需要使用这几个模块构造实际系统。单击各模块可以观察模块的当前属性。左下角的按钮允许用户在正负反馈间进行切换。

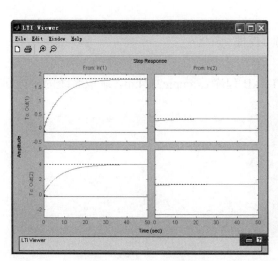

图 2-48　LTI 观测器

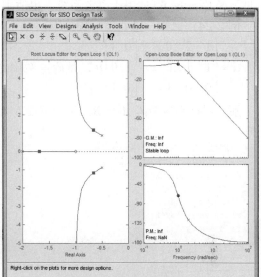

图 2-49　SISO 设计工具

● 补偿器描述区给出当前补偿器的结构描述。

● 根轨迹工具条上的按钮允许用户增加或者删除补偿器的零极点，并可对闭环系统的极点进行拖动。

● 绘制区用于显示系统的根轨迹和系统的伯德图。

2.7　现代控制系统分析和设计

2.7.1　系统的可控性分析

（1）连续系统的完全可控性

设线性系统的动态方程为：

$$\begin{cases} \dot{x} = Ax + Bu \\ \dot{y} = Cx + Du \end{cases}$$

式中，A、B、C、D 分别是 $n \times n$、$n \times r$、$m \times n$ 与 $m \times r$ 常数矩阵。

系统完全可控的条件是下列 $n \times nr$ 可控性矩阵的秩为 n：

$$CO = \begin{bmatrix} B & AB & A^2B & \cdots & A^{n-1}B \end{bmatrix}$$

即

$$\text{rank}\begin{bmatrix} A & AB & A^2B & \cdots & A^{n-1}B \end{bmatrix} = n$$

可以用 MATLAB 求可控性矩阵的函数 ctrb( ) 来求可控性矩阵 CO。函数 ctrb( ) 的调用格式为：

$$CO = ctrb(A,B)$$

其中，输入参量 A 为离散系统的系统矩阵 F 或者连续系统的系统矩阵 A，输入参量 B 为离散系统的控制矩阵 **G** 或者连续系统的控制矩阵 **B**，函数返回的 CO 就是系统可控性矩阵 **CO**。可见，函数 crtb( )既适用于离散系统，也适用于连续系统。

例 2-24：已知三维状态方程如下：

$$\dot{x} = \begin{bmatrix} 1 & 2 & 0 \\ 1 & 1 & 0 \\ 0 & 0 & 1 \end{bmatrix} x + \begin{bmatrix} 0 & 1 \\ 1 & 0 \\ 1 & 1 \end{bmatrix} u$$，试确定系统的可控性。

解：根据系统矩阵 **A** 与 **B**，执行下面 MATLAB 程序 example2-24.m，求取系统的可控性矩阵：

```
% MATLAB PROGRAM example2-24.m
A=[1 2 0;1 1 0;0 0 1];
B=[0 1;1 0;1 1];
n=3;
CAM=ctrb(A,B);
rcam=rank(CAM);
if rcam==n
    disp('System is controlled')
elseif rcam<n
    disp('System is not controlled')
end
```

执行上面的程序后得到结果：

```
System is controlled
```

即表示该系统是完全可控的。

（2）离散系统的可控性

设有离散线性系统：

$$\begin{cases} x(k+1) = fx(k) + gu(k) \\ y(k) = cx(k) + du(k) \end{cases}$$

式中，$x(k)$ 为 n 维状态向量；$u(k)$ 为 r 维输入量；f 为 $n \times n$ 非奇异矩阵；g 为 $n \times r$ 矩阵。状态向量系统完全可控的充分必要条件是下列可控性矩阵的秩为 n：

$$CO = [g \,|\, fg \,|\, \cdots f^{n-1}g]$$

即 $$\mathrm{rank} = [g \,|\, fg \,|\, \cdots f^{n-1}g] = n$$

通过调用 MATLAB 函数 ctrb( )来求取 $n \times nr$ 可控矩阵 **CO**。

例 2-25：已知离散系统方程为：

$$\begin{cases} x(k+1) = fx(k) + gu(k) \\ y(k) = cx(k) + du(k) \end{cases}$$

假设方程中有

$$f = [0.8760 \ 0 \ 0; \ 0.2546 \ 0.6621 \ -0.5701; \ 0.1508 \ 0.4221 \ 1];$$
$$g = [0.2105; \ 0.1033; \ 0.1768]; \quad c = [0 \ 1 \ 3.5]; \quad d = 0$$

采样周期 T=0.1s，试确定离散系统的可控性。

解：根据状态完全可控的充分必要条件来分析系统的可控性。执行下面的 MATLAB 程序 example2-25.m，求取系统的可控性矩阵：

```
% MATLAB PROGRAM example2-25.m
f=[0.8760 0 0;0.2546 0.6621 -0.5701;0.1508 0.4221 1];
```

```
g=[0.2105;0.1033;0.1768];
c=[0 1 3.5];
d=0;
n=3;
CAM=ctrb(f,g);
rcam=rank(CAM);
if rcam==n
    disp('System is controlled')
elseif rcam<n
    disp('System is no controlled')
```

程序运行结果是：

```
System is controlled
```

即表示该系统是完全可控的。

（3）连续系统的状态完全可控标准型

对于一个单输入系统，如果它的状态矩阵具有下面的标准形式，则该系统一定是可控的。

$$A = \begin{bmatrix} 0 & 1 & 0 & \cdots & 0 \\ 0 & 0 & 1 & \cdots & 0 \\ \vdots & \vdots & \vdots & \cdots & \vdots \\ 0 & 0 & 0 & \cdots & 1 \\ -a_0 & -a_1 & -a_2 & \cdots & -a_{n-1} \end{bmatrix}, b = \begin{bmatrix} 0 \\ 0 \\ \vdots \\ 0 \\ 1 \end{bmatrix}$$

该矩阵对（A，b）就叫作系统的状态完全可控标准型。

也就是说，如果某 n 维单输入线性系统可控，那么就一定可以找到一个线性变换将系统变换成可控标准型。这种变换可通过一个变换矩阵 P 来实现。下面来讨论如何求取这个变换矩阵 P。

系统可控性矩阵 $S = \begin{bmatrix} b & Ab & A^2b & \dots & A^{n-1}b \end{bmatrix}$ 为非奇异矩阵，则其逆矩阵一定存在。假设有：

$$S^{-1} = c \begin{bmatrix} S_1^T \\ S_2^T \\ \vdots \\ S_n^T \end{bmatrix}$$

其中，S_1，S_2,...,S_n 为 $n \times 1$ 向量；c 为任意数。则由 S_1^T，S_2^T,...,S_n^T 所构成的矩阵即为变换矩阵 P，如下：

$$P = c \begin{bmatrix} S_1^T \\ S_2^T A \\ \vdots \\ S_n^T A^{n-1} \end{bmatrix}$$

下面通过例题来进一步掌握变换可控标准型方法。

例 2-26：现有一系统，其状态方程为 $\dot{x} = Ax + bu$，其中，$A = \begin{bmatrix} -2 & 2 & -2 \\ 0 & -1 & 0 \\ 2 & -6 & 1 \end{bmatrix}$, $b = \begin{bmatrix} 0 \\ 1 \\ 2 \end{bmatrix}$, 试将该系统状态方程转换为可控标准型。

解：首先根据题设参数计算系统可控性矩阵及其行列式的值，以判断可控性矩阵是否可逆（行列式值不为 0 则可逆）。若可逆则按照上面的方法计算出变换矩阵 **P** 及逆矩阵，最后求出系统可控标准型的矩阵对。先执行下面的 MATLAB 程序 example2-261.m：

```
% MATLAB PROGRAM example2-261.m
A=[-2 2 -2;0 -1 0;2 -6 1];
b=[0;1;2];
S=ctrb(A,b);
if det(S)~=0
    s1=inv(S);
end
P=[s1(3,:);s1(3,:)*A;s1(3,:)*A*A]
P1=inv(P)
```

程序运行后得：

```
P =
    0.0714    0.1429   -0.0714
   -0.2857    0.4286   -0.2143
    0.1429    0.2857    0.3571
P1 =
    6.0000   -2.0000         0
    2.0000    1.0000    1.0000
   -4.0000    0.0000    2.0000
A1 =
         0    1.0000         0
         0   -0.0000    1.0000
   -2.0000   -3.0000   -2.0000
b1 =
         0
         0
    1.0000
```

这样，得到系统的可控标准型矩阵对为：

$$\bar{A}=A_1=\begin{bmatrix}0&1&0\\0&0&1\\-2&-3&-2\end{bmatrix},\bar{B}=b_1=\begin{bmatrix}0\\0\\1\end{bmatrix}$$

可以对变换后系统的可控性进行验证，为此可执行下面的 MATLAB 程序：

```
% MATLAB PROGRAM example2-262.m
A=[-2 2 -2;0 -1 0;2 -6 1];
b=[0;1;2];
S=ctrb(A,b);
rcam=rank(S);
if det(S)~=0
    s1=inv(S);
    if rcam==n
       disp('system is controlled')
    elseif rcam<n
       disp('no controlled')
    end
elseif det(S)==0
    disp('no controlled')
end
```

程序运行结果如下所示，即表明系统完全可控。

```
System is controlled
```

（4）连续系统的输出可控性

在控制系统的设计中，有时还需要控制系统的输出。而对于控制系统来说，状态完全可控既不是充分条件，也不是必要条件，所以有必要对系统的输出完全可控性进行单独讨论。

假设系统的状态方程为：

$$\begin{cases} \dot{x} = Ax + Bu \\ y = Cx + Du \end{cases}$$

其中，A、B、C、D 分别是 $n \times n$、$n \times r$、$m \times n$ 与 $m \times r$ 常数矩阵。

如果存在一个无约束的分段连续的控制向量 $u(t)$，在有限时间(t_f, t_0)内，使得任意一个输出 $y(t_0)$ 能够转移到 $y(t_f)$，则此系统是输出完全可控的。判断上述系统输出完全可控的条件是下面的输出可控性矩阵 T 的秩为 m：

$$T = [CB \mid CAB \mid CA^2B \mid \cdots \mid CA^{n-1}B \mid D \mid]$$

亦即 $\operatorname{rank}(T) = \operatorname{rank}[CB \mid CAB \mid CA^2B \mid \cdots \mid CA^{n-1}B \mid D] = m$。

例 2-27：已知某系统动态方程如下：

$$\begin{cases} \begin{bmatrix} \dot{x}_1 \\ \dot{x}_2 \end{bmatrix} = \begin{bmatrix} 0 & 1 \\ -1 & -2 \end{bmatrix} \begin{bmatrix} x_1 \\ x_2 \end{bmatrix} + \begin{bmatrix} 1 \\ -1 \end{bmatrix} u \\ y = \begin{bmatrix} 1 & 0 \end{bmatrix} \begin{bmatrix} x_1 \\ x_2 \end{bmatrix} \end{cases}$$

试确定系统状态可控性和输出可控性。

解：①确定系统状态可控性。

执行下面的 MATLAB 程序 example2-271.m：

```
% MATLAB PROGRAM example2-271.m
A=[0 1;-1 -2];
b=[1;-1];
C=[1 0];
d=0;
n=2;
S=ctrb(A,b);
if det(S)～=0
    rcam=rank(S);
    if rcam==n
        disp('System is controlled')
    elseif rcam<n
        disp('System is no controlled')
    end
elseif det(S)==0
    disp('System is no controlled')
end
```

运行的结果是：

```
System is no controlled   %即系统状态不可控
```

② 确定系统输出可控性。

执行下面的 MATLAB 程序 example2-272.m：

```
% MATLAB PROGRAM example2-272.m
A=[0 1;-1 -2];
b=[1;-1];
C=[1 0];
d=0;
n=2;
p=1;
m=1;
t1=C*b;
t2=C*A*b;
T=[t1 t2 d]; rcam=rank(T);
```

```
if rcam==m
    disp('System Output is controlled')
else
    disp('System Output is no controlled')
end
```

程序运行的结果是：

```
System Output is controlled
```

即系统输出可控。

2.7.2 系统的可观测性分析

（1）连续系统的完全可观测性

设有连续系统的动态方程为：

$$\begin{cases} \dot{x} = Ax + Bu \\ y = Cx + Du \end{cases}$$

其中，A、B、C、D 分别是 $n×n$、$n×r$、$m×n$ 与 $m×r$ 常数矩阵。系统完全可观测性的条件是下面的矩阵 OB_1 的秩等于 n。即

$$OB_1 = \begin{bmatrix} C \\ CA \\ \vdots \\ CA^{n-1} \end{bmatrix}, \text{rank}(OB_1) = n$$

或者下面的可观测性矩阵 OB_2 的秩等于 n，即

$$OB_2 = [C^{\mathrm{T}} \quad A^{\mathrm{T}}C^{\mathrm{T}} \cdots (A^{\mathrm{T}})^{n-1}C^{\mathrm{T}}]$$

$$\text{rank}(OB_2) = n$$

要求系统的可观测性矩阵，可以用 MATLAB 的求可观性矩阵函数 obsv( ) 来计算 $nm×n$ 矩阵 OB。

函数 obsv( ) 的调用格式为：

$$OB=obsv(A,C)$$

其中，输入参量 A 即为离散系统的系统矩阵 F 或者连续系统的系统矩阵 A；输入参量 C 即为离散系统的观测矩阵或者连续系统的观测矩阵；函数返回的 OB 就是系统可观性矩阵 OB。可见函数 obsv( ) 既可用于离散系统，也适用于连续系统。

例 2-28：已知线性系统的动态方程为：

$$\begin{cases} \dot{x} = \begin{bmatrix} -2 & 3 \\ 3 & -2 \end{bmatrix} x + \begin{bmatrix} 1 & 1 \\ 1 & 1 \end{bmatrix} u \\ y = \begin{bmatrix} 2 & 1 \\ 1 & -2 \end{bmatrix} x \end{cases}$$

试确定系统的可控性及可观测性。

解：调用 MATLAB 函数 ctrb( ) 和 obsv( ) 执行下面的程序 example2-28.m：

```
% MATLAB PROGRAM example2-28.m
A=[-2 3;3 -2];B=[1 1;1 1];C=[2 1;1 -2];D=0;n=2;
```

```
CAM=ctrb(A,B);
rcam=rank(CAM);
if rcam==n
    disp('System is controlled')
elseif rcam<n
    disp('System is no controlled')
end
ob=obsv(A,C);roam=rank(ob);
if roam==n
    disp('System is observable')
elseif roam~=n
    disp('System is no observable')
end
```

程序运行后结果为：

```
System is no controlled
System is observable
```

亦即系统可观测但不可控。

（2）离散系统的完全可观测性

设 n 维离散系统状态方程为：

$$\begin{cases} x(k+1) = Fx(k) + Gu(k) \\ y(k) = Cx(k) + Du(k) \end{cases}$$

其中，F、G、C 及 D 分别是 $n \times n$、$n \times r$、$m \times n$ 与 $m \times r$ 常数矩阵。系统完全可观测性的条件是下面的矩阵 OB_1 的秩等于 n。即

$$OB_1 = \begin{bmatrix} C \\ CF \\ \vdots \\ CF^{n-1} \end{bmatrix}, \text{rank}(OB_1) = n$$

或者下面的可观测性矩阵 OB_2 的秩等于 n。即

$$OB_2 = [C^T \quad F^T C^T \cdots (F^T)^{n-1} C^T]$$
$$\text{rank}(OB_2) = n$$

例 2-29：已知三维离散系统方程为：

$$\begin{cases} x(k+1) = fx(k) + gu(k) \\ y(k) = cx(k) + du(k) \end{cases}$$

假设方程中已知如下条件，

$$f = [0.7754 \ 0 \ 1; \ 0.3346 \ 0.7648 \ -0.5661; \ 0.2448 \ 0.3725 \ 2.2254];$$
$$g = [0.3175; \ 0.2832; \ 0.2759]; \quad c = [0 \ 1.5 \ 2.7210]; \quad d = 0$$

试确定离散系统的可观测性。

解： 调用 MATLAB 函数 obsv( )编写如下程序 example2-29.m：

```
% MATLAB PROGRAM example2-29.m
f=[0.7754 0 1;0.3346 0.7648 -0.5661;0.2448 0.3725 2.2254];
g=[0.3175;0.2832;0.2759];
c=[0 1.5 2.7210];
d=0;
n=3;
```

```
ob=obsv(f,c);
roam=rank(ob);
if roam==n
    disp('System is observable')
elseif roam~=n
    disp('System is no observable')
end
```

程序运行结果是：

```
System is observable
```

即表示该系统是可观测的。

（3）连续系统的完全可观测标准型

对于单输出系统 $\{A, B, c, d\}$，若其状态矩阵与输出矩阵有如下的标准形式：

$$A = \begin{bmatrix} 0 & 1 & 0 & \cdots & 0 \\ 0 & 0 & 1 & \cdots & 0 \\ \vdots & \vdots & \vdots & \cdots & \vdots \\ 0 & 0 & 0 & \cdots & 1 \\ -a_0 & -a_1 & -a_2 & \cdots & -a_{n-1} \end{bmatrix}^{\mathrm{T}}, c = \begin{bmatrix} 0 \\ 0 \\ \vdots \\ 0 \\ 0 \end{bmatrix}^{\mathrm{T}}$$

则该系统一定是可观测的。这个矩阵对 (A, c) 就叫作可观测标准型。

若单输入单输出系统可观测，则一定有一个线性变换 M：

$$x = M\overline{x}$$

可将系统转换为客观标准型：

$$\begin{cases} \dot{\overline{x}} = \overline{A}\overline{x} + \overline{B}u \\ y = \overline{c}\overline{x} \end{cases}$$

以上两式中 $\overline{A}$ 与 $\overline{c}$ 将具有

$$OB_2 = [C^{\mathrm{T}} \quad A^{\mathrm{T}}C^{\mathrm{T}} \cdots (A^{\mathrm{T}})^{n-1}C^{\mathrm{T}}], \mathrm{rank}(OB_2) = n$$

的标准形式。

若系统可观测，则有可观测矩阵 V：

$$V = [C^{\mathrm{T}} \quad A^{\mathrm{T}}C^{\mathrm{T}} \cdots (A^{\mathrm{T}})^{n-1}C^{\mathrm{T}}]$$

其逆矩阵一定存在。

设

$$V^{-1} = \begin{bmatrix} v_1^{\mathrm{T}} \\ v_2^{\mathrm{T}} \\ \vdots \\ v_n^{\mathrm{T}} \end{bmatrix}$$

通过矩阵 P 可求得变换矩阵 M，即

$$P = \begin{bmatrix} v_1^{\mathrm{T}} \\ v_2^{\mathrm{T}}A^{\mathrm{T}} \\ \vdots \\ v_n^{\mathrm{T}}(A^{\mathrm{T}})^{n-1} \end{bmatrix}, \quad M = P^{\mathrm{T}}$$

通过此变换矩阵求得可观测标准型的矩阵对：

$$\begin{cases} \overline{A} = M^{-1}AM = (P^{\mathrm{T}})^{-1}AP^{\mathrm{T}} \\ \overline{c} = cM = cP^{\mathrm{T}} \end{cases}$$

例 2-30： 已知系统动态方程为：

$$\begin{cases} \begin{bmatrix} \dot{x}_1 \\ \dot{x}_2 \end{bmatrix} = \begin{bmatrix} 2 & -1 \\ 1 & 2 \end{bmatrix} \begin{bmatrix} x_1 \\ x_2 \end{bmatrix} + \begin{bmatrix} -2 \\ 1 \end{bmatrix} u \\ y = \begin{bmatrix} 2 & 3 \end{bmatrix} \begin{bmatrix} x_1 \\ x_2 \end{bmatrix} \end{cases}$$

试将系统动态方程转化为可观测标准型，并求出其变换矩阵。

解： 依题意，执行下面的 MATLAB 程序 example2-30.m：

```
% MATLAB PROGRAM example2-30.m
A=[2 -1;1 2];B=[-2;1];C=[2 3];
V=obsv(A,C);
rank(V);
V1=inv(V);
V10=(V1)';V11=(V10(2,:));
VA=(V11)*(A)';
N=[V11;VA];
M=N'
A1=inv(M)*A*M
c1=C*M
```

程序运行后结果如下：

```
M =
    0.2308    0.6154
   -0.1538   -0.0769
A1 =
    0.0000   -5.0000
    1.0000    4.0000
c1 = 0    1.0000
```

由 $\overline{A} = A_1, \overline{c} = c_1$ 即得到系统的可观测标准型的矩阵对：

$$\overline{A} = \begin{bmatrix} 0 & -5 \\ 1 & 4 \end{bmatrix}, \quad \overline{c} = \begin{bmatrix} 0 & 1 \end{bmatrix}$$

同时也得到下面的变换矩阵 **M**：

$$M = \begin{bmatrix} 0.2308 & 0.6154 \\ -0.1538 & -0.0769 \end{bmatrix}$$

例 2-31： 设系统状态方程为

$$\dot{x}(t) = \begin{bmatrix} -2 & 2 & -1 \\ 0 & -2 & 0 \\ 1 & -4 & 0 \end{bmatrix} x(t) + \begin{bmatrix} 0 \\ 1 \\ 1 \end{bmatrix} u(t), \quad y(t) = \begin{bmatrix} 1 & 0 & 1 \end{bmatrix} x(t), \quad x(0) = \begin{bmatrix} 1 \\ -2 \\ 3 \end{bmatrix}$$

要求：①判断系统的稳定性，并绘制系统的零输入状态响应曲线。②求系统传递函数，并绘制系统在初始状态作用下的输出响应曲线。③判断系统的可控性，如有可能，将系统状态方程化为可控标准型。④判断系统的可观测性。

解： ①利用李雅普诺夫第二法判断系统的稳定性。选定 **Q** 为单位阵，求解李雅普诺夫方程，

得对称矩阵 P。若 P 正定，即 P 的全部特征根均为正数，则系统稳定。

②系统的传递函数 $G(s)=c(sI-A)-1b$。

③系统的可控标准型实现可按如下步骤求解：

a．计算系统的可控性矩阵 S，并利用秩判据判断系统的可控性；

b．若系统可控，计算可控性矩阵的逆阵 S^{-1}；

c．取出 S^{-1} 的最后一行构成 P_1 行向量；

d．构造 T 阵：

$$T = \begin{bmatrix} P_1 \\ P_1 A \\ \vdots \\ P_1 A^{n-1} \end{bmatrix}$$

e．利用相似变换矩阵 T 将非标准型可控系统化为可控标准型。

④计算系统的可观性矩阵 V，利用秩判据判断系统的可观性。

MATLAB 程序：

```
% MATLAB PROGRAM example2-31.m

A=[-2 2 -1; 0 -2 0; 1 -4 0]; b=[0 1 1]'; c=[1 0 1]; d=0;
N=size(A); n=N(1);
Q=eye(3);                               %选定 Q 为单位阵
P=lyap(A',Q)                            %求对称阵 P
e=eig(P)                                %利用特征值判断对称阵 P 是否正定
sys=ss(A,b,c,d);                        %建立系统的状态空间模型
[y,t,x]=initial(sys,[1 -2 3]');         %计算系统的零输入响应
figure(1)
plot(t,x); grid                         %绘制系统零输入响应状态曲线
xlabel('t(s)');ylabel('x(t)');title('initial response');
figure(2)
plot(t,y);grid                          %绘制系统零输入响应输出曲线
xlabel ('t(s)');ylabel ('y(t)') ;title('initial response');
[num,den]=ss2tf(A,b,c,d)                %将系统状态空间模型转换成传递函数模型
S=ctrb(A,b);                            %计算可控性矩阵 S
f=rank(S)                               %通过 rank 命令求可控性矩阵的秩
if f==n                                 %判断系统的可控性
disp('system is controlled')
else
disp('system is no controlled')
end
V=obsv(A,c);                            %计算可观测性矩阵 V
m=rank(V)                               %求可观测性矩阵的秩
if m==n                                 %判断系统的可观测性
disp('system is observable')
else
disp('system is no observable')
end
S1=inv(S);                              %通过 inv 命令求矩阵的逆
T=[S1(3,:);S1(3,:)*A;S1(3,:)*A^2];      %求变换矩阵 T
sys1=ss2ss(sys,T)                       %通过相似变换矩阵 T 将系统化为可控标准型
```

在 MATLAB 中运行上述程序后，结果如下：

a. 由于对称矩阵 $\boldsymbol{P} = \begin{bmatrix} 0.5 & -0.7778 & 0.5 \\ -0.7778 & 3.6944 & -2.1111 \\ 0.5 & -2.1111 & 1.5 \end{bmatrix}$ 正定，可知系统稳定。当然，MATLAB

程序的第 2～4 行命令完全可以替换成如下命令：

```
e=eig(A)                    %计算系统的特征根
```

得结果为 $\lambda_1 = \lambda_2 = -1, \lambda_3 = -2$，全部为负，也可得出系统稳定的结论。

b. 系统的传递函数：

$$G(s) = \frac{s^2 + s}{s^3 + 4s^2 + 5s + 2}$$

系统零输入响应的状态曲线和输出曲线分别如图 2-50 和图 2-51 所示。

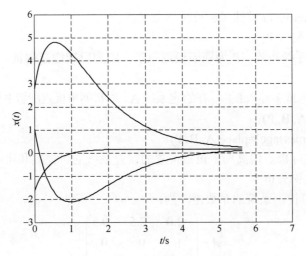

图 2-50　零输入响应状态曲线

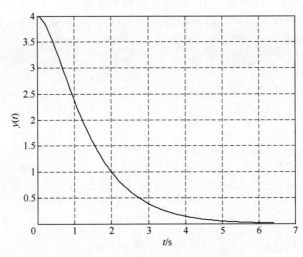

图 2-51　零输入响应输出曲线

c. 由于可控性矩阵满秩，所以系统完全可控。利用变换矩阵 $\boldsymbol{T}$ 得系统的可控标准型：

$$\dot{x}(t) = \begin{bmatrix} 0 & 1 & 0 \\ 0 & 0 & 1 \\ -2 & -5 & -4 \end{bmatrix} x(t) + \begin{bmatrix} 0 \\ 0 \\ 1 \end{bmatrix} u(t), \quad y(t) = \begin{bmatrix} 0 & 1 & 1 \end{bmatrix} x(t)$$

d. 由于可观测性矩阵的秩为 2，非满秩，系统状态不完全可观测。

2.7.3 极点配置

基于状态反馈的极点配置法就是通过状态反馈将系统的闭环极点配置到期望的极点位置上，从而使闭环系统特性满足要求。

（1）极点配置的 MATLAB 函数

在 MATLAB 控制工具箱中，直接用于系统极点配置的函数有 acker( ) 和 place( )。

① acker( )。

功能：基于 Ackermann 算法求解反馈增益 K。

格式：K=acker(A, B, P)

说明：A、B 为系统矩阵，P 为期望极点向量，K 为反馈增益向量。

② place( )。

功能：用于单输入或多输入系统。在给定系统 A、B 和期望极点配置 P 情况下，求反馈增益。

格式：K=place(A, B, P)

　　　　[K, prec, message]=place(A, B, P)

说明：prec 为实际极点偏离期望极点位置的误差系统的可控和可观测性。

（2）极点配置实例分析

例 2-32：已知可控制系统的系数矩阵为：

$$A = \begin{pmatrix} -2.0 & -2.5 & -0.5 \\ 1 & 0 & 0 \\ 0 & 1 & 0 \end{pmatrix}$$

闭环系统的极点为 $s=-1$，-2，-3，对其进行极点配置。

解：用 acker( ) 函数对系统进行极点配置，给出程序 example2-32.m 清单如下：

```
% MATLAB PROGRAM example2-32.m
A=[-2,-2.5,-0.5;1,0,0;0,1,0];
B=[1,0,0]';
P=[-1,-2,-3];
K=acker(A,B,P)
Ac=A-B*K
eig(Ac)
```

程序运行如下：

```
K = 4.0000    8.5000    5.5000
Ac = -6    -11    -6
    1     0     0
    0     1     0
ans =
  -3.0000
  -2.0000
  -1.0000
```

由运行结果可知，配置结果与题目要求相符，配置过程正确。

所以，状态反馈控制器为：

$$\boldsymbol{K}=[4 \quad 8.5 \quad 5.5]$$

例 2-33：已知控制系统的传递函数为 $\dfrac{Y(s)}{U(s)} = \dfrac{10}{s(s+1)(s+2)}$，试判别系统的可控制性并设计反馈控制器，使得闭环系统的极点为−2，−1±i。

解：首先判别系统的可控性。给出以下程序 example2-33a.m 清单：

```
% MATLAB PROGRAM example2-33a.m
n1=10;d1=conv(conv([1,0],[1,1]),[1,2]);
[a,b,c,d]=tf2ss(n1,d1);n=3;
CAM=ctrb(a,b);
if det(CAM)~=0;
    roam=rank(CAM);
if rcam==n
    disp('系统可控')
elseif roam<n
    disp('系统不可控')
end
elseif det(CAM)==0
    disp('系统不可控')
end
```

程序运行结果如下：

```
系统可控
```

由于系统是可控的，所以可以任意配置系统的极点。给出以下程序 exmaple2-33b.m：

```
% MATLAB PROGRAM example2-33b.m
n1=10;d1=conv(conv([1,0],[1,1]),[1,2]);
[a,b,c,d]=tf2ss(n1,d1);
P=[-2,-1+i,-1-i];
K=place(a,b,P);    %极点配置
[K,Prec,Mes]=place(a,b,P)    %显示极点配置信息
%绘制系统阶跃响应曲线
sys=ss(a-b*K,b,c,d);
poles=pole(sys);
step(sys/dcgain(sys),2);
```

程序运行结果如下：

```
K =1.0000    4.0000    4.0000
Prec =15
Mes = ''
```

并得到具有状态反馈系统的阶跃响应曲线，如图 2-52 所示。

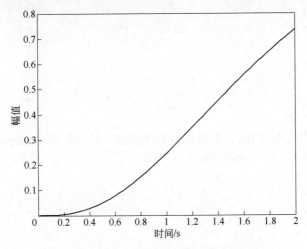

图 2-52　具有状态反馈系统的阶跃响应曲线

由运行结果可知，配置过程中没有出错和警告信息。由反馈系统的阶跃响应曲线可知，闭环系统的动态性能良好。

所以状态反馈控制器为：K=[1　4　4]。

2.7.4　状态观测器设计

（1）状态观测器的 MATLAB 函数

功能：用函数 place( )或 acker( )计算观测器的增益矩阵 H。

格式：H=place(A', C', P)

　　　H=acker(A', C', P)

说明：P 为观测器的期望极点配置。设计时，要注意 P 的选择，为了保证观测器输出的状态估计值 $\dot{x}(t)$ 快速跟踪实际状态 $x(t)$，极点的绝对值应大些，但太大又会使系统产生饱和或引起噪声干扰。如果系统不是完全观测的，则不能自由地配置观测器的全部位置，在这种情况下，需要采用降维观测器部分配置方案。

（2）状态观测器设计实例

例 2-34：设系统的状态空间表达式为：

$$\dot{x} = \begin{pmatrix} 0 & 0 & 2 \\ 1 & 0 & 9 \\ 0 & 1 & 0 \end{pmatrix} x + \begin{pmatrix} 3 \\ 2 \\ 1 \end{pmatrix} u$$

$$Y = (0 \quad 0 \quad 1) x$$

试设计一个状态观测器，使极点为-3，-4，-5。

解： ① 判别系统能观性。

首先检验是否完全能观，用 MATLAB 语言编写程序 example2-341.m，程序清单如下：

```
% 判断能观性 MATLAB PROGRAM example2-341.m
A=[0,0,2;1,0,9;0,1,0];
B=[3,2,1]';C=[0,0,1];
ob=obsv(A,C);
roam=rank(ob);n=length(A)
if roam==n
    disp('系统可观')
elseif roam~=n
    disp('系统不可观')
end
```

程序运行结果为：

```
n =
    3
系统可观
```

② 设计状态观测器。

使用 MATLAB 的 acker( )函数来设计状态观测器，给出程序 exmaple2-342.m 如下：

```
%设计状态观测器% MATLAB PROGRAM example2-342.m
A=[0,0,2;1,0,9;0,1,0];
B=[3,2,1]';C=[0,0,1];
P=[-3,-4,-5];
A1=A';B1=C';
K=acker(A1,B1,P);
H=(K)'
ahc=A-H*C
```

程序运行结果：

```
H =                      ahc =
   58                        0    0   -60
   56                        1    0   -47
   12                        0    1   -12
```

即系统的状态观测器为：

$$\dot{x} = \begin{pmatrix} 0 & 0 & -60 \\ 1 & 0 & -47 \\ 0 & 1 & -12 \end{pmatrix} \hat{x} + \begin{pmatrix} 3 \\ 2 \\ 1 \end{pmatrix} u + \begin{pmatrix} 58 \\ 56 \\ 12 \end{pmatrix} y$$

例 2-35：设线性定常系统的状态方程为

$$\dot{x}(t) = \begin{bmatrix} -2 & -2.5 & -0.5 \\ 1 & 0 & 0 \\ 0 & 1 & 0 \end{bmatrix} x(t) + \begin{bmatrix} 1 \\ 0 \\ 0 \end{bmatrix} u(t) , \quad y(t) = \begin{bmatrix} 1 & 4 & 3.5 \end{bmatrix} x(t) , \quad x(0) = \begin{bmatrix} 1 \\ -0.75 \\ 0.4 \end{bmatrix}$$

试问：①能否通过状态反馈将系统的闭环极点配置在-1，-2 和-3 处? 如有可能，求出上述极点配置的反馈增益矩阵 **k**。②当系统的状态不可直接测量时，能否通过状态观测器来获取状态变量? 如有可能，试设计一个极点位于-3，-5 和-7 的全维状态观测器。

解：本题设计步骤如下：

① 检查系统的可控、可观性。若被控系统可控可观测，则满足分离定理，用状态观测器估值形成状态反馈时，其系统的极点配置和观测器设计可分别独立进行。

② 对于系统 $\dot{x} = Ax + bu$，选择状态反馈控制律 $u = -kx + v$，使得通过反馈构成的闭环系统极点，即 $(A-bk)$ 的特征根配置在期望极点处。

③ 构造全维状态观测器 $\dot{\hat{x}} = A\hat{x} + bu - hc(\hat{x} - x) = (A - hc)\hat{x} + bu + hy$，设计观测器输出反馈阵 **h**，使得观测器极点，即 $(A-bk)$ 的特征根位于期望极点处。

④ 利用分离定理分别设计上述状态反馈控制律和观测器，可得复合系统动态方程为

$$\begin{bmatrix} \dot{x} \\ \dot{\hat{x}} \end{bmatrix} = \begin{bmatrix} A & -bk \\ hc & A - bk - hc \end{bmatrix} \begin{bmatrix} x \\ \hat{x} \end{bmatrix} + \begin{bmatrix} b \\ b \end{bmatrix} v$$

$$y = \begin{bmatrix} c & 0 \end{bmatrix} \begin{bmatrix} x \\ \hat{x} \end{bmatrix}$$

MATLAB 程序：

```
% MATLAB PROGRAM example2-35.m
A=[-2 -2.5 -0.5;1 0 0;0 1 0];b=[1 0 0]';c=[1 4 3.5];d=0;
N=size(A);n=N(1);
sys0=ss(A,b,c,d);                    %建立系统状态空间模型
S=ctrb(A,b)                          %求{A,b}可控性矩阵的秩
f=rank(S);                           %求可控性矩阵的秩
if f==n                              %判断系统的可控性
disp('system is contralled')
else
disp('system is no controlled')
   end
```

```
V=obsv(A,c)                                  %计算系统可观测性矩阵
m=rank(V);                                    %求{A,c}可观测性矩阵的秩
if m==n                                       %判断系统的可观测性
disp('system is observable')
else
disp('system is no observable')
end
P_s=[-1 -2 -3];                               %系统的期望配置极点
k=acker(A,b,P_s)                              %计算系统的反馈增益向量 k
P_o=[-3 -5 -7]                                %观测器的期望配置极点
h=(acker(A',c',P_o))'                         %计算观测器输出反馈阵
A1=[A -b*k;h*c A-b*k-h*c];b1=[b;b];c1=[c zeros(1,3)];d1=0;
x0=[1 -0.75 0.4]';x10=[0 0 0]';
sys=ss(A1,b1,c1,d1);                          %建立复合系统动态模型
t=0:0.01:4;
[y,t,x]=initial(sys,[x0;x10],t);             %计算系统的零输入响应
figure(1);
plot(t,x(:,1:3),'--');grid                    %零输入响应系统状态曲线
xlabel ('t(s)');ylabel('x(t)');
figure(2)
plot(t,x(:,4:6));grid;                        %零输入响应观测状态曲线
xlabel('t(s)');ylabel('x(t)');
figure(3)
plot(t,(x(:,1:3)-x(:,4:6)));grid;            %零输入响应状态误差曲线
xlabel ('t(s)');ylabel('e(t)');
```

在 MATLAB 中运行上述程序后，结果如下：

① 由于系统可控，满足极点配置条件,得反馈增益向量 k=[4 8.5 5.5]。

② 由于系统可观测，满足观测器极点配置条件,得观测器输出反馈阵 h=[35.2324 −19.8169 16.2958]^{T}。

设初始观测状态 $\hat{x}(0) = [0 \ 0 \ 0]^{\text{T}}$，那么系统零输入响应的系统状态曲线、观测状态曲线和状态误差曲线分别如图 2-53、图 2-54 和图 2-55 所示。

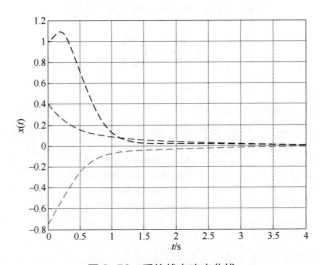

图 2-53　系统状态响应曲线

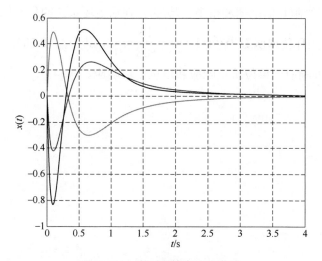

图 2-54　观测器状态响应曲线

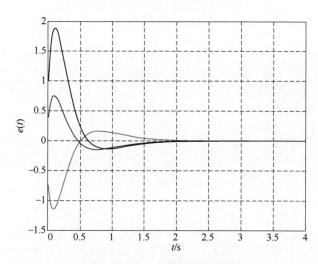

图 2-55　状态误差响应曲线

练习题

1. 已知单位负反馈系统的开环传递函数为

$$G(s) = \frac{20}{(s+4)(s+K)}$$

试用 MATLAB 绘出 K 从零变化到无穷时的根轨迹图,并求出系统临界阻尼时对应的 K 值及其闭环极点。

2. 已知单位负反馈系统的开环传递函数为

$$G(s) = \frac{1280s + 640}{s^4 + 24.2s^3 + 1604.81s^2 + 320.24s + 16}$$

试用 MATLAB 绘制其伯德图和奈奎斯特图,并判别闭环系统的稳定性。

3. 已知系统的闭环传递函数为 $\Phi(s) = \dfrac{16}{s^2 + 8\zeta s + 16}$,其中 $\zeta = 0.707$,试用 MATLAB 求出二阶系统的单位脉冲响应、单位阶跃响应和单位斜坡响应。

神经网络控制的分析与仿真

3.1 神经网络工具箱概述

对于各种网络模型，神经网络工具箱集成了多种学习算法，神经网络初学者可以利用该工具箱来深刻理解各种算法的内容实质，即使不了解算法的本质，也可以直接应用功能丰富的函数来实现自己的目的。此外，神经网络工具箱中还给出了大量的示例程序，为用户轻松地使用工具箱提供了生动实用的范例。

3.2 神经网络工具箱中的通用函数

神经网络工具箱中准备了丰富的工具箱函数，其中一些函数是适合某一种类型的神经网络的，如感知器的创建函数、BP 网络的训练函数等；而另外一些函数则是通用的，几乎可以用于所有类型的神经网络，如神经网络仿真函数、初始化函数和训练函数等。

本节主要介绍通用的神经网络工具函数，对它们的功能、调用格式、使用方法及注意事项做详细说明。表 3-1 列出了神经网络中的一些比较重要的通用函数。

表 3-1 通用函数

函数类别	函数名称	函数用途
初始化函数	init	对网络进行初始化
	initlay	对多层网络的初始化
	initnw	利用 Nguyen-Widrow 准则对层进行初始化
	initwb	调用指定的函数对层进行初始化
神经网络输入函数	netsum	输入求和函数
	netprod	输入求积函数
	concur	使权值向量和阈值向量的结构一致
传递函数	hardlim	硬限幅函数
	hardlims	对称硬限幅函数
神经网络训练函数	train	调用其他训练函数，对网络进行训练
	trainb	对权值和阈值进行训练

函数类别	函数名称	函数用途
神经网络学习函数	learnpn	标准学习函数
	learnp	网络权值和阈值的学习
	adapt	自适应函数
	revert	将权值和阈值恢复到最后一次初始化时的值
神经网络仿真函数	sim	针对给定的输入，得到网络输出
其他	dotprod	权值求积函数

（1）神经网络初始化函数

① init。

功能：该函数用于对神经网络进行初始化。

格式：NET = init(net)

说明：

NET：返回参数，表示已经初始化后的神经网络。

net：待初始化的神经网络。

② initlay。

功能：该函数用于层-层结构的神经网络的初始化。

格式：NET = initlay(net)

info = initlay(code)

说明：

NET：表示已经初始化后的神经网络。

net：待初始化的神经网络。

info = initlay(code)：根据不同的 code 代码返回不同的信息，包括：pnames——初始化参数的名称；pdefaults——默认的初始化参数。

③ initnw。

功能：该函数是一个层初始化函数，它按照 Nguyen-Widrow 准则对某层的权值和阈值进行初始化。

格式：NET= initnw(net,i)

说明：

net：待初始化的神经网络。

i：层次索引。

NET：初始化后的神经网络。

④ initwb。

功能：该函数也是一个层初始化函数，它按照设定的每层的初始化函数对每层的权值和阈值进行初始化。

格式：NET= initwb(net,i)

说明：

net：待初始化的神经网络。

i：层次索引。

NET：初始化后的神经网络。

（2）神经网络输入函数

① netsum。

功能：该函数是一个输入求和函数，它通过将某一层的加权输入和阈值相加作为该层的输入。

格式：N = netsum(Z1,Z2,... Zi)

　　　df = netsum('deriv')

说明：

Zi(i=1,2,3,...)：第 i 个输入，它的数目可以是任意个。

df = netsum('deriv')：返回的是 netsum 的微分函数 dnetsum。

② netprod。

功能：与 netsum 的计算框架类似，不过该函数是输入求积函数，它将某一层的权值和阈值相乘作为该层的输入。

格式：N = netprod(Z1,Z2,... Zi)

　　　df = netprod('deriv')

说明：

Zi(i=1,2,3,...)：第 i 个输入，它的数目可以是任意个。

df = netprod('deriv')：返回的是 netprod 的微分函数 dnetprod。

③ concur。

功能：该函数的作用在于使得本来不一致的权值向量和阈值向量的结构一致，以便于进行相加或相乘运算。

格式：concur(b,q)

说明：

b：N1×1 维的权值向量。

q：要达到一致化所需要的长度。

（3）神经网络传递函数

传递函数的作用是将神经网络的输入转换为输出。

① hardlim。

功能：该函数为硬限幅传递函数。

格式：A = hardlim(N)

　　　info = hardlim(code)

说明：

N：某层的 Q 组 S 维的输入向量。

A：返回该层的输出向量，当 N>0 时，返回值为 1，当 N<0 时，返回值为 0。

info = hardlim(code)：根据不同的代码返回不同的信息，包括：derive——导数函数名称；name—传递函数的全称；output—传递函数的输出范围；active—传递函数的输入范围。

② hardlims。

功能：该函数为对称的硬限幅传递函数。

格式：A = hardlims(N)

　　　info = hardlims(code)

说明：

N：某层的 Q 组 S 维的输入向量。

A：返回该层的输出向量，当 N>0 时，返回值为 1，当 N<0 时，返回值为-1；

info = hardlims(code)的含义参见 hardlim。

由此可见，以上两个函数可以实现神经网络的分类和判断功能。

（4）神经网络训练函数

① train。

功能：该函数用于对神经网络进行训练。

格式：[net,tr,Y,E,Pf,Af] = train (NET,P,T,Pi,Ai)

       [net,tr,Y,E,Pf,Af] = train(NET,P,T,Pi,Ai,VV,TV)

说明：

调用值：

NET：待训练的神经网络。

P：网络的输入信号。

T：网络的目标，默认为 0。

Pi：初始的输入延迟，默认为 0。

Ai：初始的层延迟，默认为 0。

VV：网络结构确认向量，默认为空。

TV：网络结构测试向量，默认为空。

返回值：

net：训练后的神经网络。

tr：训练记录（包括步数和性能）。

Y：神经网络输出信号。

E：神经网络误差。

Pf：最终输入延迟。

Af：最终层延迟。

需要注意的是，参数 T 是可选的。只有当需要明确神经网络的目标时，才调用该参数。同样，Pi 和 Ai 也是可选的，它们只用于存在输入延迟和层延迟的场合。VV 和 TV 也是可选的，而且它们除了采用空矩阵之外，只能从以下范围中取值：

VV.P/TV.P：确认/测试输入信号。

VV.T/TV.T：确认/测试目标，默认为 0。

VV.Pi/TV.Pi：确认/测试初始的输入延迟，默认为 0。

VV.Ai/TV.Ai：确认/测试层延迟，默认为 0。

② trainb。

功能：该函数用于神经网络权值和阈值的训练。

格式：[NET,TR,Ac,El]= trainb(net,Pd,Tl,Ai,Q,TS,VV,TV)

      info = trainb(code)

说明：

调用值：

net：待训练的神经网络。

Pd：已延迟的输入信号。

Tl：层目标。

Ai：初始的输入。

Q：批量。

TS：时间步长。

VV：确认向量或者为空矩阵。

TV：测试向量或者为空矩阵。

返回值：

NET：训练后的神经网络。

TR：每一步的训练记录，包括：TR.epoch——仿真步次；TR.perf—训练性能；TR.vperf—确认性能；TR.tperf—测试性能。

Ac：训练停止后，聚合层的输出。

El：训练停止的层误差。

（5）神经网络学习函数

① learnp。

功能：该函数用于神经网络权值和阈值的学习。

格式：[dW,LS] = learnp(W,P,Z,N,A,T,E,gW,gA,D,LP,LS)

　　　或[db,LS] = learnp(b,ones(1,Q),Z,N,A,T,E,gW,gA,D,LP,LS)

　　　info = learnp(code)

说明：

调用值：

W：$S×R$ 维的权值矩阵（或 $S×1$ 维的阈值向量）。

P：Q 组 R 维的输入向量（或 Q 组单个输入）。

Z：Q 组 S 维的权值输入向量。

N：Q 组 S 维的网络输入向量。

A：Q 组 S 维的输出向量。

T：Q 组 S 维的目标向量。

E：Q 组 S 维的误差向量。

gW：$S×R$ 维的性能参数的梯度。

gA：Q 组 S 维的性能参数的输出梯度。

D：$S×S$ 维神经元距离。

LP：学习参数，若没有则为空。

LS：学习状态，初始值为空。

返回值：

dW：$S×R$ 维权值（或阈值）的变化矩阵。

LS：新的学习状态。

info = learnp(code)：对不同的 code 返回相应的有用信息，包括：pnames——初始化参数的名称；pdefaults—默认的初始化参数；Needg—如果函数使用了 gW 或 gA，则返回 1。

② learnpn。

功能：该函数也是一个权值和阈值学习函数，但它在输入向量的幅值变化非常大或者存在奇异值时，学习速度比 learnp 要快得多。

格式：[dW,LS] = learnpn(W,P,Z,N,A,T,E,gW,gA,D,LP,LS)

　　　info = learnpn(code)

说明：各参数含义参见 learnp。

③ adapt。

功能：该函数使得神经网络能够自适应。

格式：[net,Y,E,Pf,Af,tr] = adapt(NET,P,T,Pi,Ai)

说明：

NET：待自适应的神经网络。

P：网络输入。

T：网络目标，默认为 0。

Pi：初始输入延迟，默认为 0。

Ai：初始层延迟，默认为 0。

通过设定自适应的函数 NET.adaptFcn 和自适应的参数 NET.adaptParam 可调用该函数，并返回如下参数。

net：自适应后的神经网络。

Y：网络输出。

E：网络误差。

Pf：最终输入延迟。

Af：最终层延迟。

tr：训练记录（步数和性能）。

④ revert。

功能：该函数用于将更新后的权值和阈值恢复到最后一次初始化的值。

格式：net = revert(net)

说明：如果网络结构已经发生了变化，也就是说，如果网络的权值和阈值之间的连接关系，以及输入、每层的长度都与原来的网络结构有所不同，那么该函数无法将权值和阈值恢复到原来的值。在这种情况下，函数将权值和阈值都设置为 0。

（6）神经网络仿真函数（sim）

功能：该函数用于对神经网络进行仿真。

格式：[Y,Pf,Af,E,perf] = sim(net,P,Pi,Ai,T)

[Y,Pf,Af,E,perf] = sim(net,{Q TS},Pi,Ai,T)

[Y,Pf,Af,E,perf] = sim(net,Q,Pi,Ai,T)

说明：

调用值：

net：待仿真的神经网络。

P：网络输入。

Pi：初始输入延迟；默认为 0。

Ai：初始的层延迟，默认为 0。

T：网络目标，默认为 0。

返回值：

Y：网络输出。

Pf：最终输出延迟。

Af：最终的层延迟。

E：网络误差。

perf：网络性能。

Pi、Ai、Pf 和 Af 是可选的，它们只用于存在输入延迟和层延迟的网络。

（7）其他重要函数

下面介绍 dotprod 函数。

功能：该函数用于对权值求点积，它求得权值与输入之间点积作为加权输入。

格式：Z = dotprod(W,P)

　　　df = dotprod('deriv')

说明：

W：$S×R$ 维的权值矩阵。

P：Q 组 R 维的输入向量。

Z：Q 组 R 维的 W 与 P 的点积。

df = dotprod('deriv')：返回函数的导数。

3.3　感知器网络及其 MATLAB 实现

3.3.1　重要的感知器神经网络函数

（1）创建函数

下面介绍创建函数 newp。

功能：可通过感知器生成函数来创建一个感知器，并且可对感知器进行初始化、仿真和训练等。

格式：net = newp(p,t,tf,lf)

说明：

net：函数返回参数，表示生成的感知器网络。

p：代表 $R×Q$ 维的输入向量。

t：代表 $S×Q$ 维的目标向量。

tf：感知器的传递函数，可选参数为 hardlim 和 hardlims，默认为 hardlim。

lf：感知器的学习函数，可选参数为 learnp 和 learnpn，默认为 learnp。

（2）显示函数

① plotpc。

功能：该函数用于在感知器向量图中绘制分界线。

格式：plotpc(W,b)或 plotpc(W,b,h)

说明：

W：$S×R$ 维的加权矩阵（R 必须小于等于 3）。

b：$S×1$ 维的阈值向量。

h：最后画线的控制权。

plotpc(W,b)：返回的是对所绘制分界线的控制权。

plotpc(W,b,h)：用于在绘制新线之前检查最新绘制的分界线。

② plotpv。

功能：该函数用于绘制感知器的输入向量和目标向量。

格式：plotpv(p,t)或 plotpv(p,t,v)

说明：

p：Q 组 R 维的输入向量。

t：Q 组 R 维的双目标向量。

v= [x_min x_max y_min y_max]：图形的最大值，绘制工作必须位于 v 所限定的范围中。

plotpv(p,t)：以 t 为标尺，绘制 p 的列向量。

plotpv(p,t,v)：在 v 的范围中绘制 p 的列向量。

（3）性能函数

下面介绍性能函数 mae。

功能：该函数以平均绝对误差为准则，确定神经网络性能的函数。

格式：perf = mae(E,X,FP)或 perf = mae(E,NET,FP)

info = mae(code)

说明：

E：误差向量矩阵（或向量）。

X：所有的权值和阈值向量，可忽略。

NET：待评定的神经网络。

FP：性能参数，可忽略。

perf：函数返回值为平均绝对误差。

info = mae(code)：根据 code 值的不同，返回不同的信息，包括：derive——返回导数函数的名称；name—返回函数全称；pnames—返回训练参数的名称；pdefaults—返回默认的训练参数。

3.3.2　感知器神经网络的 MATLAB 仿真程序设计

（1）单层感知器神经网络设计的基本方法

单层感知器神经网络的 MATLAB 仿真程序设计主要包括以下几个方面。

① 以 newp 创建感知器神经网络　首先，根据所要解决的问题，确定输入向量的取值范围和维数、网络层的神经元数目、传递函数和学习函数等。然后，以单层感知器神经网络的创建函数 newp 创建网络。

② 以 train 训练创建网络　构造训练样本集，确定每个样本的输入向量和目标向量，调用函数 train 对网络进行训练，并根据训练的情况决定是否训练参数，以得到满足误差性能指标的神经网络，然后进行存储。

③ 以 sim 对训练后的网络进行仿真　构造测试样本集，加载训练后的网络，调用函数 sim，以测试样本集进行仿真，查验网络的性能。

从以上过程可以看出，重要的感知器神经网络函数有 newp、train 和 sim，除此之外还涉及 init、trainc、dotprod、netsum、mae、plotpc、plotpv 等，这些函数的详解前已述及。

（2）多层感知器神经网络的设计方法

由于感知器神经网络学习规则的限制，它只能对单层感知器神经网络进行训练，那么，如何进行多层感知器神经网络的设计呢？这里提供一种二层感知器神经网络的设计方法。

① 把神经网络的第一层设计为随机感知器层，且不对它进行训练，而是随机初始化它的权值和阈值，当它接收各输入元素的值时，其输出也是随机的。但其权值和阈值一旦固定下来，对输入向量模式的映射也随之确定下来。

② 以第一层的输出作为第二感知器层的输入，并对应输入模式，确定第二感知器层的目标向量，然后对第二感知器层进行训练。

③ 由于第一随机感知器层的输出是随机的，所以在训练过程中，整个网络可能达到训练

误差性能指标，也可能达不到训练误差性能指标。当达不到训练误差指标的，需要重新对随机感知器层的权值和阈值进行初始化赋值，可以将其初始化函数设置为随机函数，然后用 init 函数重新初始化。程序一次运行的结果往往达不到设计要求，需要反复运行，直至达到要求为止。

（3）感知器神经网络的 MATLAB 仿真程序设计

下面以应用实例说明单层感知器神经网络的 MATLAB 仿真程序设计。程序中涉及的其他 MATLAB 函数与命令，读者可自行参阅有关参考书。

例 3-1：设计一单层单输出感知器神经网络，进行二值化图像卡片上数字的奇偶分类。

解：①问题分析　图 3-1 给出了数字 1 和 0 的二值化图像卡片，每一个图像卡片可以分成 5×3 的矩形方块，假设每个小方块有数字的笔画划过（即在小方块内二值图像元素的值至少有一个不为 0），则记为 1，否则记为 0，那么图像卡片上所有小方块表达了由 0、1 二值组成的一个模式（或向量），该模式可以作为感知器神经网络的输入向量。

110 010 010 010 111　　　111 101 101 101 111

图 3-1　图像数字卡片构成模式（向量）示意图

按照这样的方法，由数字 0～9 构成的输入向量见表 3-2。当然，相同数字的形状不同、位置不同、笔画的粗细不同等，都会引起相应输入向量的变化。

表 3-2　数字 0～9 构成的输入向量

数字	p_1	p_2	p_3	p_4	p_5	p_6	p_7	p_8	p_9	p_{10}	p_{11}	p_{12}	p_{13}	p_{14}	p_{15}
0	1	1	1	1	0	1	1	0	1	1	0	1	1	1	1
1	1	1	0	0	1	0	0	1	1	0	1	0	1	1	1
2	1	1	1	0	0	1	1	1	1	0	1	1	0	1	1
3	1	1	1	1	1	1	0	1	1	0	0	1	1	1	1
4	0	1	0	1	0	1	1	1	0	1	1	1	0	1	0
5	1	1	1	1	0	0	1	1	0	0	0	1	1	1	1
6	0	1	1	1	0	0	1	1	1	1	1	1	1	1	1
7	1	1	1	0	0	1	0	1	0	0	1	0	0	1	0
8	1	1	1	1	0	1	1	1	1	1	1	1	1	1	1
9	1	1	1	1	0	1	1	1	1	0	1	1	1	1	1

如果设计的感知器神经网络使得网络的输出在图像卡片上的数字为奇数时，输出为 0，偶数时输出为 1，则可以完成其奇偶分类。

② 设计感知器神经网络　根据以上分析，按本题要求设计的感知器神经网络的基本结构如下：

● 网络有 1 个输入向量，包括 15 个元素，对应图像卡片上 15 个小方块的值，输入元素的取值范围为 {0,1}；

● 为单层、单神经元感知器神经网络；

● 输出是一个二值向量 0 或 1，它的两种不同取值分别表示分类结果的奇偶情况，所以神经元的传递函数可以取为 logsig 函数。

因此，设计的感知器神经网络结构示意图如图 3-2 所示。

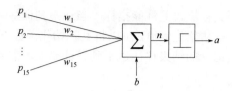

图 3-2　例 3-1 单层感知器神经网络结构示意图

③ 感知器神经网络的 MATLAB 程序实现　创建、训练、存储感知器神经网络的 MATLAB
程序：

```
%Example31Tr
clear all; %清除所有内存变量
pr=[0 1;0 1; 0 1; 0 1; 0 1; 0 1; 0 1; 0 1; 0 1; 0 1; 0 1; 0 1; 0 1; 0 1; 0 1] ;%设计输
入向量每个元素的值域(最小值和最大值),因为有 15 个输入,所以为 15*2 矩阵向量
net=newp(pr,1);%创建感知器神经网络,有 15 个输入元素,1 个神经元
%训练感知器神经网络
p=[1 1 1 1 0 1 1 0 1 1 0 1 1 1 1;1 1 0 0 1 0 0 1 1 0 1 0 1 1 1;1 1 1 1 0 1 0 1 1 1 1
0 1 1 1;1 1 1 1 1 0 1 1 0 0 1 1 1 1;0 1 0 1 1 0 1 1 0 1 1 1 0 1 0;1 1 1 1 1 0 0 1 1 0 0
1 1 1 1;0 1 1 1 1 0 1 1 1 0 1 1 1 1;1 1 1 1 0 1 0 1 0 0 1 0 0 1 0;1 1 1 1 0 1 1 1 1 0
1 1 1;1 1 1 1 0 1 1 1 0 1 1 1 1 0]'; %定义 15*10 的训练样本集输入向量
t=[1 0 1 0 1 0 1 0 1 0];%定义 1*10 的目标向量
[net,tr]=train(net,p,t);%训练单层感知器神经网络
iw1=net.IW{1}%输出训练后的权值
b1=net.b{1}%输出训练后的阈值
epoch1=tr.epoch %输出训练过程经过的每一步长
perf1=tr.perf %输出每一步训练结果的误差
%存储训练后的神经网络
save net31 net
```

运行结果如下：

```
TRAINC, Epoch 0/100
TRAINC, Epoch 4/100
TRAINC, Performance goal met.
iw1 = -2  0  -1  1 -2 -1  3  -1  -1  6  1  0 -1  0  0
b1 = 0
epoch1 = 0   1   2   3   4
perf1 =0.5000   0.7000   0.3000   0.2000    0
```

其训练误差性能曲线如图 3-3 所示。

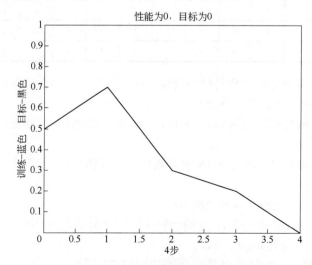

图 3-3　例 3-1 的训练误差性能曲线

从运行结果中可以看出，本例所设计的单层单输出神经网络，经过 4 步训练后，就达到误差为 0 的性能指标。

感知器神经网络仿真的 MATLAB 程序：

```
%Example31sim
clear all;
load net31 net %加载训练后的神经网络
%对训练后的神经网络进行仿真
ptest=[1 1 1 1 0 1 1 0 1 1 0 1 1 0 1;     %数字 0，因某种原因，与训练样本不一致
1 1 0 0 1 0 0 1 1 0 1 0 1 1 1]';          %数字 1，与训练样本不一致
a=sim(net,ptest) %输出仿真结果
```

运行结果如下：

```
a=1 0
```

可以看出，经过训练的网络，对于训练样本及训练样本以外的输入模式都可以得到正确的分类结果，具有一定的容错能力。

3.4 线性神经网络及其 MATLAB 实现

3.4.1 重要的线性神经网络函数

（1）线性网络创建和设计函数

① newlin。

功能：该函数可以创建一个线性层。所谓线性层是一个单独的层次，它的权函数为 dotprod，输入函数为 netsum，传递函数为 purelin。

格式： net = newlin(P,S,ID,LR)或 net = newlin(P,T,ID,LR)

说明：

net = newlin：表示在一个对话框中创建一个新的网络。

P：由 R 个输入元素的最大值和最小值组成的 $R×2$ 维矩阵。

S：输出向量的数目。

ID：输入延迟向量，默认为[0]。

LR：学习速率，默认为 0.01。

net：函数返回值，一个新的线性层。

② newlind。

功能：该函数可以设计一个线性层，它通过输入向量和目标向量来计算线性层的权值和阈值。

格式： net = newlind 或 net = newlind(P,T,Pi)

说明：

net = newlind：表示在一个对话框中创建一个新的网络。

P：Q 组输入向量组成的 $R×Q$ 维矩阵。

T：Q 组目标分类向量组成的 $S×Q$ 维矩阵。

Pi：初始输入延迟状态的 ID 个单元阵列，每个元素 Pi{i,k}都是一个 $Ri×Q$ 维的矩阵，默认为空。

net：函数返回值，一个线性层，它的输出误差平方和对于输入 P 来说具有最小值。

（2）学习函数

① learnwh。

功能：该函数为 Widrow-Hoff 学习函数，也称为 delta 准则或最小方差准则学习函数。它可以修改神经元的权值或阈值，使输出误差的平方和最小。

格式：[dW,LS] = learnwh(W,P,Z,N,A,T,E,gW,gA,D,LP,LS)

　　　　[db,LS] = learnwh(b,ones(1,Q),Z,N,A,T,E,gW,gA,D,LP,LS)

　　　　info = learnwh(code)

说明：

W：$S×R$ 维的加权矩阵（或为 $S×1$ 的阈值矩阵）。

P：Q 组 R 维的输入向量（或为 Q 个单值输入）。

Z：Q 组 S 维的加权输入向量。

N：Q 组 S 维的网络输入向量。

A：Q 组 S 维的输出向量。

T：Q 组 S 维的目标向量。

E：Q 组 S 维的误差向量。

gW：$S×R$ 维的性能参数的梯度。

gA：Q 组 S 维的性能参数的输出梯度。

D：神经元距离。

LP：学习参数，若没有则为空。

LS：学习状态，初始值为空。

dW：$S×R$ 维权值（或阈值）的变化矩阵。

LS：新的学习状态。

learnwh(code)：针对不同的 code 返回相应的有用信息，包括：pnames——返回学习参数的名称；pdefaults—返回默认的训练参数，Needg—如果函数使用了 gW 或 gA，则返回 1。

② maxlinlr。

功能：该函数为分析函数，用于计算线性层的最大学习速率。

格式：lr = maxlinlr(P)或 lr = maxlinlr(P,'bias')

说明：

P：输入向量的 $R×Q$ 维矩阵。

lr = maxlinlr(P)：针对不带阈值的线性层得到一个所需要的最大学习速率。

lr = maxlinlr(P,'bias')：针对带有阈值的线性层得到一个所需要的最大学习速率。

3.4.2　线性神经网络 MATLAB 仿真程序设计

例 3-2：实现自适应预测的线性网络。设计自适应滤波器如图 3-4 所示，该滤波器的目的是要从输入信号的前两个时刻的值预测当前时刻的值。

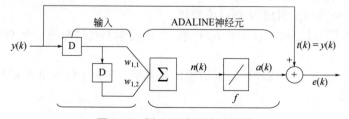

图 3-4　例 3-2 自适应滤波器

图中 D 为延迟单元，多个延迟单元可以构成抽头延迟线，如图 3-5 所示。

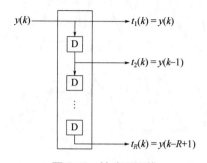

图 3-5　抽头延迟线

设输入信号为一随机序列，试编写 MATLAB 程序，画出上述自适应滤波器的输入输出波形。

解：注意网络是按时间顺序输入的，为串行方式。其 MATLAB 程序如下：

```
%Example32
clear all;
time=0.5:0.5:20; %时间变量
y=(rand(1,40))-0.5)*4;%定义随机输入信号
p=con2seq(y);    %将随机输入向量转换为序列信号
delays=[1 2];    %定义 ADALINE 神经元输入延迟量
t=p;    %定义 ADALINE 神经元的目标向量
%创建线性神经网络
net=newlin(minmax(y),1,delays,0.0005);
%线性神经网络的自适应调整(训练)
net.adaptParam.passes=70;
[net,a,output]=adapt(net,p,t);    %输出信号 output 为网络调整过程中的误差
%绘制随机输入信号、输出信号的波形
hold on
subplot(3,1,1);
plot(time,y,'k*-') %绘制随机输入信号波形
xlabel('t','position',[20.5,-1.8]);
ylabel('随机输入信号 s(t)')
axis([0 20 -2 2]);
subplot(3,1,2);
output=seq2con(output);
plot(time,output{1},'ko-');    %绘制预测输出信号的波形
xlabel('t','position',[20.5,-1.8]);
ylabel('预测输出信号 y(t)')
axis([0 20 -2 2]);
subplot(3,1,3);
e=output{1}-y;
plot(time,e,'k-');    %绘制误差曲线
xlabel('t','position',[20.5,-1.8]);
ylabel('误差曲线 e(t)')
axis([0 20 -2 2]);
hold off
```

运行结果如图 3-6 所示。从图中可以看出，输出信号波形与输入信号波形基本一致，误差较小，输出波形较好地预测了输入波形。

值得一提的是，在程序设计中，需要注意学习率和训练步长的选择。学习率过大，学习的过程将不稳定，且误差会更大；学习率过小，学习的过程将变慢，需要的训练步长数将加大。选择不当，将得不到满意的结果。

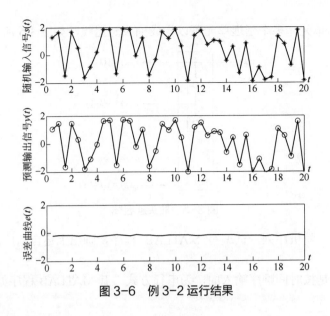

图 3-6　例 3-2 运行结果

3.5　BP 网络及其 MATLAB 实现

3.5.1　BP 网络函数

（1）BP 网络创建函数

① newcf。

功能：该函数用于创建级联前向 BP 网络。

格式：net = newcf 或 net = newcf(Pr,[S1 S2...SNl],{TF1 TF2...TFNl},BTF,BLF,PF)

说明：

net = newcf：用于在对话框中创建一个 BP 网络。

Pr：由每组输入（共有 R 组输入）元素的最大值和最小值组成的 $R×2$ 维的矩阵。

Si：第 i 层的长度，共计 N1 层。

TFi：第 i 层的传递函数，默认为'tansig'。

BTF：BP 网络的训练函数，默认为'trainlm'。

BLF：权值和阈值的 BP 学习算法，默认为'learngdm'。

PF：网络的性能函数，默认为'mse'。

② newff。

功能：该函数用于创建一个 BP 网络。

格式：net = newff 或 net = newff(PR,[S1 S2...SNl],{TF1 TF2...TFNl},BTF,BLF,PF)

说明：

net = newff：用于在对话框中创建一个 BP 网络。

其他参数含义请参见函数 newcf。

③ newfftd。

功能：该函数用于创建一个存在输入延迟的前向网络。

格式：net = newfftd 或 net = newfftd(PR,ID,[S1 S2...SNl],{TF1 TF2...TFNl},BTF,BLF,PF)

说明：

net = newfftd：用于在对话框中创建一个 BP 网络。

其他参数含义请参见函数 newcf。

（2）神经元上的传递函数

传递函数是 BP 网络的重要组成部分。传递函数又称为激活函数，必须是连续可微的。BP 网络经常采用 S 形的对数或正切函数以及线性函数。

① logsig。

功能：该传递函数为 S 形的对数函数。

格式：A = logsig(N)

info = logsig(code)

说明：

N：Q 个 S 维的输入列向量。

A：函数返回值，位于区间(0,1)中。

info = logsig(code)：依据 code 值的不同返回不同的信息，包括：derive——返回微分函数的名称；name—返回函数全称；output—返回输出值域；active—返回有效的输入区间。

② dlogsig。

功能：该函数为 logsig 的导函数。

格式：dA_dN = dlogsig(N,A)

说明：

N：$S×Q$ 维网络输入。

A：$S×Q$ 维网络输出。

dA_dN：函数返回值，输出对输入的导数。

③ tansig。

功能：该函数为双曲正切 S 形函数。

格式：A = tansig(N)

info = tansig(code)

说明：

N：Q 个 S 维的输入列向量。

A：函数返回值，位于区间(−1,1)之间。

info = tansig(code)的含义参见 logsig(code)。

④ purelin。

功能：该函数为线性传递函数。

格式：A = purelin(N)

info = purelin(code)

说明：

N：Q 个 S 维的输入列向量。

A：函数返回值，A=N。

info = purelin(code)的含义参见 logsig(code)。

（3）BP 网络的学习函数

① learngd。

功能：该函数为梯度下降权值/阈值学习函数，它通过神经元的输入和误差，以及权值和阈值的学习速率，来计算权值或阈值的变化率。

格式：[dW,ls] = learngd(W,P,Z,N,A,T,E,gW,gA,D,LP,LS)

　　　[db,ls] = learngd(b,ones(1,Q),Z,N,A,T,E,gW,gA,D,LP,LS)

　　　info = learngd(code)

说明：

W：$S×R$ 维的权值矩阵。

P：Q 组 R 维的输入向量。

Z：Q 组 S 维的加权输入向量。

N：Q 组 S 维的输入向量。

A：Q 组 S 维的输出向量。

T：Q 组 S 维的层目标向量。

E：Q 组 S 维的层误差向量。

gW：与性能相关的 $S×R$ 维梯度。

gA：与性能相关的 $S×R$ 维输出梯度。

D：$S×S$ 维的神经元距离矩阵。

LP：学习参数，可通过该参数设置学习速度，设置格式如 LP.lr=0.01。

LS：学习状态，初始状态下为空。

b：S 维的阈值向量。

ones(1,Q)：产生一个 Q 维的输入向量。

dW：$S×R$ 维的权值或阈值变化率矩阵。

ls：新的学习状态。

learngd(code)：根据不同的 code 值返回有关函数的不同信息，包括：pnames——返回设置的学习参数；pdefaults—返回默认的学习参数；needg—如果函数使用 gW 或 gA，则返回 1。

② learngdm。

功能：该函数为梯度下降动量学习函数，它利用神经元的输入和误差、权值或阈值的学习速度和动量常数，来计算权值或阈值的变化率。

格式：[dW,LS] = learngdm(W,P,Z,N,A,T,E,gW,gA,D,LP,LS)

　　　[db,LS] = learngdm(b,ones(1,Q),Z,N,A,T,E,gW,gA,D,LP,LS)

　　　info = learngdm(code)

说明：各参数的含义请参见 learngd。

（4）BP 网络训练函数

① trainbfg。

功能：该函数为 BFGS 准牛顿 BP 算法函数。除了 BP 网络外，该函数也可以训练任意形式的神经网络，只要它的传递函数对于权值和输入存在导数即可。

格式：[net,TR,Ac,El] = trainbfg(NET,Pd,Tl,Ai,Q,TS,VV,TV)

　　　info = trainbfg(code)

说明：

NET：待训练的神经网络。

Pd：有延迟的输入向量。

Tl：层次目标向量。

Ai：初始的输入延迟条件。

Q：批量。

TS：时间步长。

VV：确认向量结构或者为空。

TV：检验向量结构或者为空。

net：训练后的神经网络。

TR：每步训练的有关信息记录，包括：TR.epoch——时刻点；TR.perf—训练性能；TR.vperf—确认性能；TR.tperf—检验性能。

Ac：上步训练中聚合层的输出。

El：上步训练中的层次误差。

info = trainbfg(code)：根据不同的 code 值返回不同的有关 trainbfg 的信息，包括：pnames——返回设定的训练参数；pdefaults—返回默认的训练参数。

在利用该函数进行 BP 网络训练时，MATLAB 7 已经默认如表 3-3 所示的训练参数。

表 3-3　BP 网络训练参数

参数名称	默认值	属性
net.trainParam.epochs	100	训练次数，100 为训练次数的最大值
net.trainParam.show	25	两次显示之间的训练步数（无显示时设为 NaN）
net.trainParam.goal	0	训练目标
net.trainParam.time	inf	训练时间，inf 表示训练时间不限
net.trainParam.min_grad	1e-6	最小性能梯度
net.trainParam.max_fail	5	最大确认失败次数
net.trainParam.searchFcn	'srchcha'	所用的线性搜索路径

② traingd。

功能：该函数为梯度下降 BP 算法函数。

格式：[net,TR,Ac,El] = traingd(net,Pd,Tl,Ai,Q,TS,VV,TV)
　　　info = traingd(code)

说明：参数意义、设置格式及适用范围请参见 trainbfg。

③ traingdm。

功能：该函数为梯度下降动量 BP 算法函数。

格式：[net,TR,Ac,El] = traingdm(net,Pd,Tl,Ai,Q,TS,VV,TV)
　　　info = traingdm(code)

说明：参数意义、设置格式及适用范围同样请参见 trainbfg。

另外，MATLAB 7 的神经网络工具箱中还有一系列训练函数可用于对 BP 网络的训练，由于篇幅所限，使用时读者可以比照函数 trainbfg 的调用格式进行学习。

（5）性能函数

① mse。

功能：该函数为均方误差性能函数。

格式：perf = mse(e,x,pp)
　　　perf = mse(e,net,pp)
　　　info = mse(code)

说明：各参数含义请参见 mae。

② msereg。

功能：该函数也是性能函数，它通过两个因子的加权和来评价网络的性能，这两个因子分别是均方误差、均方权值和阈值。

格式：perf = msereg(e,x,pp)

　　　perf = msereg(e,net)

　　　info = msereg(code)

说明：各参数含义请参见 mae。

（6）显示函数

① plotperf。

功能：该函数用于绘制网络的性能。

格式：plotperf(tr,goal,name,epoch)

说明：

tr：网络训练记录。

goal：性能目标，默认为 NaN。

name：训练函数名称，默认为空。

epoch：训练步数，默认为训练记录的长度。

② plotes。

功能：该函数用于绘制一个单独神经元的误差曲面。

格式：plotes(wv,bv,es,v)

说明：

wv：权值的 N 维行向量。

bv：M 维的阈值行向量。

es：误差向量组成的 $M \times N$ 维矩阵。

v：视角，默认为[-37.5,30]。

③ plotep。

功能：该函数用于绘制权值和阈值在误差曲面上的位置。

格式：H = plotep(w,b,e)

　　　H = plotep(w,b,e,h)

说明：

w：当前权值。

b：当前阈值。

e：当前单输入神经元的误差。

h：权值和阈值在上一时刻的位置信息向量。

H：当前的权值和阈值位置信息向量。

④ errsurf。

功能：此函数用于计算单个神经元的误差曲面。神经元的误差曲面是由权值和阈值的行向量确定的。

格式：E = errsurf(P,T,WV,BV,F)

说明：

P：输入行向量。

T：目标行向量。

WV：权值列向量。

BV：阈值列向量。

F：传递函数的名称。

3.5.2　BP 网络的 MATLAB 仿真程序设计

（1）BP 网络设计的基本方法

BP 网络的设计主要包括输入层、隐层、输出层及各层之间的传输函数等几个方面。

1）网络层数

大多数通用的神经网络都预先确定了网络的层数，而 BP 网络可以包含不同的隐层。但理论上已经证明，在不限制隐层节点数的情况下，两层（只有一个隐层）的 BP 网络可以实现任意非线性映射。在模式样本相对较少的情况下，较少的隐层节点可以实现模式样本空间的超平面划分，此时，选择两层 BP 网络就可以了；当模式样本数很多时，减小网络规模，增加一个隐层是必要的，但 BP 网络隐层数一般不超过两层。

2）输入层的节点数

输入层起缓冲存储器的作用，它接收外部的输入数据，因此其节点数取决于输入矢量的维数。比如，当把 32×32 大小的图像的像素作为输入数据时，输入节点数将为 1024 个。

3）输出层的节点数

输出层的节点数取决于两个方面，输出数据类型和表示该类型的所需的数据大小。当 BP 网络用于模式分类时，以二进制形式来表示不同模式的输出结果，则输出层的节点数可根据待分类模式数来确定。若设待分类模式的总数为 m，则有两种方法确定输出层的节点数。

① 节点数即为待分类模式总数 m，此时对应第 j 个待分类模式的输出为：

$$O_j = \frac{[00\cdots 010\cdots 00]}{j}$$

即第 j 个节点输出为 1，其余输出均为 0。而以输出全为 0 表示拒识，即所输入的模式不属于待分类模式中的任何一种模式。

② 节点数为 $\log_2 m$。这种方式的输出是 m 种输出模式的二进制编码。

4）隐层的节点数

一个具有无限隐层节点的两层 BP 网络可以实现任意从输入到输出的非线性映射。但对于有限个输入模式到输出模式的映射，并不需要无限个隐层节点，这就涉及如何选择隐层节点数的问题，而这一问题的复杂性，使得至今为止尚未找到一个很好的解析式。隐层节点数往往根据前人设计所得的经验和自己进行试验来确定。一般认为，隐层节点数与求解问题的要求、输入输出单元数的多少都有直接的关系。另外，隐层节点数太多会导致学习时间过长；而隐层节点数太少，容错性差，识别未经学习的样本能力低，所以必须综合多方面的因素进行设计。

对于用于模式识别/分类的 BP 网络，根据前人经验，可以参照以下公式进行设计：

$$n = \sqrt{n_i + n_o} + a$$

5）传输函数

BP 网络中的传输函数通常采用 S 形函数：

$$f(x) = \frac{1}{1 + \mathrm{e}^{-x}}$$

在某些特定情况下，还可能采用纯线性（pureline）函数。如果 BP 网络的最后一层是 sigmoid 函数，那么整个网络的输出就限制在一个较小的范围（0～1 之间的连续量）；如果 BP 网络的最后一层是 pureline 函数，那么整个网络的输出可以取任意值。

6）训练方法及其参数选择

针对不同的应用，BP 网络提供了多种训练、学习方法。

（2）BP 网络应用实例

接下来将以用于分类与模式识别的 BP 网络实例来说明 BP 神经网络的 MATLAB 仿真程序设计。

例 3-3：以 BP 神经网络实现对图 3-7 所示两类模式的分类。

解：① 问题分析。

据图 3-7 所示两类模式可以看出，分类为简单的非线性分类。有 1 个输入向量，包含 2 个输入元素。两类模式，用 1 个输出元素即可表示。可以以图 3-8 所示的两层 BP 网络来实现分类。

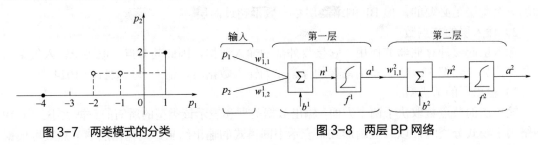

图 3-7　两类模式的分类　　　　图 3-8　两层 BP 网络

② 构造训练样本集。

根据图 3-7 所示两类模式确定的训练样本集为：

$$p=[1\ -1\ -2\ -4;2\ 1\ 1\ 0],\ t=[0.2\ 0.8\ 0.8\ 0.2]$$

其中，因为 BP 网络的输出为 logsig 函数，所以目标向量的取值为 0.2 和 0.8，分别对应两类模式。在程序设计时，通过判决门限 0.5 区分两类模式。

③ 训练函数的选择。

因为处理的问题简单，所以采用最速下降 BP 算法（traingd 训练函数）来训练该网络，以熟悉该算法的应用。

④ 程序设计。

```
%Example33_1
clear all;
%定义输入向量和目标向量
p=[1 2;-1 1;-2 1;-4 0]';
t=[0.2 0.8 0.8 0.2];
%创建 BP 网络和定义训练函数及参数
net=newff([-1 1;-1 1],[5 1],{ 'logsig' 'logsig'},'traingd');
net.trainParam.goal=0.001;
net.trainParam.epochs=5000;
%训练神经网络
[net,tr]=train(net,p,t);
%输出训练后的权值和阈值
iw1=net.IW{1}
b1=net.b{1}
lw2=net.LW{2}
b2=net.b{2}
%存储训练好的神经网络
save net33 net;
```

BP 网络的初始化函数的默认值为 initnw，在本例中将随机初始化权值和阈值，所以每次运行上述程序的结果将不相同。当达不到要求时，可以反复运行以上程序，直到满足要求为止。

其中一组运行结果如下：

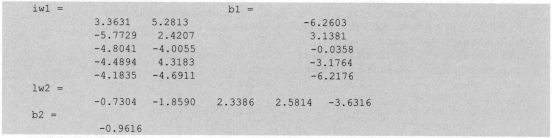

```
iw1 =                       b1 =
        3.3631    5.2813            -6.2603
       -5.7729    2.4207             3.1381
       -4.8041   -4.0055            -0.0358
       -4.4894    4.3183            -3.1764
       -4.1835   -4.6911            -6.2176
lw2 =
       -0.7304   -1.8590    2.3386    2.5814   -3.6316
b2 =
       -0.9616
```

误差性能曲线如图 3-9 所示，从曲线上可以看出，训练经过了 5000 步基本达到了目标误差 0.001。

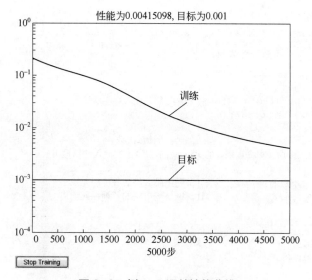

图 3-9　例 3-3 误差性能曲线

下面再通过测试样本对网络进行仿真。

```
%Example33sim
load net33 net;  %加载训练后的 BP 网络
p1=[1 2;-1 1;-2 1;-4 0]';  %测试输入向量
a2=sim(net,p1);  %仿真输出结果
a2=a2>0.5    %根据判决门限，输出分类结果
```

运行结果为：

```
a2 =0    1    1    0
```

例 3-4：利用两层 BP 神经网络训练加权系数。假设训练集的输入矩阵为 $\begin{bmatrix} 1 & 2 \\ -1 & 1 \\ 1 & 3 \end{bmatrix}$，希望

的输出矩阵为 $\begin{bmatrix} 1 & 1 \\ 1 & 1 \end{bmatrix}$。隐含层的激活函数取 S 形传输函数，输出层的激活函数取线性传输函数。

解：根据 BP 学习算法的计算步骤，利用 MATLAB 的神经网络工具箱的有关函数编写的程序 Example33_2 如下。

```
lr=0.05;
err_goal=0.001;
max_epoch=10000;
X=[1 2;-1 1;1 3];T=[1 1;1 1]          %提供两组 3 输入 2 输出的训练集和目标值
%初始化 Wki,Wij(M 为输入节点 j 的数量，q 为隐含层节点 i 的数量，L 为输出节点 k 的数量)
[M,N]=size(X);q=10;[L,N]=size(T);     %N 为训练集对数量
Wij=rand(q,M);       %随机给定输入层与隐含层间的权值
Wki=rand(L,q);       %随机给定隐含层与输出层间的权值
b1=zeros(q,1);b2=zeros(L,1);          %随机给定隐含层、输出层的偏值
for epoch=1:max_epoch
    Oi=tansig(Wij*X,b1);             %计算网络隐含层的各神经元输出
    Ok=purelin(Wki*Oi,b2);          %计算网络输出层的各神经元输出
    E=T-Ok;                          %计算网络误差
    deltak=deltalin(Ok,E);          %计算输出层的 delta
deltai=deltatan(Oi,deltak,Wki);     %计算隐含层的 delta

%调整输出层加权系数
[dWki,db2]=learnbp(Oi,deltak,lr);Wki=Wki+dWki;b2=b2+db2;
%调整隐含层加权系数

[dWij,db1]=learnbp(X,deltai,lr);Wij=Wij+dWij;b1=b1+db1;
%计算网络权值修正后的误差平方和
    SSE=sumsqr(T-purelin(Wki*tansig(Wij*X,b1),b2));
    if (SSE<err_goal)  break;end
end
epoch                                %显示计算次数
%BP 算法的第二阶段工作期（根据训练好的 Wki,Wij 和给定的输入计算输出）
X1=X;                                %给定输入
Oi=tansig(Wij*X1,b1);               %计算网络隐含层的各神经元输出
Ok=purelin(Wki*Oi,b2)               %计算网络输出层的各神经元输出
```

结果显示：
```
Ok =
    0.9826    1.0115
    0.9826    1.0118
```

3.6 径向基神经网络及其 MATLAB 实现

3.6.1 重要的径向基神经网络函数

（1）神经网络创建函数

① newrb。

功能：该函数可以用来设计一个径向基网络。

格式：net = newrb 或[net,tr] = newrb(P,T,GOAL,SPREAD,MN,DF)

说明：

P：Q 组输入向量组成的 $R×Q$ 维矩阵。

T：Q 组目标分类向量组成的 $S×Q$ 维矩阵。

GOAL：均方误差，默认为 0。

SPREAD：径向基函数的扩展速度，默认为 1。

MN：神经元的最大数目，默认为 Q。

DF：两次显示之间所添加的神经元数目，默认为 25。

net：返回值，一个径向基网络。

tr：返回值，训练记录。

② newrbe。

功能：该函数用于设计一个准确的径向基网络。

格式：net = newrbe 或 net = newrbe(P,T,SPREAD)

说明：各参数含义请参见 newrb。

一般来说，newrbe 和 newrb 一样，神经元数目越大，对函数的拟合就越平滑。但是，过多的神经元可能会导致计算困难问题。

③ newpnn。

功能：该函数可用于创建概率神经网络。概率神经网络是一种适用于分类问题的径向基网络。

格式：net = newpnn 或 net = newpnn(P,T,SPREAD)

说明：各参数的含义请参见 newrb。

（2）转换函数

① ind2vec。

功能：该函数用于将数据索引转换为向量组。

格式：vec = ind2vec(ind)

说明：

ind：数据索引列向量。

vec：函数返回值，一个稀疏矩阵，每行只有一个 1，矩阵的行数等于数据索引的个数，列数等于数据索引中的最大值。

② vec2ind。

功能：该函数用于将向量组转换为数据索引，与 ind2vec 是互逆的。

（3）传递函数

下面介绍传递函数 radbas。

功能：该函数为径向基传递函数。

格式：A = radbas(N)

　　　　info = radbas(code)

说明：

N：输入（列）向量的 $S \times Q$ 维矩阵。

A：函数返回矩阵，与 N 一一对应，即 N 中的每个元素通过径向基函数得到 A。

info = radbas(code)：根据 code 值的不同，返回有关函数的不同信息，包括：derive——返回导函数的名称；name—函数名称；output—输出范围；active—返回可用输入范围。

3.6.2　径向基神经网络的 MATLAB 仿真程序设计

例 3-5：基于 RBF 网络的非线性滤波。

（1）非线性滤波

目前，最优非线性滤波存在"实时"问题，即：①滤波器权系数的实时计算；②非线性滤波器的实时实现。描述系统的非线性差分方程为

状态方程：$x(n+1) = f(x(n)) + v(n)$

观测方程：$y(n+1) = h(x(n)) + w(n)$

其中，f 和 h 都是非线性函数，$w(n)$ 和 $v(n)$ 为零均值的白噪声序列。

最优滤波是指从观测值 $y(n)$ 估计出状态 $\hat{x}(n)$，且使得 $\hat{x}(n)$ 可以最好地接近 $x(n)$。RBF 网络具有唯一的最佳最近特性，因此尝试将其应用于最优滤波，即利用已知的采样数据对非线性函数做最佳逼近。由 RBF 网络的输入/输出表达式可得 h 的估计值：

$$\hat{h} = \sum_{i=1}^{N} w_i R_i(\cdot) = \boldsymbol{W}^{\mathrm{T}} \boldsymbol{r}(\cdot)$$

其中，$\boldsymbol{W} = [w_i]_{i=1}^{N}$；$\boldsymbol{r} = [R_i(\cdot)]_{i=1}^{N}$；$N$ 为训练次数。接下来，设计一个 RBF 网络，使得它可以在规定的精度内逼近 h。

（2）网络设计

输入样本为 $\boldsymbol{P}$，目标向量为 $\boldsymbol{T}$，如下所示：

```
P=[-1:0.1:1];
T=[-0.9602 2.5770 0.0729 0.3771 0.6405 0.6600 0.4609 0.1336 -0.2013 -0.4344 -0.5000
-0.3930 0.1647 0.0988 0.3072 0.3960 0.3449 0.1816 -0.0312 -0.2189 -0.3201];
% 创建 5 个 RBF 网络, 分布密度分别为 1，2，3，4，5
for i=1:5
net=newrbe(P,T,i);
y(i,:)=sim(net,P);
end
%绘制误差曲线
plot(1:21,y(1,:)-T); hold on;
plot(1:21,y(2,:)-T,'+'); hold on;
plot(1:21,y(3,:)-T,'.'); hold on;
plot(1:21,y(4,:)-T,'r--'); hold on;
plot(1:21,y(5,:)-T,'g-.'); hold off;
```

在上面的代码中，已经利用 RBF 网络精确创建函数 newbe，创建了一个准确的 RBF 网络，它已经可以逼近目标向量了。程序运行结果网络的逼近误差曲线如图 3-10 所示。

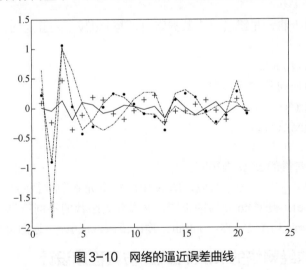

图 3-10　网络的逼近误差曲线

由图可见，分布密度为 1 和 2 时，网络的逼近误差比较小。

3.7　图形用户界面

用户在使用图形用户界面时，将产生一个 GUI Network/Data Manager 窗口，这个窗口有着自己的工作区，和用户熟悉的指令工作空间（Command Workspace）是分开的。在使用 GUI 时，可以将 GUI 结果导出到指令工作空间，当然也可以将指令工作空间的结果导入至 GUI 工作区。

一旦激活运行了 Network/Data Manager 窗口，就可以利用它生成一个神经网络，并且可以完成观测、训练、仿真、导出、导入等各种操作。

3.7.1　图形用户界面简介

在 MATLAB 命令窗口（Command Window）输入 nntool，便可以创建图形用户界面，即可打开 Network/Data Manager（网络/数据管理器）窗口，如图 3-11 所示。

Network/Data Manager 窗口有 7 个显示区域和 2 个按钮区：

① Inputs 区域：显示用户指定的输入向量变量名。

② Targets 区域：显示用户指定的目标向量变量名。

③ Input Delay States 区域：显示用户指定的输入延迟参数变量名。

④ Networks 区域：显示用户定义的网络名。

⑤ Outputs 区域：显示网络的输出向量变量名。

⑥ Errors 区域：显示网络的训练误差变量名。

⑦ Layer Delay States 区域：显示用户指定的网络层延迟参数变量名。

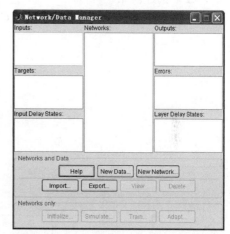

图 3-11　Network/Data Manager 窗口

⑧ Networks and Data 按钮区：介绍如下。

a．Help 按钮：单击该按钮，弹出 Network/Data Manager Help 窗口，为用户使用 Network/Data Manager 提供帮助。

b．New Data...按钮：单击该按钮，弹出 Create New Data 窗口，在该窗口可以定义各种数据类型的变量名和数据值（Value）。

c．New Network...按钮：单击该按钮，弹出 Create New Network 窗口，在该窗口可以定义神经网络名称、神经网络类型及其网络对象和子对象属性参数等。

d．Import...按钮：单击该按钮，弹出 Import or Load Network/Data Manager 窗口，可以通过该窗口从命令窗口或磁盘文件导入神经网络或数据。

e．Export...按钮：单击该按钮，弹出 Export or Save from Network/Data Manager 窗口，可以将 Network/Data Manager 窗口的变量导出到命令窗口或存入磁盘文件中。

f．View 按钮：先选中显示区域的变量名或网络名，单击 View 按钮，则弹出一个新的窗口，在该窗口中显示选中的变量或网络的具体内容。

g．Delete 按钮：先选中显示区域的变量名或网络名，单击 Delete 按钮，则删除选中的变量或网络。

⑨ Network only 按钮区：先选中显示区域的网络名，单击该区域的任意一个按钮，则弹出一个新的窗口（Network：网络名），在该窗口中，可以查看网络的结构示意图，查看权值/阈值，设置网络的初始化参数、训练参数、自适应调整参数和仿真参数，并可对定义的神经网络进行初始化、训练、自适应调整、仿真等。

3.7.2 图形用户界面应用示例

例 3-6：仍以例 3-3 的模式分类问题为例，将待分类模式重画于图 3-12 中。据例 3-3 的分析，网络结构同图 3-8 中。第 1 层有 5 个神经元，第 2 层有 1 个神经元。

训练样本集为：p=[1 −1 −2 −4;2 1 1 0]，t=[0.2 0.8 0.8 0.2]。

解：以图形用户界面设计上述神经网络的具体方法如下：

（1）打开窗口

在 MATLAB 命令窗口键入 nntool，打开 Network/Data Manager 窗口。

（2）创建网络

单击 New Network...按钮，弹出 Create New Network 窗口，如图 3-13 所示。

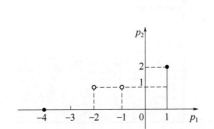

图 3-12 两类模式的分类（例 3-6）

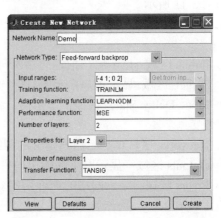

图 3-13 Create New Network 窗口

① 输入网络名（Network Name）：Demo。

② 选择网络类型（Network Type）：Feed-forward backprop。

③ 确定输入向量的取值范围（Input ranges）：[−4 1;0 2]。

④ 选择训练函数（Training function）：TRAINLM。

⑤ 选择自适应调整学习函数（Adaption learning function）：LEARNGDM。

⑥ 选择误差性能函数（Performance function）：MSE。

⑦ 确定网络层数（Number of layers）：2。

⑧ 确定各网络层的属性（properties for）：Layer1 神经元数（Number of neurons）为 5，传输函数（Transfer function）为 LOGSIG；Layer2 神经元数（Number of neurons）为 1，传输函数（Transfer function）为 TANSIG。

⑨ 单击 View 按钮，可以查看以上定义的网络结构，如图 3-14 所示。

⑩ 单击 Create 按钮，关闭 Create New Network 窗口，回到 Network/Data Manager 窗口，可以看到，在 Networks 区域显示出建立的网络名 Demo，选中该网络名，单击该窗口的 View 按钮也可以查看到如图 3-14 所示的网络结构。

（3）训练网络

1）确定训练样本的输入向量

在 Network/Data Manager 窗口单击 New Data...按钮，弹出 Create New Data 窗口，选择数据类型为 Inputs，输入向量名（Name）为 p，其值（Value）为[1 −1 −2 −4; 2 1 1 0]，如图 3-15 所示。然后单击 Create 按钮，关闭 Create New Data 窗口，回到 Network/Data Manager 窗口。

可以看到在 Inputs 区域显示出输入向量名 p，选中该输入向量名，单击该窗口的 View 按钮，弹出数据（Data）窗口，在该窗口可以查看到该输入向量的值，并可以修改数据值。

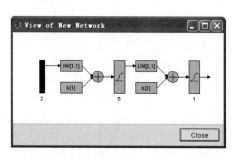

图 3-14　View of New Network 窗口

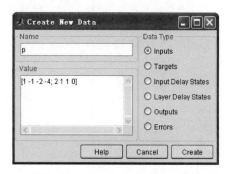

图 3-15　Create New Data 窗口

2）确定训练样本的目标向量

按照与输入向量同样的方法可以确定目标向量，只是选择数据类型为 Targets，输入向量名为 t，数据值为[0.2 0.8 0.8 0.2]。

3）训练网络 Demo

在 Network/Data Manager 窗口选中网络名 Demo，单击 Train...按钮，则弹出 Network：Demo 窗口，如图 3-16 所示。

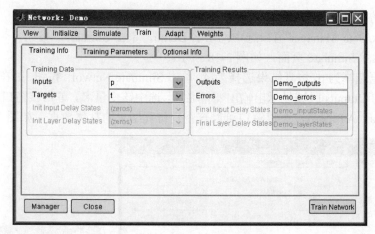

图 3-16　Network: Demo 窗口

① Training Info：在该子页面将训练数据（Training Data）的输入向量（Inputs）选择为 p，目标向量（Targets）选择为 t；训练结果（Training Results）的输出变量（Outputs）和误差性能变量（Errors）采用系统自动生成的 Demo_outputs 和 Demo_errors，当然它们也可以由用户重新定义。

② Training Parameters：在该子页面可以设置训练的各种参数，这要根据具体训练和学习函数进行确定，相关内容可参看各神经网络模型的训练和学习算法。本例采用其默认值即可。

③ Optional Info：该子页面用以确定在训练时是否采用确认样本和测试样本，本例均不采用。

以上过程完成后，单击该页面的 Train Network 按钮，开始训练，其训练过程如图 3-17 所示。

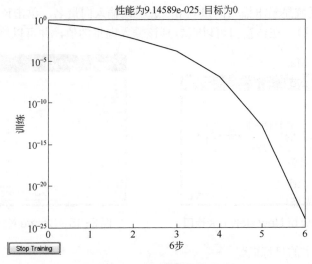

图 3-17　训练误差性能曲线

训练完成后，在 Network/Data Manager 窗口可以看到，在 Outputs 区域显示出输出变量名 Demo_outputs，在 Errors 区域显示出误差性能变量名 Demo_errors。选中变量名，单击窗口的 View 按钮，则弹出数据（Data）窗口，在该窗口可以查看到该所选中变量的具体数据。

（4）网络仿真

在 Network/Data Manager 窗口选中网络名 Demo，单击 Simulate...按钮，弹出 Network：Demo 窗口，显示 Simulate 页面，如图 3-18 所示。

将仿真数据选择为 p，仿真结果选择为 A，单击 Simulate Network 按钮，则在 Network/Data Manager 窗口的 Outputs 区域显示出输出变量名 A，选中该变量名，单击该窗口的 View 按钮，弹出数据（Data：A）窗口，在该窗口可以查看到仿真结果的具体数据，如图 3-19 所示。

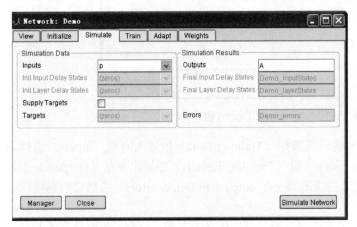

图 3-18　Demo 窗口的 Simulate 页面

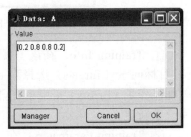

图 3-19　仿真结果数据

可以看出，网络很好地完成了图 3-12 所示的两类模式分类问题。当然，可以用训练样本以外的数据进行仿真，此时，需要先在 Network/Data Manager 窗口建立仿真的输入向量，建立方法与建立训练样本的输入向量相同，然后在 Network：Demo 窗口的 Simulate 页面选择该仿真的输入向量名进行仿真。

3.7.3　图形用户界面的其他操作

（1）网络变量的导出和存盘

在 Network/Data Manager 窗口单击 Export...按钮，则弹出 Export or Save from Network/Data Manager 窗口，如图 3-20 所示。

① 将 Network/Data Manager 窗口的网络变量导出到命令窗口。先选择要导出的变量，当选择单个变量时，直接用鼠标单击变量名即可；当选择多个变量时，同时按住 Ctrl 键；当选择所有变量时，单击 Select all 按钮。选择完成后，单击 Export 按钮，即可将选择的变量导出到命令窗口。

② 将 Network/Data Manager 窗口的网络变量存入磁盘文件。选择要存储的变量，方法同上，然后单击 Save 按钮，弹出 Save to a MAT file 对话框，用户

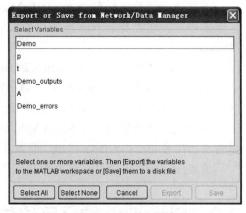

图 3-20　导出数据窗口

可以选择存储的路径，并输入存储文件名，选择保存，即可将选择的变量存入指定的磁盘文件中。

需要说明的是：

- 文件名及路径名不能是汉字，否则将导致存储失败。

- 除了网络名，其他数据变量都是以细胞矩阵的形式存储的，在从该文件重新导入 Network/Data Manager 窗口时，以细胞矩阵的形式存储的变量往往不能直接作为各种数据加载。在这种情况下，用户可先用 load 命令，将其加载到 MATLAB 命令窗口，将细胞矩阵转换为普通矩阵形式后，再从命令窗口导入 Network/Data Manager 窗口。

（2）网络变量的导入和读取

① 将命令窗口变量导入 Network/Data Manager 窗口。先在命令窗口定义网络的数据变量，然后在 Network/Data Manager 窗口单击 Import...按钮，则弹出 Import or Load to Network/Data Manager 窗口，如图 3-21 所示。

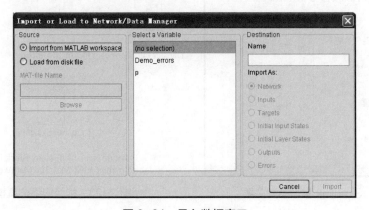

图 3-21　导入数据窗口

命令窗口定义的网络名和数据变量名将显示在导入数据窗口的 Select a Variable 区域，用户可以从中选择一个变量，可选择的变量数据与 Network/Data Manager 窗口要求的网络（Networks）或其他数据类型（Inputs、Targets 等）相匹配，则在窗口的 Destination 区域的单选按钮以及 Import 按钮将从"禁止"变为"允许"状态。在 Name 编辑框中输入用户在 Network/Data Manager 窗

口使用的变量名（当然也可以与选择的变量名一样），单击按钮选择用户需要导入的选项，然后单击 Import 按钮，即可将命令窗口定义的网络或变量导入 Network/Data Manager 窗口。

若选择变量数据与 Network/Data Manager 窗口要求的数据类型都不匹配，则在 Destination 区域的单选按钮以及 Import 按钮均为"禁止"状态，此时，选中的变量将无法导入 Network/Data Manager 窗口。

② 将文件中的变量导入 Network/Data Manager 窗口。若在 Network/Data Manager 窗口单击 Import...按钮，则弹出 Import or Load to Network/Data Manager 窗口，如图 3-21 所示。在 Source 区域，单击单选按钮的 Load from disk file 项，则 MAT-file Name 编辑框输入源文件名，或单击 Browse 按钮，从弹出的文件 Select MAT-file 对话框中，选择源文件名，则选择源文件存储的变量将显示在 Select a Variable 区域。将显示变量导入 Network/Data Manager 窗口的方法同①。

需要注意的是，源文件名及路径名不能是汉字，否则将导致读取文件失败。

3.8 Simulink 神经网络仿真

Simulink 神经网络仿真模型库只是 Simulink 众多模型库中很少的一部分，本书仅对 Simulink 环境下神经网络系统的仿真做一简单介绍。

3.8.1 Simulink 神经网络仿真模型库简介

在 MATLAB 命令窗口输入 Simulink，打开 Simulink 模型库浏览器（Simulink Library Browser），通过选择左边的树型目录在窗口右边浏览神经网络仿真模型库，如图 3-22 所示。

也可以在 MATLAB 命令窗口中输入 neural，即可打开神经网络仿真模型库（Library: neural）窗口，如图 3-23 所示。

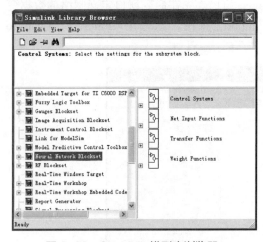

图 3-22 Simulink 模型库浏览器

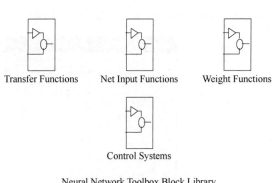

Neural Network Toolbox Block Library
Copyright 1992-2001 The MathWorks, Inc.

图 3-23 神经网络仿真模型库

Simulink 神经网络仿真模型库包含 4 个模块：传输函数（Transfer Functions）模块、网络输入函数（Net Input Function）模块、权值函数（Weight Functions）模块和控制系统（Control Systems）模块。

（1）Transfer Functions 模块

双击 Library：neural 窗口中的 Transfer Functions 模块，弹出 Library：neural/Transfer

Functions 窗口，如图 3-24 所示。

也可以通过 Simulink Library Browser 浏览 Transfer Functions 模块，可以通过左边的树型目录选择，也可以双击右边显示出的 Transfer Functions 模块。图中的 12 个传输函数模块中，只有 1 个输入端和 1 个输出端，分别可以接收 1 个网络输入向量和产生 1 个相应的输出向量，输入输出向量的规模是一致的。

（2）Net Input Function 模块

双击 Library：neural 窗口中的 Net Input Function 模块，弹出 Library：neural/Net Input Function 窗口，如图 3-25 所示。

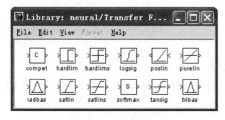

图 3-24　传输函数模块

图 3-25　网络输入函数模块

网络输入函数只有 2 个模块，每个模块有 2 个输入端和 1 个输出端，其中一个输入端接收加权输入向量，另一个输入端接收加权阈值向量，输出端则输出加权结果。

（3）Weight Functions 模块

双击 Library：neural 窗口中的 Weight Functions 模块，弹出 Library：neural/Weight Functions 窗口，如图 3-26 所示。

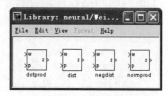

权值函数有 4 个模块，每个模块有 2 个输入端和 1 个输出端，其中一个输入端接收权值向量，另一个输入端接收输入向量（或某个网络层的输出向量），输出端则输出权值函数计算的结果。

图 3-26　权值函数模块

值得注意的是，在权值函数模块中，神经元的权值向量必须定义成列向量，因为 Simulink 的信号只能是列向量，而不能是矩阵或行向量。

正因为如此，对于具有 S 个神经元的网络层，必须采用 S 个权值函数模块（一行一个），才能实现该网络层的仿真。这一点与网络输入函数模块和传输函数模块是明显不同的，对一个网络层，不管有几个神经元，都只需要一个网络输入函数模块和一个传输函数模块。

（4）Control Systems 模块

双击 Library：neural 窗口中的 Control Systems 模块，弹出 Library：neural/Control Systems 窗口，如图 3-27 所示。

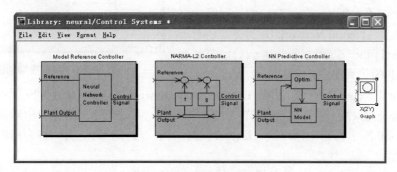

图 3-27　控制系统模块

控制系统有 4 个模块，前 3 个模块是控制器，最后一个模块是示波器。

3.8.2 Simulink 应用示例

虽然 Simulink 提供了网络输入函数、传输函数等神经网络的基本组件，但并不需要用户在 Simulink 中以这些组件来构造神经网络模型（因为比较麻烦），往往是通过 MATLAB 命令窗口或编制程序首先完成网络的设计，然后通过 gensim 函数生成神经网络的仿真模块，并进入 Simulink 系统进行仿真。

格式：gensim 或 gensim(net,st)

说明：

net：神经网络。

st：采样时间。

返回值：在 Simulink 模型窗口建立神经网络的方块图。

① gensim 建立 Simulink 环境，同时在模型窗口建立神经网络的方块图，以用户定义的采样时间（st）进行仿真。

② 如果网络没有输入或网络层延迟（net.numInputDelays=0，net.numLayerDelays=0），则用户可以设置 st=-1，从而得到一个连续采样的网络。

以本章后面所举的例 3-8 为例。Elman 神经网络用于振幅检波。通过例 3-8 用户已经完成了该问题网络设计，并存于文件 net37 中，网络名为 net。现在将 MATLAB 的当前目录设置为文件 net37 所在的目录，然后在命令窗口中加载如下命令。

```
>> load net37
   who
   net
```

该网络已经经过了训练和仿真，仿真结果通过例 3-8 呈现于图 3-39 中。从仿真结果上看，输出信号和调制信号基本吻合，基本完成了调幅信号的振幅检波。

现在的问题是，在 Simulink 环境下如何完成该网络的动态仿真？基本的方法是，在命令窗口加载设计好的神经网络 net 后，以 gensim 生成神经网络仿真模块，由于 Elman 神经网络内部具有延迟单元，所以只能采用离散采样。设离散采样时间为 0.05s（与例 3-8 的时间间隔一致），在命令窗口输入下列命令：

```
>> gensim(net,0.05)
```

弹出两个窗口：一个窗口是神经网络仿真模型库（Library：neural）窗口，如图 3-23 所示；另一个窗口为 Simulink 系统模型创建窗口，如图 3-28 所示。

从图 3-28 可以看出，在该窗口中，已经建立了神经网络模型（Neural Network），另外，还有一个采样输入 p{1}和一个示波器输出 y{1}，将其存为名 demo.mdl 的仿真文件中。

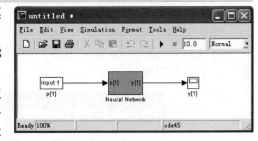

图 3-28　系统模型创建窗口

双击 Neural Network 模块，弹出 demo/Neural Network 窗口，如图 3-29 所示，显示出网络的详细结构。如果用户还想了解更详细的网络结构，可以在弹出的窗口中双击需要了解的模块，如图 3-30 所示为第 1 网络层（Layer1）的结构。这样一直下去，直到出现的窗口为此设置窗口为止。

虽然在每个弹出的窗口，用户都可以修改和编辑网络结构及其属性，但仍建议读者最好不要这样做，因为已经建立的神经网络模块是基于命令窗口或程序已经设计好的网络，若在这里进行修改，可能导致网络不能支持其运行，或达不到仿真的预期效果。如果不进行修改，对其进行仿真，则输出波形如图 3-31 所示。

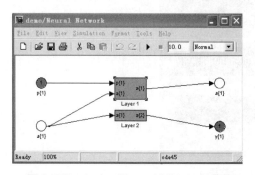

图 3-29　demo/ Neural Network 窗口

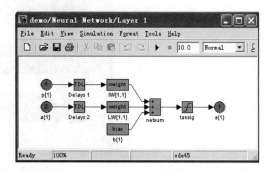

图 3-30　demo/ Neural Network/Layer1 窗口

可以看出，该波形并不能反映峰值检波的过程，这是因为输入向量只有一个值，双击 input 模块可以查看其值为 0.93。如果要观察动态检波过程，则需要对系统模型进行修改。

首先在 MATLAB 命令窗口输入 Simulink，打开 Simulink Library Browser 窗口，然后，按照 Simulink 的一般操作方法，修改系统模型，修改完后的系统模型如图 3-32 所示。

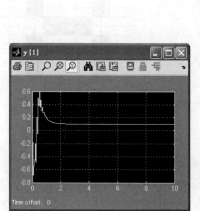

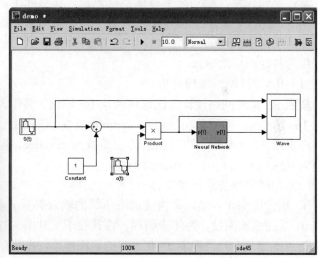

图 3-31　系统直接仿真的结果　　　图 3-32　Elman 神经网络峰值检波动态仿真模型

图中，信号源 s(t)为调制信号，频率为 1rad/s；信号源 c(t)为载波信号，频率为 20rad/s；AM(t)为已调波信号；y(t)为振幅检波的输出信号。示波器绘出了 s(t)、AM(t)和 y(t)的波形（Wave），如图 3-33 所示。可以看出，其结果与例 3-8 的仿真结果具有相同的效果。

从以上过程可以看出，在 Simulink 环境中对神经网络进行动态仿真的一般步骤是：

① 在命令窗口或以程序完成神经网络的设计与训练；

② 以 gensim(net,st)函数生成包括神经网络模块在内的动态仿真模型；

③ 以 Simulink 命令打开 Simulink Library Browser 窗口，根据仿真要达到的目的，按照 Simulink 的一般操作方法，修改系统模型；

④ 以 Simulink 进行仿真，输出动态仿真结果。

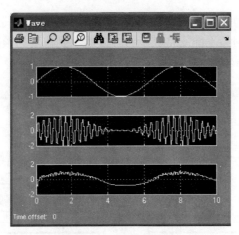

图 3-33　动态仿真结果

3.9　神经网络的应用实例

例 3-7：设计基于 BP 神经网络的印刷体字符 0～9 的识别系统。

解：字符识别，特别是手写体字符识别，在实际生活中具有很重要的意义。此例中仅以印刷体数字为识别对象。经过前期处理，获得 16×16 的二值图像，如图 3-34 所示，其二值图像数据作为神经网络的输入。

（1）BP 神经网络结构分析

按照 BP 神经网络设计方法选用两层 BP 网络，其输入节点数为 16×16=256，隐层传输函数为 sigmoid 函数。假设用一个输出节点表示 10 个数字，则输出层传输函数为 pureline，隐层节点数为 $\sqrt{256+1}+a\,(a=1\sim10)$，取为 25。

（2）神经网络仿真程序设计

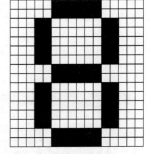

图 3-34　数学字符 16×16 的二值化图像示意图

① 构造训练样本集，并构成训练所需的输入矢量 **p** 和目标向量 **t**。通过画图工具，获得数字 0～9 的原始图像，为便于编程，将其存于文件(0～9).bmp 文件中。按照同样的方法，可以改变字体/字号，获得数字 0～9 更多的训练样本，将其存于文件(10～19).bmp，(20～29).bmp 等文件中。本例中共 99 个由数字 0～9 的样本构成的训练样本集。图 3-35 示出了数字 0 的不同训练样本图像。

图 3-35　数字 0 的不同训练样本图像

预处理的基本方法是：截取数字图像像素值为 0（黑）的最大矩阵形区域（如图 3-35 中第一个数字 0 的虚线框），将此区域的图像经过集合变换，使之变成 16×16 的二值图像。然后将该二值图像进行反色处理，以这样得到图像各像素的数值（0,1），构成神经网络的输入向量。所有训练样本和测试样本图像都必须经过这样的处理。

程序如下：

```
% 数字识别
% 生成输入向量和目标向量
clear all;
'LOADING......'
for kk = 0:99
    p1=ones(16,16);        %初始化 16×16 的二值图像像素值(全白)
        m=strcat('nums\',int2str(kk),'.bmp');  %形成训练样本图像的文件(0～99.bmp)
    x=imread(m,'bmp');%读入训练样本的图像文件
    bw=im2bw(x,0.5);  %将读入训练样本的图像文件转换为二值图像
    [i,j]=find(bw==0);%寻找二值图像中像素值为 0(黑)的行号和列号
    imin=min(i);  %寻找二值图像中像素值为 0(黑)的最小行号
    imax=max(i);  %寻找二值图像中像素值为 0(黑)的最大行号
    jmin=min(j);  %寻找二值图像中像素值为 0(黑)的最小列号
    jmax=max(j);  %寻找二值图像中像素值为 0(黑)的最大列号
    bw1=bw(imin:imax,jmin:jmax);%截取图像像素值为 0(黑)的最大矩形区域
    rate=16/max(size(bw1));%计算截取图像转换为 16×16 二值图像的缩放比例
    bw1=imresize(bw1,rate);%将截取图像转换为 16×16 的二值图像(由于缩放比例大多数情况下不为 16 的
倍数，所以可能存在转换误差)
    [i,j]=size(bw1);%转换图像的大小
    i1=round((16-i)/2);%计算转换图像与标准 16×16 的图像的左边界差
    j1=round((16-j)/2);%计算转换图像与标准 16×16 的图像的上边界差
        p1(i1+1:i1+1,j1+1:j1+j)=bw1;%反色处理
    %以图像数据形成神经网络输入向量
        p1=-1.*p1+ones(16,16);
        for m=0:15
            p(m*16+1:(m+1)*16,kk+1)=p1(1:16,m+1);
        end
    %形成神经网络目标向量
        switch kk
    case{0,10,20,30,40,50,60,70,80,90}    %数字 0
            t(kk+1)=0;
    case{1,11,21,31,41,51,61,71,81,91}    %数字 1
            t(kk+1)=1;
    case{2,12,22,32,42,52,62,72,82,92}    %数字 2
            t(kk+1)=2;
    case{3,13,23,33,43,53,63,73,83,93}    %数字 3
            t(kk+1)=3;
    case{4,14,24,34,44,54,64,74,84,94}    %数字 4
            t(kk+1)=4;
    case{5,15,25,35,45,55,65,75,85,95}    %数字 5
            t(kk+1)=5;
    case{6,16,26,36,46,56,66,76,86,96}    %数字 6
                t(kk+1)=6;
    case{7,17,27,37,47,57,67,77,87,97}    %数字 7
                t(kk+1)=7;
            case{8,18,28,38,48,58,68,78,88,98}    %数字 8
                t(kk+11)=8:
        case{9,19,29,39,49,59,69,79,89,99}    %数字 9
                t(kk+1)=9;
    end
end
'LOAD OK.'
save E36PT p t;                          %存储形成的训练样本集(输入向量和目标向量)
```

② 构造 BP 神经网络，并根据训练样本集形成的输入向量和目标向量，对 BP 网络进行训练。

```
clear all;
load E36PT p t;    %加载训练样本集(输入向量和目标向量)
% 创建 BP 网络
```

```
pr(1:256,1)=0;
pr(1:256,2)=1;
net=newff(pr,[25 1],{'logsig' 'purelin'}, 'traingdx', 'learngdm');
% 设置训练参数和训练 BP 网络
net.trainParam.epochs=2500;
net.trainParam.goal=0.001;
net.trainParam.show=10;
net.trainParam.lr=0.05;
net=train(net,p,t)
'TRAIN OK.'
save E36net net;%存储训练后的 BP 网络
```

训练结果如下：

```
TRAINGDX, Epoch 0/2500, MSE 11.3228/0.001, Gradient              11.1045/1e-006
TRAINGDX, Epoch 10/2500, MSE 6.7218/0.001, Gradient 1.92369/1e-006
...................................................................
TRAINGDX, Epoch 180/2500, MSE 0.000990462/0.001, Gradient 0.00795102/1e-006
TRAINGDX, Performance goal met.
```

其训练的误差性能曲线如图 3-36 所示。

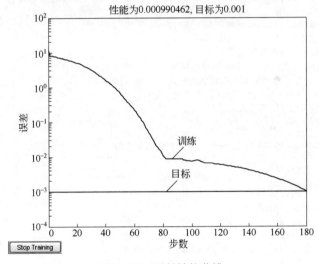

图 3-36　误差性能曲线

③ 对 BP 神经网络进行仿真，以形成训练样本的方法形成测试样本原始图像，存于不同的'bmp'文件中，用于测试。其 MATLAB 程序如下：

```
for times=0:999
clear all;
p(1:256,1)=1;
p1=ones(16,16);  %初始化 16×16 的二值图像素值(全白)
load E36net net;  %加载训练后的 BP 网络
test=input('FileName:', 's');  %提示输入测试样本图像文件名
x=imread(test,'bmp');  %读入测试样本图像
bw=im2bw(x,0.5);  %将读入训练样本图像转换为二值图像
[i,j]=find(bw==0);%寻找二值图像中像素值为 0 的行号和列号
imin=min(i);  %寻找二值图像中像素值为 0 的最小行号
imax=max(i);  %寻找二值图像中像素值为 0 的最大行号
jmin=min(j);  %寻找二值图像中像素值为 0 的最小列号
jmax=max(j);  %寻找二值图像中像素值为 0 的最大行号
bw1=bw(imin:imax,jmin:jmax);  %截取图像像素值为 0(黑)的最大矩形区域
rate=16/max(size(bw1));  %计算截取图像转换为 16×16 的二值图像的缩放比例
bw1=imresize(bw1,rate);  %将截取图像转换为 16×16 的二值图像
[i,j]=size(bw1);    %转换图像的大小
```

```
i1=round((16-i)/2);  %计算转换图像的宽度与 16 的差距
j1=round((16-j)/2);  %计算转换图像的高度与 16 的差距
p1(i1+1:i1+i,j1+1:j1+j)=bw1;%将截取图像转换为标准的 16×16 的二值图像
p1=-1.*p1+ones(16,16);%反色处理
for m=0:15
    p(m*16+1:(m+1)*16,1)=p1(1:16,m+1);
end
[a,Pf,Af]=sim(net,p);%网络仿真
imshow(p1);   %显示测试样本图像
a=round(a)    %输出识别结果
end
clear all;
load E52PT p t;    %加载训练样本集(输入向量和目标向量)
 % 创建 BP 网络
pr(1:256,1)=0;
pr(1:256,2)=1;
net=newff(pr,[25 1],{'logsig' 'purelin'}, 'traingdx', 'learngdm');
% 设置训练参数和训练 BP 网络
net.trainParam.epochs=2500;
net.trainParam.goal=0.001;
net.trainParam.show=10;
net.trainParam.lr=0.05;
net=train(net,p,t)
'TRAIN OK.'
save E36net net;%存储训练后的 BP 网络
```

仿真结果表明，对于字体和字号与训练样本集相同的测试样本，无论图像中的数字在什么位置，都可以被百分之百地正确识别；而对于字体和字号与训练样本集不同的测试样本，只有一部分能正确识别。为了提高识别率，可以增加训练样本，或通过其他途径（如增加字体的特征向量）来解决。

（3）Elman 神经网络的 MATLAB 仿真程序设计

例 3-8：Elman 神经网络用于振幅检波。

解：① 问题分析。

振幅调制（AM）是通信系统一种最常见的模拟通信方式，在接收端往往采用峰值检波。在 Elman 神经网络训练样本中的输入样本采用三角波调制的调幅波形，调幅度为 100%，载波频率为 3.18Hz(20rad/s)，调制信号频率选为 0.11Hz(0.67rad/s)，这完全是为了使绘制的波形便于读者观察，同时减少网络输入向量的规模而设置的，实际上载频要高得多，调制信号也有一定的频带宽度。目标向量为调制信号，即调幅波的包络，如图 3-37 所示。

采用调幅度为 100%，调制信号为三角波调制的调幅波形，可以使已调波信号从 0 变到最大值，从而使训练后的网络能够较完整地反映不同幅度、不同波形的情况，使网络解调的性能更好。

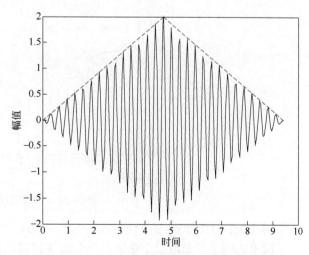

图 3-37　Elman 网络的输入样本和目标向量波形

从 Elman 神经网络的机理上看，可以将 AM 已调波信号的输入看成是时域中的信号，网络在时域中先对其进行识别，而已调波的包络可以看成二维平面上的曲线，即为空域中的信

号模式，Elman 神经网络在空域中对输入向量的模式分类成为峰值检波的输出。

② 创建和训练 Elman 神经网络的 MATLAB 程序设计。

程序如下：

```
clear all;
%定义输入向量和目标向量
time1=0:0.05:1.5*pi;
t1=time1/(1.5*pi)-0.5;
time2=1.5*pi:0.05: 3*pi;
t2=1.5- time2/(1.5*pi);
time=[ time1 time2];
t=2*[t1 t2];  %三角波(目标向量)
p=(1+t).*cos(20*time);  %调幅波(输入向量)
%创建 Elman 网络
net=newelm(minmax(p),[20 1],{'tansig','purelin'},'traingdx');
%训练 Elman 网络
Pseq=con2seq(p);  %将输入向量矩阵转换为输入序列
Tseq=con2seq(t);  %将目标向量矩阵转换为目标序列
plot(time,p,time,1+t,'r--');  %画出调制信号和已调波波形
pause;
net.trainParam.epochs=500;
[net,tr]=train(net,Pseq,Tseq);
%存储训练后的 Elman 神经网络
save net91 net;
```

运行结果如下：

```
RAINGDX, Epoch 25/500, MSE 0.387957/0, Gradient 1.22302/1e-006
.........................
TRAINGDX, Epoch 500/500, MSE 0.0215755/0, Gradient 0.025558/1e-006
TRAINGDX, Maximum epoch reached, performance goal was not met.
```

训练的误差性能曲线如图 3-38 所示，到达最大训练步长 500 步时，其均方误差 mse=0.0215755。

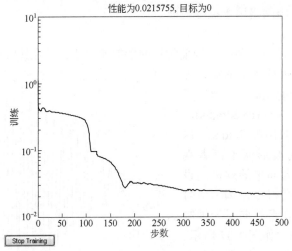

图 3-38　训练的误差性能

③ Elman 神经网络的 MATLAB 仿真程序设计。

这里选用了三角波、正弦波、矩形波 3 种调制信号形成的已调波波形作为测试信号，对所设计的 Elman 神经网络进行仿真，其仿真程序如下：

```
%Example37Sim
clear all;
%加载训练后的 Elman 神经网络
load net91 net;
```

```
%以三角波调制进行仿真
time1=0:0.05:2*pi;
t1=time1/(2*pi)-0.5;
time2=25*pi:0.05: 4*pi;
t2=1.5- time2/(2*pi);
time=[ time1 time2];
t=2*[t1 t2];
p=(1+t).*cos(20*time);  %形成三角波调制的已调波信号
subplot(3,2,1);
plot(time,p);  %绘制三角波调制的已调波信号
Pseq=con2seq(p);  %将输入向量矩阵转换为输入序列
a=sim(net,Pseq);  %网络仿真
y=seq2con(a);  %将输出序列转换为矩阵形式
subplot(3,2,2);
plot(time,y{1},time,t,'r--');  %绘制网络输出信号波形和调制信号波形
%以正弦波调制进行仿真
t=0.5*sin(time);
p=(1+t).*cos(20*time);  %形成正弦波调制的已调波信号
subplot(3,2,3);
plot(time,p)  %%绘制正弦波调制的已调波信号
Pseq=con2seq(p);  %将输入向量矩阵转换为输入序列
a=sim(net,Pseq);  %网络仿真
y=seq2con(a);  %将输出序列转换为矩阵形式
subplot(3,2,4);
plot(time,y{1},time,t,'r--');  %绘制网络输出信号波形和调制信号波形
%以矩形波调制进行仿真
t=0.5*sign(sin(time));
p=(1+t).*cos(20*time);  %形成矩形波调制的已调波信号
subplot(3,2,5);
plot(time,y{1},time,t,'r--');  %绘制网络输出信号波形和调制信号波形
plot(time,p)  %%绘制矩形波调制的已调波信号
Pseq=con2seq(p);  %将输入向量矩阵转换为输入序列
a=sim(net,Pseq);  %网络仿真
y=seq2con(a);  %将输出序列转换为矩阵形式
subplot(3,2,6);
plot(time,y{1},time,t,'r--');  %绘制网络输出信号波形和调制信号波形
```

运行结果如图 3-39 所示，实线表示输出信号，虚线表示调制信号。从仿真结果看，输出信号和调制信号基本吻合，所设计网络可以很好地完成不同调制信号、不同调幅度的振幅检波，输出波形中的纹波可以通过低通滤波器滤除。

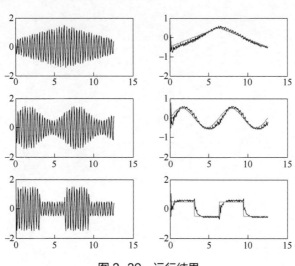

图 3-39　运行结果

练习题

1．利用线性网络预测一个时变信号序列。

2．利用两层 BP 神经网络完成函数逼近，其中隐含层的激活函数取 S 形传输函数，输出层的激活函数取线性传输函数。

3．利用径向基网络完成函数逼近。

第4章

模糊逻辑控制的分析与仿真

4.1 概述

模糊理论主要包括模糊集合理论、模糊逻辑、模糊推理和模糊控制等方面的内容。在现实生活中，人们常常把事物划分为长短、难易、高低、前后等对立的两个方面，而传统的计算机通常只能按照"是与否""对与错""0与1"这样的二元逻辑进行识别，对冷、热、大、小这样的模糊概念无能为力。在模糊集合中，给定范围内元素对它的隶属关系不一定只有"是"或"否"两种情况，而是用介于0和1之间的实数表示隶属程度，还存在中间过渡状态，这很类似人们对事物的判断。

MATLAB的Fuzzy logic Toolbox（模糊逻辑工具箱）提供了一个简单的基于鼠标操作的图形用户界面，使用户可以相对容易地完成模糊逻辑设计。Fuzzy logic Toolbox有以下功能：

① 模糊逻辑工具箱包含了5个图形编辑器，提供了丰富的信息，可以帮助用户完成模糊系统的设计过程。

② 模糊逻辑工具箱提供了高级模糊建模技术，包括：模糊自适应神经推理系统，用输入数据训练隶属函数；模糊群用于模糊识别应用；选择应用广泛的Mamdani方法和Sugeno推理方法用于混杂模糊系统的创建。

③ 模糊逻辑工具箱可以与Simulink无缝地协同工作。通过Real-Time Workshop，可以产生标准ANSIC代码。

④ 模糊逻辑工具箱可以将用户的模糊系统设计结果保存为ASCII码文件格式，利用模糊逻辑工具箱提供的高效模糊推理机，能够实现模糊逻辑系统独立运行或作为其他应用的一部分运行。

4.2 模糊逻辑工具箱

4.2.1 模糊控制工具箱GUI工具简介

MATLAB模糊控制工具箱为模糊推理系统的管理提供了一个图形化的用户界面（GUI），通过该界面可以方便地建立、管理和修改模糊推理系统。相关命令如表4-1所示。

表 4-1　模糊控制工具箱 GUI 工具

函数名	函数功能描述
anfisedit	神经模糊推理系统建模的图形用户界面工具
fuzblock	打开 Simulink 模糊逻辑库
mfedit	打开隶属度函数编辑器
ruleedit	打开模糊推理规则编辑器
ruleview	打开模糊推理规则观察器
surfview	打开模糊推理输出特性曲面观察器
fuzzy	基本模糊推理系统编辑器

① anfisedit。

功能：神经模糊推理系统建模的图形用户界面工具。

格式：anfisedit('a')

　　　anfisedit(a)

　　　anfisedit

说明：anfisedit('a')打开磁盘文件中名为 a.fis 的神经模糊推理系统。

anfisedit(a)打开系统神经模糊推理系统变量。

anfisedit 打开神经模糊推理系统的图形用户界面。

在 MATLAB 命令窗口中键入 anfisedit，结果如图 4-1 所示。

② fuzblock。

功能：打开 Simulink 模糊逻辑库。

格式：fuzblock

说明：在 MATLAB 的命令窗口输入 fuzblock，弹出如图 4-2 所示窗口。

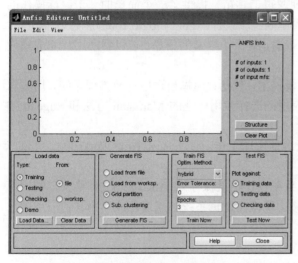

图 4-1　神经模糊推理系统建模 GUI 界面　　图 4-2　打开 Simulink 模糊逻辑库窗口

③ mfedit。

功能：打开隶属度函数编辑器。

格式：mfedit('a')

　　　mfedit(a)

　　　mfedit

说明：mfedit('a')打开文件 a.fis。

mfedit(a)打开当前工作空间中的变量 a。

mfedit 打开一个空白的隶属度函数编辑器。

在 MATLAB 命令窗口中键入 mfedit，结果如图 4-3 所示。

④ ruleedit。

功能：打开模糊推理规则编辑器。

格式：ruleedit('a')

　　　ruleedit(a)

说明：通过变量或文件打开模糊推理规则编辑器。

在 MATLAB 命令窗口中键入 ruleedit('a')，结果如图 4-4 所示。

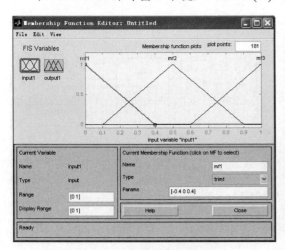

图 4-3　隶属度函数编辑器　　　　　　图 4-4　模糊推理规则编辑器

⑤ ruleview。

功能：打开模糊推理规则观察器。

格式：ruleview('a')

在 MATLAB 命令窗口中键入 ruleview('a')，结果如图 4-5 所示。

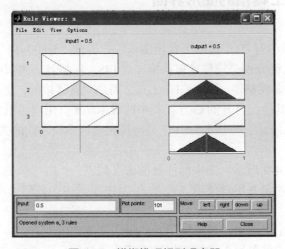

图 4-5　模糊推理规则观察器

⑥ surfview。

功能：打开模糊推理输出特性曲面观察器。

格式：surfview

surfview('a')

在 MATLAB 命令窗口键入 surfview，将弹出如图 4-6 所示的窗口。

⑦ fuzzy。

功能：基本模糊推理系统编辑器。

格式：fuzzy

fuzzy(fismat)

在 MATLAB 命令窗口键入 fuzzy，将弹出如图 4-7 所示的窗口。

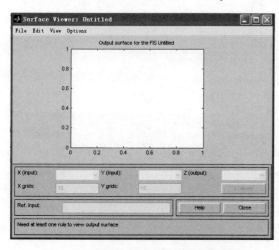

图 4-6　模糊推理输出特性曲面观察器

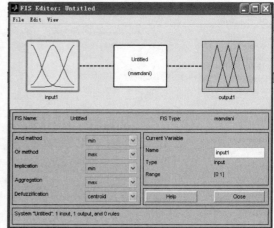

图 4-7　模糊推理系统(FIS）编辑器

用 fuzzy 命令打开 FIS 编辑器的图形界面，可以定义整个模糊系统。这个界面默认提供 Mamdani 法的单输入单输出。OR 和 AND 算子分别由 max 和 min 实现，蕴含关系用 min，用 max 合成规则，用重心法（centroid）去除模糊化。

4.2.2　模糊逻辑工具箱的图形界面

（1）工具箱简介

在模糊逻辑工具箱中有 5 个基本工具箱图形用户界面（GUI）用于建立、编辑和观察模糊推理系统（FIS），它们分别是模糊推理系统（或 FIS）编辑器、隶属度函数编辑器、规则编辑器、规则观察器和曲面观察器。这些 GUI 工具之间是动态链接的，使用它们中的任何一个对 FIS 的修改将影响任何其他已打开的 GUI 工具中的显示结果。用户可以使用任意一个或所有的 GUI 打开任意给定的系统。五个基本 GUI 工具与模糊推理系统之间的关系如图 4-8 所示。

（2）FIS 编辑器

FIS 编辑窗口如图 4-9 所示，图中标注处的含义如下：

① 表示这些菜单项允许用户使用 5 个基本 GUI 工具中的任何一个保存、打开或编辑模糊系统。

② 表示系统名显示在这里，可以使用 Save as...菜单项改变它。

③ 表示这些下拉式菜单用于选择模糊推理函数，例如反模糊化方法。

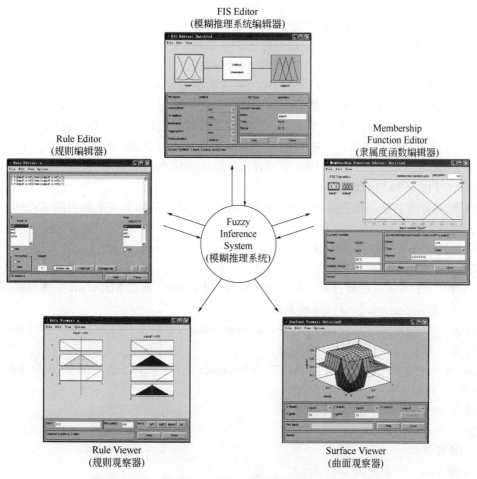

图 4-8　五个基本 GUI 工具与模糊推理系统之间的关系图

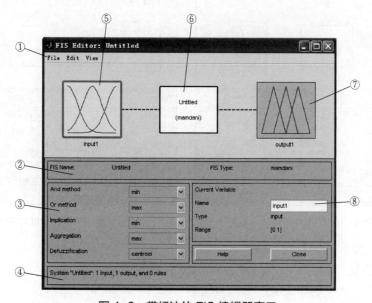

图 4-9　带标注的 FIS 编辑器窗口

④ 表示此状态行描述了最近的当前操作。

⑤ 表示双击输入变量图标打开隶属度函数编辑器。

⑥ 表示双击系统方框图打开规则编辑器。

⑦ 表示双击输出变量图标打开隶属度函数编辑器。

⑧ 表示此编辑框域用于命令和编辑输入和输出变量的名字。

FIS 编辑器显示有关模糊推理的一般信息。在上半部用简单的方框图形式列出了模糊推理系统的基本组成部分：输入模糊变量、模糊规则和输出模糊变量。在左边每个方框下显示了每个输入变量的名字。在该图右边的每个方框下显示了每个输出变量的名字。注意：显示在框中的隶属度函数示例只是图标，并不表示实际的隶属度函数的形状。该图中间的白色方框中显示了 FIS 名和 FIS 类型。

FIS 编辑器的菜单部分主要有文件（File）菜单、编辑（Edit）菜单和视图（View）菜单。

1）文件菜单

文件（File）菜单如图 4-10 所示。

文件菜单主要包括：

New FIS...——新建模糊推理系统。包含两项：Mamdani（新建 Mamdani 型模糊推理系统）和 Sugeno（新建 Sugeno 型模糊推理系统）。

Import——输入文件。包含两项：From Workspace...（从工作空间输入）和 From File...（从文件输入）。

Export——输出文件。包含两项：To Workspace...（输出到工作空间）和 To File...（输出到文件）。

Print——打印模糊推理系统的信息。

Close——关闭窗口。

2）编辑菜单

编辑（Edit）菜单如图 4-11 所示。

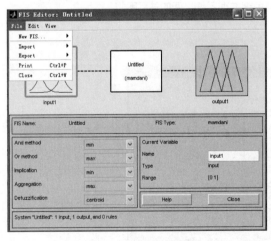

图 4-10 File 中的项

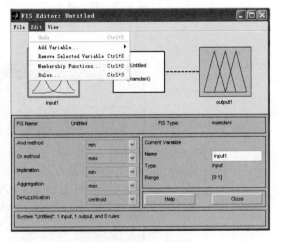

图 4-11 Edit 中的项

编辑菜单主要包括：

Undo——恢复。

Add Variable...——添加变量，包括 Output（输出）和 Input（输入）。

Remove Selected Variable——删除所选语言变量。

Membership Funtions...——进入隶属度函数编辑器。

Rules...——进入模糊规则编辑器。

3）视图菜单

视图（View）菜单如图 4-12 所示。

视图菜单主要包括：

Rules——打开模糊控制规则观察器。

Surface——打开模糊系统输入、输出特性观察器。

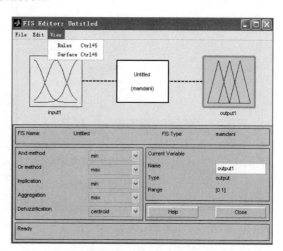

图 4-12　View 中的项

下面以双输入、单输出加急运费问题的基本描述讲解上述各项的使用。

基本运费的加急运费问题：给定一个 0～10 之间的数表示货物质量（weight）（这里 10 表示非常重），另一个 0～10 之间的数表示货物的运送距离（distance）（10 表示非常远），运费（cost）的附加费应是多少？

起始点是基于运输过程的三条基本原则：

① 如果货物轻且距离近，那么附加费低；

② 如果货物重量重且运送距离不近或重量中等、运送的距离远，那么附加费高；

③ 除去上述情况以外的情况，附加费是中等。

假定低附加费是基本费用的 5%、中等附加费是 15%、高附加费是 25%。

在 MATLAB 提示符下键入"fuzzy"启动此系统，如图 4-7 所示。打开 Edit 菜单，选择 Add Variable...中的 Input，将出现标记为 Input2 的第二个黄色框。在这里可以自行设定每个输入变量的名字，方法如下：

① 单击左边标记为 Input1 的黄色框，此框将成为高亮红色。

② 在右边的空白编辑域中，将 Input1 改写为 weight 并按 Return 键。

③ 单击左边标记为 Input2 的黄色框，此框将成为高亮红色。

④ 在右边的空白编辑域中，将 Input2 改写为 distance 并按 Return 键。

⑤ 单击右边标记为 output 的蓝色框，此框将成为高亮红色。

⑥ 在右边的空白编辑域中，将 output 改写为 cost 并按 Return 键。

⑦ 从 File 菜单中选择 Export 中的 To Workspace...打开如图 4-13 所示窗口。在右侧的空白处填写上需要的变量（例如：transport），并单击 OK。

现在工作空间就有了一个称为 transport 的新变量，它包含有关此系统的所有信息。现在系统如图 4-14 所示。

还可以用一个新名字保存到工作空间，也可以重新命名整个系统。

（3）隶属度函数编辑器

定义与每个变量相关的隶属度函数。可采用下列三种方法之一打开隶属度函数编辑器。

① 打开 Edit 下拉式菜单并选择 Membership Functions...。

② 双击输出变量 e 的图标。

③ 在命令行键入 mfedit。

隶属度函数编辑器窗口如图 4-15 所示，同样这些菜单项允许用户使用 5 个基本 GUI 工具中的任何一个保存、打开或编辑模糊系统。图中标注处的含义如下：

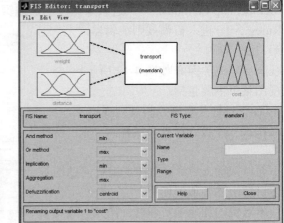

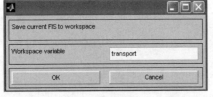

图 4-13 To Workspace...窗口　　　　　　　图 4-14 更新后的 FIS 编辑器窗口

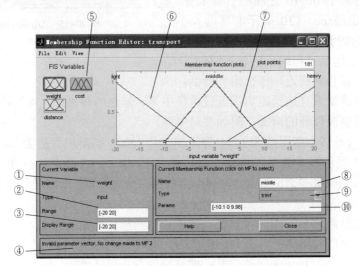

图 4-15 带标注的隶属度函数编辑器窗口

① 表示这些文本域显示当前变量的名字和类型。

② 表示此编辑域让用户设置当前的取值范围。

③ 表示此编辑域让用户设置当前图形的显示范围。

④ 表示此状态行描述了当前操作。

⑤ 表示这是"变量模板域"。单击这里的一个变量使其成为当前变量，并编辑它的隶属度函数。

⑥ 表示此图形域显示当前变量的所在隶属度函数。

⑦ 表示单击一条变量以选择它，用户可以改变它的属性，包括：名字、类型和数值参数。拖动鼠标移动或改变所选隶属度函数的形状。

⑧ 表示此编辑域让用户改变当前隶属度函数的名字。

⑨ 表示此弹出式菜单域让用户改变当前隶属度函数的类型。

⑩ 表示此编辑域让用户改变当前隶属度函数的数值参数。

隶属度函数编辑器与 FIS 编辑器共享某些特征。事实上，所有 5 个基本 GUI 工具都具有类似的菜单选项、状态栏、Help 和 Close 按钮。隶属度函数编辑器是一个工具，它让用户显示和编辑与整个模糊推理系统相关的所有输入、输出变量的所有隶属度函数。

如图 4-16 所示，当用户打开隶属度函数编辑器，并和一个还没有存在于工作空间的模糊推理系统一起工作时，将没有任何隶属度函数与用户刚才用 FIS 编辑器定义的变量相关。在隶属度函数编辑器图形区的左上部是"变量模板"，使用它，用户可以对一给定变量设置隶属度函数。

下面选择 Edit 下拉式菜单，并选择 Add MFs...，将出现一个新窗口，用户可以用它来选择与所选变量相关的隶属度类型和隶属度函数的数量。在窗口的右下角是控制，一旦选择它，可以让用户确定隶属度函数的名字、类型和参数（形状）。

当前变量的隶属度函数显示在主图形中。有两种方式可以操作这些隶属度函数。首先，用户可以使用鼠标选择一个与给定变量参数相关的特定隶属度函数（例如对变量 weight），然后从一边到另一边拖动隶属度函数。这将影响与给定变量隶属度函数相关的参数的数学描述（表示）。也可以膨胀或收缩选定的隶属度函数，方法是单击隶属度函数上的小方框拖动点，若膨胀就用鼠标向外拖动函数，若收缩就向内拖动。这将改变与隶属度函数相关的参数。

变量模板下面是有关当前变量类型和名字的信息。此区域有一个文本域让用户改变当前变量的上、下限，并且另一个区域让用户设置当前图形的上、下限，这对系统没有真正的影响。

双输入运费问题指定隶属度函数的过程如下：

① 通过双击选择输入变量 weight，设置 Range 和 Display Range 为向量[0　10]。

② 从 Edit 菜单选择 Add MFs...，弹出并打开图 4-17 所示窗口。

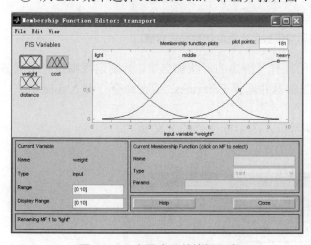

图 4-16　隶属度函数编辑器窗口　　　图 4-17　增加隶属度函数编辑窗口

③ 使用下拉式菜单，为 MF type 选型 gussmf，为 Number of MFs 选择 3。这为输入变量 weight 增加了三条高斯曲线。

④ 在最左边的 hump（驼峰）曲线上单击一次，将曲线名改为 light。可以使用上面介绍的方法使用鼠标或者键入希望改变的参数并单击隶属度函数来调节隶属度函数的形状。

⑤ 用 middle 命名中间的 hump（驼峰）曲线，heavy 命名最右边的 hump（驼峰）曲线，重置相关参数。

⑥ 通过单击选择输入变量 distance，设置 Range 和 Display Range 为向量[0　10]。

⑦ 从 Edit 菜单选择 Add MFs...并且对输入变量 distance 增加三条 trimf（三角形）曲线。

⑧ 直接单击一下最左边的三角形曲线，将曲线名改为 near。可以使用上面介绍的方法使用鼠标或者键入希望改变的参数并单击隶属度函数来调节隶属度函数的形状。

⑨ 用 middle 命名中间的三角形曲线。

⑩ 用 far 命名最右边的三角形曲线，也可重置相关的参数。

下一步需要为输出变量 cost 创建隶属度函数。为创建输出变量的隶属度函数，使用左边的变量模板并选择输出变量 cost。输入范围从 0 至 10，但输出比例将是 5%～25% 之间的附加费。

对输出使用三角形隶属度函数。首先设置 Range（Display Range 也同样）为向量[0 30] 以覆盖输出范围。初始时，cheap 隶属度函数具有[0 5 10]，average 隶属度函数将是[10 15 20]，generous 隶属度函数将是[20 25 30]。此系统如图 4-18 所示。

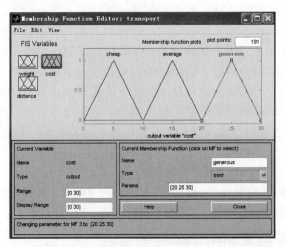

图 4-18　指定隶属度函数后隶属度函数编辑器窗口

现在已经把变量命名，隶属度函数已具有了恰当的形状和名字，为制定规则做好了准备。调用规则编辑器的方法是：打开 View 编辑器并选择 Edit rules...或在命令行键入 ruleedit。

（4）规则编辑器

模糊推理规则编辑器窗口如图 4-19 所示，图中标注处的含义如下：

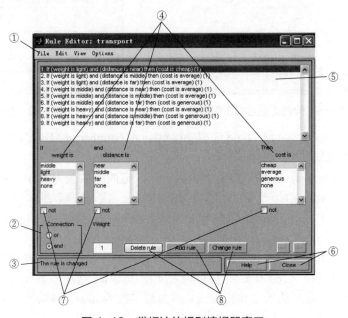

图 4-19　带标注的规则编辑器窗口

① 表示这些菜单允许用户使用 5 个基本 GUI 工具中的任何一个保存、打开或编辑模糊系统。

② 表示连接规则中的输入语句。

③ 表示此状态行描述了最近的当前操作。

④ 表示输入或输出选项菜单。

⑤ 表示使用 GUI 工具自动加入规则。

⑥ 表示 Help 按钮给出有关规则编辑器如何工作的某些信息，Close 按钮关闭窗口。

⑦ 表示求反规则中的输入、输出语句。

⑧ 表示使用 GUI 按钮创建或编辑规则并且从输入或输出选项菜单选择。

使用图形化规则编辑器接口构造规则是相当充分的。基于用 FIS 编辑器定义的输入、输出变量的描述，通过单击并在每个输入变量框中选择一项，在每个输出框中选择一项，并选择一个连接项，规则编辑器允许用户构造出规则语句。选择 none 作为一个变量的参数将从给定规则中除去该变量。选择任一变量名下面的 not 将求反相关的参数。通过单击相应的按钮可以改变、删除或添加规则。

类似于 FIS 编辑器和隶属度函数编辑器，规则编辑器也有某些相似的标志，包括菜单和状态行。从顶部菜单中的 Options 下拉式菜单中可以选用 Format 弹出式菜单，该菜单通常用于设置显示的格式。类似地，也可以从 Options 下设置 Langauge 菜单。单击 Help 按钮将引出 MATLAB 帮助窗口。

在规则编辑器中插入第一条规则，如下所示：

① 在变量 weight 下选 light；

② 在变量 distance 下选 near；

③ 在 Connection 框内选中按钮 and；

④ 在输出变量 cost 下选择 cheap。

产生的规则是：

If (weight is light) and (distance is near) then (cost is cheap)　(1)

括号中的数表示权值，如果愿意可以用于每条规则。通过在 "Weight：" 设置项下输入一个希望的 0～1 之间的一个数，用户可以指定权值。如果不指定，权值缺省值为 1。按类似的过程，在规则编辑器中插入第二条、第三条规则等，从而得到如图 4-20 所示规则。

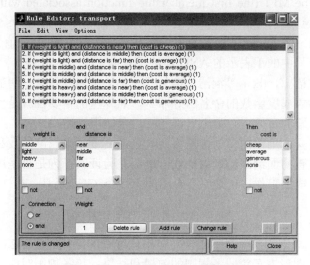

图 4-20　规则编辑窗口中的规则表

117

如何改变一条规则？首先单击要改变的规则，然后对该规则做希望的改变并单击 Change rule 按钮，例如将第一条规则改变为：

If (weight is not light) or (distance is not near) then (cost is not cheap)　　(1)

单击每个变量下面的 not，然后单击 Change rule。

可以从 Options 菜单的 Format 弹出式菜单指定以规则的动词形式显示。试着将其改为符号式（symbolic）。此时用户可以看到如图 4-21 所示规则。

在实际显示中没有更多差别，只是它语言略微中性些，因为它不依赖于像"if"和"then"这样的术语。如果用户将格式改变为编号式（indexed），此时用户将看到去除了所有语言的一个特别浓缩的规则版本，如图 4-22 所示。

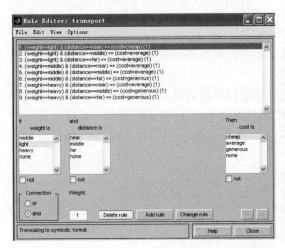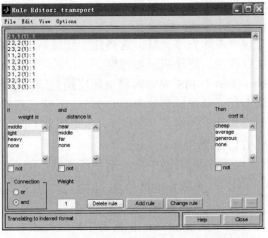

图 4-21　选中 symbolic 下规则编辑窗口中的规则表　　图 4-22　选中 indexed 下规则编辑窗口中的规则表

这是机器处理的版本。此结构中的第一列对应于输入变量，第二列对应于输出变量，第三列显示作用于规则上的权值，第四列是指明是 OR(2)规则还是 AND(1)规则的简写。前两列中的数表示隶属度函数的索引号。

规则 1 的文字意义是：if input 1 is MF1 (the first membership function associated with input 1) then output 1 should be MF1 (the first membership function associated with output 1) with the weight 1。该句中文意义是：如果 input 1 是 MF1（与 input 1 相关的第一个隶属度函数），那么 output 1 应是 MF1（与 output 1 相关的第一个隶属度函数），并且权值为 1。由于此系统只有一个输入，最后一列中的 1 表示的 AND 连接没有意义。

符号式不会与术语 if、then 等混淆，编号式更不会混淆变量名。明显地，系统的功能不取决于用户的变量和隶属度函数的命名的好坏。命名变量的重要性就是使用户方便地理解系统。这样，除非有特殊的目的，否则用户可能最适合使用详述式。

现在，已完全定义了用户的模糊推理系统，包括变量、隶属度函数和计算附加费所必需的规则。此时可以检查前面给出的模糊推理方框图并验证其行为是否是用户所期望的。这正是规则观察器所要完成的工作，也是将要介绍的下一个 GUI 工具，从 View 菜单选择 View rules...。

（5）规则观察器

如图 4-23 所示，规则观察器显示了全模糊推理过程的路径图。有 28 个小图形嵌在其中，图形窗顶部的 3 个小图形表示第一条规则的前提和结果。每条规则对应一行小图形，每一列对应一个变量。前两列小图形显示了前提或每条规则的 if 部分所引用的隶属度函数。第三列小图形显示了结果或每条规律的 then 部分所引用的隶属度函数。如果用户在规则号上单击一下，该号变成高亮红色，并且相应的规则显示在图形窗口的底部。若有一个小图形是空的，则对应于这条规则中该变量的特征值 none。第三列中的第十个小图形表示给定推理系统的加权合计判定。此判定依赖于系统的输入值。

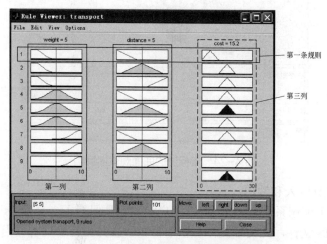

图 4-23　带标注的规则观察器窗口

用户可以单击 9 个小图标之一的任意位置来调节这些输入值，修改完后，系统将进行新的计算，并且用户可以看到整个模糊推理系统的工作过程。表示变量的指示线穿过小图形中的隶属度函数线的地点确定了那条规则活动的程度。电脑屏幕显示中，实际隶属度函数曲线下的黄色曲面用于可视形式确定模糊隶属度值。在这种方式下，输入指示线用于确定每个变量的每个特征值。如果用户按照顶部方框图的规则 1，就能看到后件（结论）完全按照（符合）前件相同的程序进行截取，这是隐含的处于活动的过程。对于第 3 列进行合计，产生的合计图示于图形域右下角的单独一个小图形。反馈模糊化输出值由通过合计模糊集的粗线表示。

规则编辑器让用户一次就可以完全了解整个模糊推理过程。规则观察器也显示了特定隶属度函数的形式是如何影响整个模糊推理结果的。由于它绘出了每条规则的每一部分，因此不能广泛适用于特别大型的系统，但是对于相对小型的输入和输出，它工作得很好。工作效果取决于用户给它多大的屏幕空间，一般可以高达 30 条规则和 6 或 7 个变量。

规则观察器以非常详细的方式在任一时刻显示计算过程。在这一意义上看，它给出了模糊推理系统一种微观的视角。如果用户想看整个系统的曲面，即基于整个输入集的变化范围，需要打开曲面观察器，这是模糊工具箱中 5 个基本 GUI 工具中的最后一个，用户可以从 View surface...来打开它。

（6）曲面观察器

曲面观察器具有特殊功能，这在双（或多）输入、单输出情况非常有用：用户可以实际抓住轴（用鼠标）并重定位它们，以获得不同的数据，其中"Ref.Input:"用于系统要求的输入多于曲面映射（即多于两个）的情况。假设用户有一个四输入单输出系统并且想看输出曲面，曲面观察器可以对输入变量的任意两个生成一个 3 维输出曲面，但是两个输入必须保持恒定，因为计算机监视器不能显示一个 5 维的形状。在这种情况下，当数值用于指示仍保持恒定的那些值时，输入将是一个 NaN 保持在可变输入位置的 4 维向量。NaN 是一个表示"非数"的 IEEE 符号。

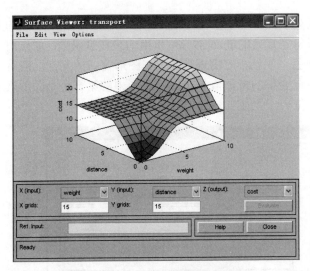

图 4-24　带标注的曲面观察器窗口

（7）从 GUI 工具输入和输出

当用户保存一个模糊系统到磁盘中时，用户实际上是保存了一个带.fis 文件后缀并表示系统的 ASCII 文本 FIS 文件，此文本文件可以编辑和修改并且易于理解。当用户保存模糊系统到 MATLAB 工作空间时，将创建一个变量（变量的名字由用户选定），它作为一个 FIS 系统的 MATLAB 结构起作用。FIS 文件和 FIS 结构表示相同的系统。

注意：如果用户不保存 FIS 到磁盘中，而仅仅将其保存到 MATLAB 工作空间，在新的 MATLAB 会话期间，用户不能恢复它来重复使用。

4.3　用模糊工具箱命令创建模糊系统

4.3.1　模糊语言变量的隶属度函数

MATLAB 模糊工具箱提供了如表 4-2 所示的函数，用以生成特殊情况的隶属度函数，包括常用的高斯形、π形、钟形等隶属度函数。

表 4-2　隶属度函数

函 数 名	函数功能描述
dsigmf	计算两个 Sigmoid 形隶属度函数之差
pimf	建立π形隶属度函数
psigmf	由两个 Sigmoid 形隶属度函数的积生成新的 Sigmoid
gauss2mf	建立双边高斯形隶属度函数
gaussmf	建立高斯形隶属度函数
gbellmf	生成一般的钟形隶属度函数
smf	建立 S 形隶属度函数
sigmf	建立 Sigmoid 形隶属度函数
trapmf	生成梯形隶属度函数
trimf	生成三角形隶属度函数
zmf	建立 Z 形隶属度函数

① dsigmf。

功能：计算两个 Sigmoid 形隶属度函数之差。

格式：y=dsigmf(x,[a1 c1 a2 c2])

说明：由参数 a 和 c 决定 Sigmoid 函数为

$$f(x,a,c) = \frac{1}{1 + e^{-a(x-c)}}$$

输入参数 a1,c1,a2 和 c2 分别用于指定两个 Sigmoid 形函数的形状。

函数返回 $f(x;a1,c1) - f(x;a2,c2)$。

例 4-1：dsigmf 函数示例。

```
>> x=0:0.1:10;
>> y=dsigmf(x,[6 3 6 8]);
>> plot(x,y)
>> xlabel('dsigmf,p=[6 3 6 8]')
```

运行结果如图 4-25 所示。

② pimf。

功能：建立π形隶属度函数。

格式：y=pimf(x,[a b c d])

说明：生成的π形隶属度函数为以 a、b 和 c 为折点的样条函数。

例 4-2：pimf 函数示例。

```
>> x=0:0.1:10;
>> y=pimf(x,[1 4 6 10]);
>> plot(x,y)
>> xlabel('pimf,p=[1 4 6 10]')
```

运行结果如图 4-26 所示。

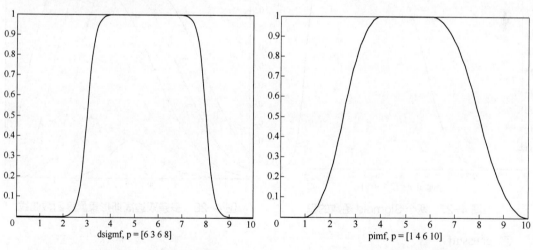

图 4-25　两个 Sigmoid 形函数之差　　　　图 4-26　π形隶属度函数

③ psigmf。

功能：由两个 Sigmoid 函数的积生成新的 Sigmoid。

格式：y=psigmf(x,[a1 c1 a2 c2])

说明：返回由 a1，c1，a2 和 c2 生成的两个 Sigmoid 函数的积。

例 4-3：psigmf 函数示例。

```
>> x=0:0.1:10;
>> y=psigmf(x,[2 4 -6 9]);
>> plot(x,y)
>> xlabel('psigmf,p=[2 4 -6 9]')
```

运行结果如图 4-27 所示。

④ gauss2mf。

功能：建立双边高斯形隶属度函数。

格式：y=gauss2mf(x,[sig1 c1 sig2 c2])

说明：高斯函数由两个参数 σ 和 c 决定：

$$f(x;\sigma,c)=\mathrm{e}^{\frac{-(x-c)^2}{2\sigma^2}}$$

由 sig1 和 c1 生成的高斯函数决定双边高斯函数的左半边曲线，由 sig2 和 c2 生成的高斯函数决定双边高斯函数的右半边曲线。当 c1< c2 时，高斯函数可以取最大值 1,否则最大值小于 1。

例 4-4：gauss2mf 函数示例。

```
>> x=(0:0.1:10)';
>> y1=gauss2mf(x,[2 4 1 8]);
>> y2=gauss2mf(x,[2 5 1 7]);
>> y3=gauss2mf(x,[2 6 1 6]);
>> y4=gauss2mf(x,[2 7 1 5]);
>> y5=gauss2mf(x,[2 8 1 4]);
>> plot(x,[y1 y2 y3 y4 y5]);
```

运行结果如图 4-28 所示。

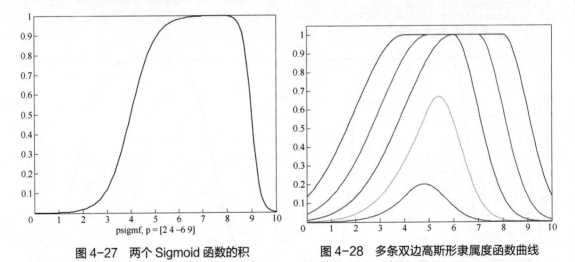

图 4-27　两个 Sigmoid 函数的积　　　　图 4-28　多条双边高斯形隶属度函数曲线

⑤ gaussmf。

功能：建立高斯形隶属度函数。

格式：y=gaussmf(x,[sig c])

说明：函数返回以参数 sig 和 c 生成的高斯函数。

例 4-5：gaussmf 函数示例。

```
>> x=0:0.1:10;
>> y=gaussmf(x,[2 5]);
>> plot(x,y)
>> xlabel('gaussmf,p=[2 5]')
```

运行结果如图 4-29 所示。

⑥ gbellmf。

功能：生成一般的钟形隶属度函数。

格式：y=gbellmf(x,params)

说明：由参数 a、b 和 c 生成的钟形隶属度函数为：

$$f(x;a,b,c) = \frac{1}{1+\left|\dfrac{x-c}{a}\right|^{2b}}$$

例 4-6：gbellmf 函数示例。

```
>> x=0:0.1:10;
>> y=gbellmf(x,[2 4 6]);
>> plot(x,y)
>> xlabel('gbellmf,p=[2 4 6]')
```

运行结果如图 4-30 所示。

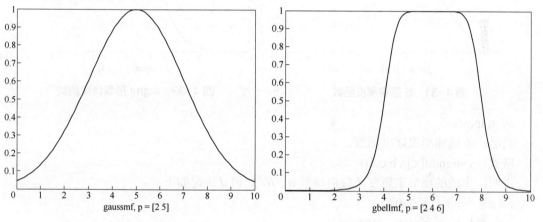

图 4-29　高斯形隶属度函数　　　　图 4-30　钟形隶属度函数

⑦ smf。

功能：建立 S 形隶属度函数。

格式：y=smf(x,[a b])

说明：该函数因为其形状与 S 相似而得名，参数 a、b 分别指定函数的两个拐点。该函数是基于样条插值原理。

例 4-7：smf 函数示例。

```
>> x=0:0.1:10;
>> y=smf(x,[1 8]);
>> plot(x,y)
>> xlabel('smf,p=[1 8]')
```

运行结果如图 4-31 所示。

⑧ sigmf。

功能：建立 sigmf 形隶属度函数。

格式：y=sigmf(x,[a c])

说明：x 用于指定变量的论域范围，[a c]决定了 sigmf 形函数的形状，其表达式为：

$$y = \frac{1}{1+e^{-a(x-c)}}$$

例 4-8：sigmf 函数示例。

```
>> x=0:0.1:10;
>> y=sigmf(x,[2 4]);
>> plot(x,y)
>> xlabel('sigmf,P=[2 4]')
```

运行结果如图 4-32 所示。

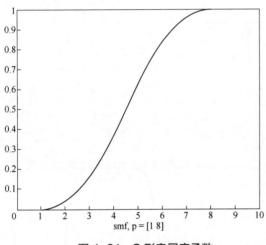

图 4-31 S 形隶属度函数　　　　图 4-32 sigmf 形隶属度函数

⑨ trapmf。

功能：生成梯形隶属度函数。

格式：y=trapmf(x,[a b c d])

说明：生成的梯形隶属度函数由参数 a、b、c 和 d 决定如下：

$x \leqslant a$　　　　　$f(x)=0$

$a < x \leqslant b$　　　$f(x)=(x-a)/(b-a)$

$b < x \leqslant c$　　　$f(x)=1$

$c < x \leqslant d$　　　$f(x)=(d-x)/(d-c)$

$d < x$　　　　　0

例 4-9：trapmf 函数示例。

```
>> x=0:0.1:10;
>> y=trapmf(x,[1 4 7 8]);
>> plot(x,y)
>> xlabel('trapmf,p=[1 4 7 8]')
```

运行结果如图 4-33 所示。

⑩ trimf。

功能：生成三角形隶属度函数。

格式：y=trimf(x,params)

　　　y=trimf(x,[a b c])

说明：由参数 a、b、c 生成的隶属度函数如下：

$x \leqslant a$　　　　　$f(x)=0$

$a < x \leqslant b$　　　$f(x)=(x-a)/(b-a)$

$b < x \leqslant c$　　　$f(x)=(c-x)/(c-b)$

$c < x$　　　　　0

例 4-10：trimf 函数示例。

```
>> x=0:0.1:10;
>> y=trimf(x,[3 5 8]);
>> plot(x,y)
>> xlabel('trimf,p=[3 5 8]')
```

运行结果如图 4-34 所示。

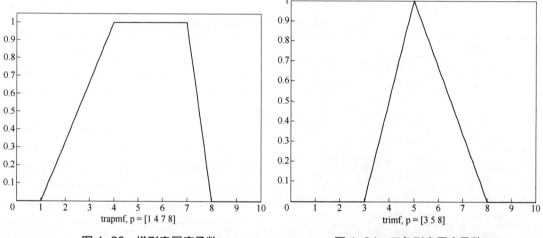

图 4-33　梯形隶属度函数　　　　　　图 4-34　三角形隶属度函数

⑪ zmf。

功能：建立 Z 形隶属度函数。

格式：y=zmf(x,[a b])

说明：该函数因为形状类似字母 Z 而得名。参数 a、b 分别定义样条插值的起点和终点。

例 4-11：zmf 函数示例。

```
>> x=0:0.1:10;
>> y=zmf(x,[3 8]);
>> plot(x,y)
>> xlabel('zmf,p=[3 8]')
```

运行结果如图 4-35 所示。

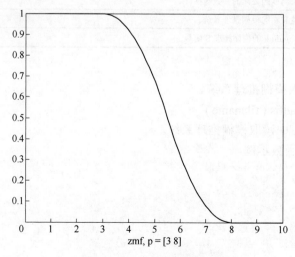

图 4-35　Z 形隶属度函数

4.3.2 模糊推理系统数据结构管理函数

在 MATLAB 工具箱中，把模糊推理系统的各部分作为一个整体，提供了模糊推理系统数据结构管理函数，用以完成模糊规则的建立、解析与修改，模糊推理系统的建立、修改和存储管理以及模糊推理的计算及其去模糊化等操作。表 4-3 为该工具箱提供的模糊推理系统数据结构管理函数及功能。

表 4-3　模糊推理系统数据结构管理函数

函数名	函数功能描述
readfis	从磁盘载入模糊推理系统
addrule	向模糊推理系统添加模糊规则
addvar	向模糊推理系统添加变量
convertfis	将模糊逻辑工具箱 1.0 版 FIS 转为 2.0 版 FIS 结构
evalfis	执行模糊推理计算
gensurf	生成模糊推理系统的曲面并显示
getfis	获得模糊推理系统特性数据
mam2sug	将 Mamdani FIS 变换为 Sugeno FIS
parsrule	解析模糊规则
plotfis	作图显示模糊推理系统输入/输出结构
plotmf	绘制隶属度函数曲线
rmmf	从模糊推理系统中删除隶属度函数
rmvar	从模糊推理系统中删除变量
setfis	设置模糊推理系统特性
showfis	显示添加了注释的模糊推理系统
showrule	显示模糊规则
writefis	将模糊推理系统保存到磁盘中
addmf	向模糊推理系统添加隶属度函数
defuzz	隶属度函数去模糊化
evalmf	通用隶属度函数估计
mf2mf	隶属度函数间的参数转换
newfis	建立新的模糊推理系统
sffis	Simulink 的模糊推理 S 函数

① readfis。

功能：从磁盘载入模糊推理系统。

格式：fismat = readfis ('filename')

说明：从'filename'中读取模糊推理系统。

例 4-12：readfis 函数示例。

```
>> fismat=readfis('transport');
>> getfis(fismat)
    Name      = transport
    Type      = mamdani
    NumInputs = 2
    InLabels  =
        weight
        distance
    NumOutputs = 1
```

```
        OutLabels =
             cost
        NumRules = 9
        AndMethod = min
        OrMethod = max
        ImpMethod = min
        AggMethod = max
        DefuzzMethod = centroid

ans =

transport
```

② addrule。

功能：向模糊推理系统添加模糊规则。

格式：a = addrule (a,ruleList)

说明：输入参数 a 为模糊推理系统。ruleList 以向量的形式给出模糊规则。如果模糊推理系统有 m 个输入和 n 个输出，则该向量有（$m+n+2$）列。

前 m 列表示系统输入，每个数值指明该变量的隶属度函数的序号。

接着的 n 列表示系统输出，每个数值指明该变量的隶属度函数的序号。

第（$m+n+1$）列指出该规则的权重，通常为 1。

第（$m+n+2$）列为 0 或 1。如果为 0，则表示模糊规则间是"或"的关系；如果为 1，则表示模糊规则间是"与"的关系。

例 4-13：addrule 函数示例。

```
>> ruleList=[1 1 1 1 1
             1 2 2 1 1];
>> a=addrule(a,ruleList);
```

③ addvar。

功能：向模糊推理系统添加变量。

格式：a = addvar(a,'varType','varName',varBounds)

说明：a 为模糊推理系统；

'varType'为模糊类型；

'varName'为变量的名称；

varBounds 指定变量的取值范围。

对于添加到同一个推理系统中的变量，将按照添加的顺序来自动安排变量的编号，从 1 开始，往后递增。对输入、输出变量则独立地开始编号。

例 4-14: addvar 函数示例。

```
>> a=newfis('transport');
>> a=addvar(a,'input','weight',[0 10]);
>> getfis(a,'input',1)
        Name =      weight
        NumMFs =   0
        MFLabels =
        Range =     [0 10]

ans =

     Name: 'weight'
   NumMFs: 0
    range: [0 10]
```

④ convertfis。

功能：将模糊逻辑工具箱 1.0 版 FIS 转换为 2.0 版 FIS 结构。

格式：fis_new = convertfis(fis_old)

⑤ evalfis。

功能：执行模糊推理计算。

格式：output=evalfis(input,fismat,numpts)

　　　　[output,IRR,ORR,ARR]=evalfis(input,fismat)

　　　　[output,IRR,ORR,ARR]=evalfis(input,fismat,numpts)

说明：input 为输入构成的模糊矩阵。

fismat 为模糊推理系统名。

numpts 指明用于采样的点数，如果不指明则用默认的 101 点采样。

output 输出 $M\times L$ 维的矩阵，M 为输入变量的个数，L 为模糊推理系统输出的变量个数。

IRR 使用隶属度函数估计输入变量的结果，为 numRules×N 维的矩阵，numRules 为模糊规则的个数，N 为输入变量的个数。

ORR 使用隶属度函数估计输出变量的结果，为 numpts×(numRules+L)维的矩阵，numRules 为模糊规则的个数，L 为输出变量的个数。

ARR 为 numRules×L 维的矩阵，包含每个输入在每个采样点处的值。

例 4-15：evalfis 函数示例。

```
>> fismat=readfis('transport');
>> out=evalfis([2 1;4 9],fismat)

out =

   7.7464
  15.0287
    Name: 'weight'
  NumMFs: 0
   range: [0 10]
```

⑥ gensurf。

功能：生成模糊推理系统的曲面并显示。

格式：gensurf(fis)

　　　　gensurf(fis,inputs,output)

　　　　gensurf(fis,inputs,output,grids)

　　　　gensurf(fis,inputs,output,grids,refinput)

　　　　[x,y,z]=gensurf(...)

说明：fis 为模糊推理系统。

inputs 为模糊推理系统的输入变量。

output 为模糊推理系统的输出变量。

grids 为可选参数，表示 X 和 Y 方向的网络数目。

refinput 指定保持不变的输入变量。

例 4-16：gensurf 函数示例。

```
>> a=readfis('transport');
>> gensurf(a)
```

运行结果如图 4-36 所示。

⑦ getfis。

功能：获得模糊推理系统特性数据。

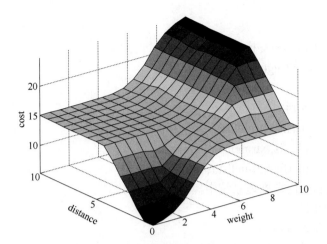

图 4-36 模糊推理系统特性曲面

格式：getfis(a)

getfis(a,'fisprop')

getfis(a,'vartype',varindex)

getfis(a,'vartype',varindex,'varprop')

getfis(a,'vartype',varindex,'mf',mfindex)

getfis(a,'vartype',varindex,'mf',mfindex,'mfprop')

说明：a 为模糊推理系统；

'fisprop'用来指明需要获得哪个字段；

'vartype'用来指明需要获得哪个属性的字段；

varindex 用来指明需要获取的变量的编号；

'varprop'用来指明需要获取变量的属性值；

'mf'为获取隶属度函数的函数名；

mfindex 为获取隶属度函数的编号；

'mfprop'为获取隶属度函数的属性值。

例 4-17：getfis 函数示例。

```
>> a=readfis('transport');
>> getfis(a)
    Name      = transport
    Type      = mamdani
    NumInputs = 2
    InLabels =
        weight
        distance
    NumOutputs = 1
    OutLabels =
        cost
    NumRules = 9
    AndMethod = min
    OrMethod = max
    ImpMethod = min
    AggMethod = max
    DefuzzMethod = centroid
ans =

transport
```

⑧ mam2sug。

功能：将 Mamdani FIS 变换为 Sugeno FIS。

格式：sug_fis=mam2sug(mam_fis)

⑨ parsrule。

功能：解析模糊规则。

格式：fis2=parsrule(fis,txtrulelist)

　　　　fis2= parsrule(fis,txtrulelist,ruleformat)

　　　　fis2= parsrule(fis,txtrulelist,ruleformat,lang)

说明：该函数解析模糊推理系统中模糊语言规则。

fis 为模糊推理系统。

txtrulelist 为模糊语言规则。

ruleformat 为规则的格式，包括'verbose''symbolic''indexed'。

lang：当使用该可选参数时，ruleformat 选用'verbose'，关键词存储在 lang 中，语言必须为'english''francais'或'deutsch'之一。

例 4-18： parsrule 函数示例。

```
>> a=readfis('transport');
>> ruletxt='if distance is far then  cost is generous';
>> a2=parsrule(a,ruletxt,'verbose');
>> showrule(a2)

ans =

1. If (distance is far) then (cost is generous) (1)
```

⑩ plotfis。

功能：作图显示模糊推理系统输入/输出结构。

说明：该函数在左边显示模糊推理系统的输入和隶属度函数，在右边显示模糊推理系统的输出。

例 4-19： plotfis 函数示例。

```
>> a=readfis('transport');
>> plotfis(a)
```

运行结果如图 4-37 所示。

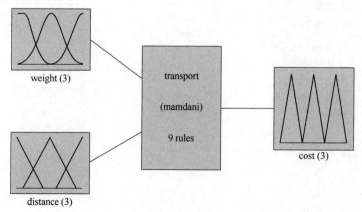

图 4-37　模糊推理系统输入/输出结构

⑪ plotmf。

功能：绘制隶属度函数曲线。

格式：plotmf(fismat,varitype,varindex)

说明：绘制隶属度函数图形。

fismat 为模糊推理系统。

varitype 为变量的结构。

varindex 为变量的编号。

例 4-20：plotmf 函数示例。

```
>> a=readfis('transport');
>> plotmf(a,'input',1)
```

运行结果如图 4-38 所示。

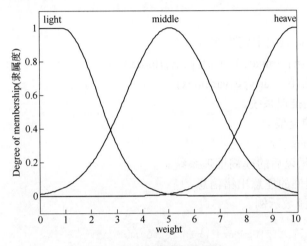

图 4-38　隶属度函数曲线

⑫ rmmf。

功能：从模糊推理系统中删除隶属度函数。

格式：fis=rmmf(fis,'vartype',varindex,'mf',mfindex)

说明：fis 为模糊推理系统。

'vartype'为变量的类型。

varindex 为变量的编号。

'mf'为隶属度函数的名称。

mfindex 为隶属度函数的编号。

例 4-21：rmmf 函数示例。

```
>> a=newfis('mysys');
>> a=addvar(a,'input','temperature',[0 100]);
>> a=addmf(a,'input',1,'cold','trimf',[0 30 60]);
>> getfis(a,'input',1)
    Name =      temperature
    NumMFs =   1
    MFLabels =
        cold
    Range =   [0 100]

ans =

    Name: 'temperature'
  NumMFs: 1
    mf1: 'cold'
  range: [0 100]
```

输入命令，得结果如下：

```
>> b=rmmf(a,'input',1,'mf',1);
>> getfis(b,'input',1)
    Name =      temperature
    NumMFs =    0
    MFLabels =
    Range =     [0 100]


ans =

    Name: 'temperature'
  NumMFs: 0
   range: [0 100]
```

⑬ rmvar。

功能：从模糊推理系统中删除变量。

格式：[fis2,errorstr]=rmvar(fis,'vartype',varindex)
　　　fis2=rmvar(fis,'vartype',varindex)

说明：fis 为模糊推理系统。

'vartype'为变量的类型。

varindex 为变量的编号。

fis2 为删除了变量以后的模糊推理系统。

errorstr 为系统返回的任意出错信息。

例 4-22：rmvar 函数示例。

```
>> a=newfis('mysys');
>> a=addvar(a,'input','temperature',[0 100]);
>> getfis(a)
    Name      = mysys
    Type      = mamdani
    NumInputs = 1
    InLabels  =
          temperature
    NumOutputs = 0
    OutLabels =
    NumRules = 0
    AndMethod = min
    OrMethod = max
    ImpMethod = min
    AggMethod = max
    DefuzzMethod = centroid
ans =
mysys
```

输入以下命令删除变量，得结果如下：

```
>> b=rmvar(a,'input',1);
>> getfis(b)
    Name      = mysys
    Type      = mamdani
    NumInputs = 0
    InLabels  =
    NumOutputs = 0
    OutLabels =
    NumRules = 0
    AndMethod = min
    OrMethod = max
    ImpMethod = min
    AggMethod = max
    DefuzzMethod = centroid
```

```
ans =
mysys
```

⑭　setfis。

功能：设置模糊推理系统特性。

格式：a=setfis(a,'fispropname','newfisprop')

　　　a=setfis(a,'vartype',varindex,'fispropname','newfisprop')

　　　a=setfis(a,'vartype',varindex,'mf','fispropname','newfisprop')

说明：a=setfis(a,'fispropname','newfisprop')用于设定模糊推理系统的全局属性，它包括以下内容。

name：模糊推理系统的名称。

type：模糊推理系统的类型。

andmethod："与"运算方法。

ormethod："或"运算方法。

impmethod：模糊蕴含方法。

aggmethod：各个规则推理结果的综合方法。

defuzzmethod：去模糊化方法。

a=setfis(a,'vartype',varindex,'fispropname','newfisprop')用于设定模糊推理系统某一变量的属性，包括 name 和 bounds 属性。

a=setfis(a,'vartype',varindex,'mf','fispropname','newfisprop')用于设定某一隶属度函数的属性，包括 name、type 和 params 属性。

例 4-23：setfis 函数示例。

```
>> a=readfis('transport');
>> a2=setfis(a,'name','eating');
>> getfis(a2,'name')

ans =

eating
```

⑮　showfis。

功能：显示添加了注释的模糊推理系统。

格式：showfis(fismat)

说明：fismat 为模糊推理系统。

例 4-24：showfis 函数示例。

```
>> a=readfis('transport');
>> showfis(a)
1.  Name            transport
2.  Type            mamdani
3.  Inputs/Outputs  [2 1]
4.  NumInputMFs     [3 3]
5.  NumOutputMFs    3
6.  NumRules        9
7.  AndMethod       min
8.  OrMethod        max
9.  ImpMethod       min
10. AggMethod       max
11. DefuzzMethod    centroid
12. InLabels        weight
13.                 distance
14. OutLabels       cost
15. InRange         [0 10]
```

```
16.                    [0 10]
17. OutRange          [0 30]
18. InMFLabels        light
19.                   middle
20.                   heave
21.                   near
22.                   middle
23.                   far
24. OutMFLabels       cheap
25.                   average
26.                   generous
27. InMFTypes         gauss2mf
28.                   gaussmf
29.                   gauss2mf
30.                   trimf
31.                   trimf
32.                   trimf
33. OutMFTypes        trimf
34.                   trimf
35.                   trimf
36. InMFParams        [1.36 0.1029 1.36 0.9029]
37.                   [1.7 5.082 0 0]
38.                   [1.631 9.92 2.718 11.2]
39.                   [-4 0 4 0]
40.                   [1 5 9 0]
41.                   [6 10 14 0]
42. OutMFParams       [0 5 10 0]
43.                   [10 15 20 0]
44.                   [20 25 30 0]
45. Rule Antecedent [1 1]
46.                   [1 2]
47.                   [1 3]
48.                   [2 1]
49.                   [2 2]
50.                   [2 3]
51.                   [3 1]
52.                   [3 2]
53.                   [3 3]
45. Rule Consequent  1
46.                   2
47.                   2
48.                   2
49.                   2
50.                   2
51.                   2
52.                   3
53.                   3
45. Rule Weight       1
46.                   1
47.                   1
48.                   1
49.                   1
50.                   1
51.                   1
52.                   1
53.                   1
45. Rule Connection  1
46.                   1
47.                   1
48.                   1
49.                   1
50.                   1
```

```
51.                1
52.                1
53.                1
```

⑯ showrule。

功能：显示模糊规则。

格式：showrule(fis)

showrule(fis,indexlist,format)

showrule(fis,indexlist,format,lang)

说明：fis 为模糊推理系统。

indexlist 为所需要显示的模糊规则列表。

format 规定模糊规则以什么方式显示，可以使用如下 3 种方式之一：详述式（verbose）、符号式（symbolic）和编号式（indexed）。

lang 为语言选择，可以为 English、Francais 或 Deutsch。

例 4-25：showrule 函数示例。

```
>> a=readfis('transport');
>> showrule(a,[3 1],'symbolic')
ans =
3. (weight==light) & (distance==far) => (cost=average) (1)
1. (weight==light) & (distance==near) => (cost=cheap) (1)
```

⑰ writefis。

功能：将模糊推理系统保存到磁盘中。

格式：writefis(fismat)

writefis(fismat,'filename')

writefis(fismat,'filename','dialog')

例 4-26：writefis 函数示例。

```
>> a=newfis('tipper');
>> a=addvar(a,'input',1,'servic',[0 10]);
>> a=addmf(a,'input',1,'poor','gaussmf',[1.5 0]);
>> a=addmf(a,'input',1,'good','gaussmf',[1.5 5]);
>> a=addmf(a,'input',1,'excellent','gaussmf',[1.5 10]);
>> writefis(a,'my_file')
```

⑱ addmf。

功能：向模糊推理系统添加隶属度函数。

格式：a=addmf(a,'vartype',varindex,'mfname','mftype',mfparams)

说明：一个隶属度函数只能添加到 MATLAB 工作空间中已经存在的模糊推理系统的语言变量中。隶属度函数按照添加的顺序编号，第一个被添加的函数编号为 1，以后添加的函数编号依次递增。

输入参数 a 为 MATLAB 模糊推理系统的变量名；

'vartype'指定该变量的类型；

varindex 指定该变量的编号；

'mfname'指定隶属度函数名称；

'mftype'指定隶属度函数类型；

mfparams 指定隶属度的参数。

例 4-27：addmf 函数示例。

```
>> a=newfis('tipper');
>> a=addvar(a,'input','service',[0 10]);
```

```
>> a=addmf(a,'input',1,'poor','gaussmf',[1.5 0]);
>> a=addmf(a,'input',1,'good','gaussmf',[1.5 5]);
>> a=addmf(a,'input',1,'excellent','gaussmf',[1.5 10]);
>> plotmf(a,'input',1)
```

运行结果如图 4-39 所示。

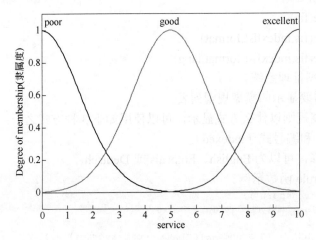

图 4-39　隶属度函数曲线

⑲ defuzz。

功能：隶属度函数的去模糊化。

格式：out=defuzz(x,mf,type)

说明：x 为变量的名称。

mf 为待去模糊化的隶属度函数。

type 为去模糊化的方法，它可以取以下的 5 个值之一：

centriod——面积中心法；

bisectou——面积平分法；

mom——平均最大隶属度法；

som——最大隶属度取最小法；

lom——最大隶属度取最大法。

例 4-28：defuzz 函数示例。

```
>> x=-10:0.1:10;
>> mf=trapmf(x,[-10 -8 -4 7]);
>> y=defuzz(x,mf,'centroid')

y =
   -3.2857
```

⑳ evalmf。

功能：通用隶属度函数估计。

格式：y=evalmf(x,mfparams,mftype)

说明：x 为隶属度函数的变量。

mftype 为工具箱中隶属度函数名。

mfparams 为函数的参数列表。

例 4-29：evalmf 函数示例。

```
>> x=0:0.1:10;
>> mfparams=[2 4 6];
```

```
>> mftype='gbellmf';
>> y=evalmf(x,mfparams,mftype);
>> plot(x,y)
>> xlabel('gbellmf,p=[2 4 6]')
```

运行结果如图 4-40 所示。

㉑ mf2mf。

功能：隶属度函数间的参数转换。

格式：outparams=mf2mf(inparams,intype,outtype)

说明：inparams 为输入参数。

intype 为输入隶属度函数的类型。

outtype 为输出隶属度函数的类型。

例 4-30：mf2mf 函数示例。

```
>> x=0:0.1:5;
>> mfp1=[1 2 3];
>> mfp2=mf2mf(mfp1,'gbellmf','trimf');
>> plot(x,gbellmf(x,mfp1),x,trimf(x,mfp2))
```

运行结果如图 4-41 所示。

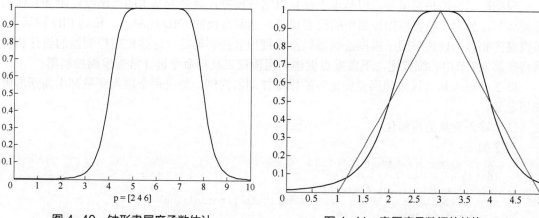

图 4-40　钟形隶属度函数估计　　　　图 4-41　隶属度函数间的转换

㉒ newfis。

功能：建立新的模糊推理系统。

格式：a=newfis(fisname,fistype,andmethod,ormethod,impmethod,aggmethod,defuzzmethod)

说明：用于创建一个新的模糊推理系统。

fisname：模糊推理系统的名称。

fistype：模糊推理系统的类型。

andmethod："与"运算符。

ormethod："或"运算符。

impmethod：模糊蕴含方法。

aggmethod：各条规则推理结果的综合方法。

defuzzmethod：去模糊化方法。

例 4-31：newfis 函数示例。

```
>> a=newfis('newsys');
>> getfis(a)
    Name       = newsys
```

```
     Type        = mamdani
     NumInputs = 0
     InLabels  =
     NumOutputs = 0
     OutLabels =
     NumRules  = 0
     AndMethod = min
     OrMethod = max
     ImpMethod = min
     AggMethod = max
     DefuzzMethod = centroid

ans =

newsys
```

㉓ sffis。

功能：Simulink 的模糊推理 S-函数。

格式：output=sffis(t,x,u,flag,fismat)

4.3.3 常规模糊控制器的设计

模糊控制器的种类很多，但基本上都是以常规模糊控制器为基本的控制器，附加其他的必要环节，如为了改善模糊控制中的稳态误差，通常有模糊+PID 控制器、模糊 PID 控制器、多模糊控制器、自调整因子模糊控制器以及模糊积分控制器等。这些模糊控制器的设计和仿真将在第 4.7 节中详细叙述，下面重点叙述利用模糊工具箱命令设计常规模糊控制器。

以 2 个输入量（误差和误差变化）的模糊控制器为例，假设每个输入变量都由高斯形模糊集定义。

（1）输入变量的模糊化

程序如下：

```
% fuzzy system created in a M-file
% created of a new fuzzy system
sys_fuzzy=newfis('regul_fuzzy');
% input variables(the error and its variation) definition
interv_err=[-10 10];
interv_derr=[-10 10];
sys_fuzzy=addvar(sys_fuzzy,'input','err',interv_err);
% fuzzy ses of input variables
% gaussian functions with standard deviation 5,mean 0
sys_fuzzy = addmf(sys_fuzzy,'input',1,'Negative','gaussmf',…
        [5 min(interv_err)]);
sys_fuzzy = addmf(sys_fuzzy,'input',1,'Nil','gaussmf',…
        [5 mean(interv_err)]);
sys_fuzzy = addmf(sys_fuzzy,'input',1,'Positive','gaussmf',…
        [5 max(interv_err)]);
% adding the 2nd input variable:derivative of the error
sys_fuzzy = addmf(sys_fuzzy,'input','d_err',interv_derr);
% gussian functons with standard deviative 5,mean 0
sys_fuzzy = addmf(sys_fuzzy,'input',2,'Negative','gaussmf',…
        [5 min(interv_err)]);
sys_fuzzy = addmf(sys_fuzzy,'input',2,'Nil','gaussmf',…
        [5 mean(interv_err)]);
sys_fuzzy = addmf(sys_fuzzy,'input',2,'Positive','gaussmf',…
        [5 max(interv_err)]);
```

这样就对模糊控制器的 2 个输入进行了离散化。

用指令 plotmf 绘制 sys_fuzzy 系统第一个输入量的隶属函数曲线，如图 4-42 所示。

```
>> plotmf(sys_fuzzy,'input',1)
>> title('the error fuzzy sets')
>> grid
```

（2）输出变量的模糊化

Following of prog_fuzzy.m

```
% definition  of the regulator output variable
interv_cde = [-10 10];
sys_fuzzy = addvar(sys_fuzzy,'output','cde',interv_cde);

% definition of the 5 triangular membership functions
basis1=[-15 -10 -5]; %1st triangular membership function basis
sys_fuzzy = addmf(sys_fuzzy,'output',1,'NB','trimf',basis1);
basis = basis1+5;
sys_fuzzy = addmf(sys_fuzzy,'output',1,'N','trimf',basis);
basis = basis+5;
sys_fuzzy = addmf(sys_fuzzy,'output',1,'Z','trimf',basis);
basis = basis+5;
sys_fuzzy = addmf(sys_fuzzy,'output',1,'P','trimf',basis);
basis = basis+5;
sys_fuzzy = addmf(sys_fuzzy,'output',1,'PB','trimf',basis);
```

画出输出变量的隶属函数如图 4-43 所示。

```
>> plotmf(sys_fuzzy,'output',1)
>> grid
>> ylabel('membership degrees')
```

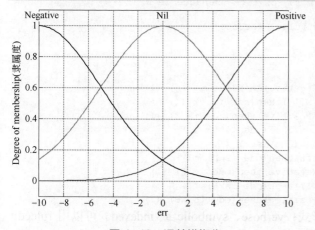

图 4-42　误差模糊集

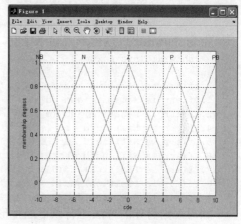

图 4-43　输出变量模糊集

下面的指令分别为模糊系统第一个输入变量和第一个输入变量的第二个函数：

sys_fuzzy = rmvar(sys_fuzzy,'input',1)

sys_fuzzy = rmmf(sys_fuzzy,'input','mf',2)

（3）模糊规则编辑

在一个有 m 个输入量和 n 个输出量的模糊系统中，所有的模糊规则可由 1 个规则矩阵定义，这个输入矩阵的行数为每个输入量的模糊集数，列数为（$m+n+2$）。第 1 个模糊规则构成矩阵的第一行。如果误差为负（在第 1 个模糊集 N 中），如果它的微分也为负（在第 1 个模糊集 N 中），则输出是正的极大值（在第 5 个模糊集 PB 中）。这条规则的权重是 1。

最后一个数字是连接两个前提的算子的符号表示（1 对应 AND，2 对应 OR），如图 4-44 所示。

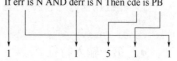

图 4-44　模糊规则的编辑示例

Following of file prog_fuzzy.m

```
% matrix fuzzy rules edition
rules = [1 1 5 1 1
         1 2 4 1 1
         1 3 3 1 1
         2 1 4 1 1
         2 2 3 1 1
         2 3 2 1 1
         3 1 3 1 1
         3 2 2 1 1
         3 3 1 1 1];
sys_fuzzy = addrule(sys_fuzzy,rules);
```

模糊规则的编辑可以直接以字符串的语言形式表示。指令 parsrule 在本例中所用的语言是英语,这个指令可识别的关键字有:IF、THEN、OR、AND。只需以字符链的形式输入不同的规则,注意加空格使规则具有相同长度。

```
rules = ['if err is Negative and d_err is Negative then cde is PB';
         'if err is Negative and d_err is Nil then cde is P';
         'if err is Negative and d_err is Positive then cde is Z';
         'if err is Nil and d_err is Negative then cde is P';
         'if err is Nil and d_err is Nil then cde is Z';
         'if err is Nil and d_err is Position then cde is N';
         'if err is Position and d_err is Negative then cde is Z';
         'if err is Position and d_err is Nil then cde is N';
         'if err is Position and d_err is Position then cde is NB';
```

```
>> sys_fuzzy = parsrule ( sys_fuzzy,rules,'verbose' )
```

指令 showrule 以规范形式显示规则。

```
>> showrule(sys_fuzzy)
ans=
1.If(err is Negative)and(d_err is Negative)then(cde is PB) (1)
2.If(err is Negative)and (d_err is Nil )then(cde is P) (1)
3.If(err is Negative)and (d_err is Positive)then(cde is Z) (1)
4.If(err is Nil)and(d_err is Negative)then(cde is P) (1)
5.If(err is Nil)and(d_err is Nil)then(cde is Z) (1)
6.If(err is Nil)and(d_err is Position)then(cde is N) (1)
7.If(err is Position)and(d_err is Negative)then(cde is Z) (1)
8.If(err is Position)and(d_err is Nil)then(cde is N) (1)
9.If(err is Position)and(d_err is Position)then(cde is NB) (1)
```

编写规则另外的方法还有以下三种形式:verbose、symbolic 或 indexed。可以用 ruleedit 在图形界面中打开。用指令 writefis 仍把系统保存为先前定义过的名称。

Following of file prog_fuzzy.m

```
% saving on disk under the name 'regul_fuzzy.fis'
writefis(sys_fuzzy,'regul_fuzzy');
% intermediate variable suppression
clear interv_code basis interv_derr basis1 interv_err
```

现在系统全部定义完了。

利用指令 getfis 有几种语法形式,可以获得系统的信息,如输入量个数、模糊集个数等。

fuzzy set name define by sys_fuzzy matrix

```
>> getfis(sys_fuzzy,'name')
ans =
regul_fuzzy
```

- 第一输入特征

```
>> getfis(sys_fuzzy,'input',1)
    Name =      err
```

```
            NumMFs =    3
            MFLabels =
                  Negative
                  Nil
                  Positive
            Range =    [-10 10]
```

```
>> getfis(sys_fuzzy,'input',2)
        Name =    d_err
        NumMFs =    3
        MFLabels =
              Negative
              Nil
              Positive
        Range =    [-10 10]
```

● 输出特征

```
>> showrule(sys_fuzzy)
ans=
1.If(err is Negative)and(d_err is Negative)then(cde is PB) (1)
2.If(err is Negative)and (d_err is Nil)then(cde is P) (1)
3.If(err is Negative)and (d_err is Positive)then(cde is Z) (1)
4.If(err is Nil)and(d_err is Negative)then(cde is P) (1)
5.If(err is Nil)and(d_err is Nil)then(cde is Z) (1)
6.If(err is Nil)and(d_err is Position)then(cde is N) (1)
7.If(err is Position)and(d_err is Negative)then(cde is Z) (1)
8.If(err is Position)and(d_err is Nil)then(cde is N) (1)
9.If(err is Position)and(d_err is Position)then(cde is NB) (1)
>> getfis(sys_fuzzy,'output',1)
        Name =    cde
        NumMFs =    5
        MFLabels =
              NB
              N
              Z
              P
              PB
        Range =    [-10 10]
ans =
        Name: 'cde'
      NumMFs: 5
        mf1: 'NB'
        mf2: 'N'
        mf3: 'Z'
        mf4: 'P'
        mf5: 'PB'
       range: [-10 10]
```

● 模糊特征

```
>> getfis(sys_fuzzy)
        Name      = regul_fuzzy
        Type      = mamdani
        NumInputs = 1
        InLabels  =
              err
        NumOutputs = 1
        OutLabels =
              cde
        NumRules = 9
        AndMethod = min
        OrMethod = max
```

```
        ImpMethod = min
        AggMethod = max
        DefuzzMethod = centroid


ans =


regul_fuzzy
```

- 第一输入变量之第一模糊集特征

```
>> getfis(sys_fuzzy,'input',1,'mf',1)
        Name = Negative
        Type = gaussmf
        Params = [5 10]


ans =


    Name: 'Negative'
    Type: 'gaussmf'
  params: [5 10]
```

上面指令得出了第一输入量的第一隶属度函数"Negative"，它是标准偏差和均值分别为5 和 10 的高斯形。

- 模糊系统特征

指令 showfis 完全定义了模糊系统的每个输入输出，并返回所有的参数（名称、取值范围、个数和隶属度函数类型），而且它还表明所用的方法和显示规则列表。

```
>> showfis(sys_fuzzy)
1.   Name            regul_fuzzy
2.   Type            mamdani
3.   Inputs/Outputs  [2  1]
4.   NumInputMFs     [3  1]
5.   NumOutputMFs    5
6.   NumRules        9
7.   AndMethod       min
8.   OrMethod        max
9.   ImpMethod       min
10.  AggMethod       max
11.  DefuzzMethod    centroid
12.  InLabels        err
13.                  d_err
14.  OutLabels       cde
15.  InRange         [-10 10]
16.                  [-10 10]
17.  OutRange        [-10 10]
18.  InMFLabels      Negative
19.                  Nil
20.                  Positive
21.                  Negative
22.                  Nil
23.                  Positive
24.  OutMFLabels     NB
25.                  N
26.                  Z
27.                  P
28.                  PB
29.  InMFTypes       gaussmf
30.                  gaussmf
31.                  gaussmf
32.                  gaussmf
```

```
33.              gaussmf
34.              gaussmf
35. OutMFTypes    trimf
36.              trimf
37.              trimf
38.              trimf
39.              trimf
40. InMFParams   [5 -10 0 0]
41.              [5 0 0 0]
42.              [5 10 0 0]
43.              [5 -10 0 0]
44.              [5 0 0 0]
45.              [5 10 0 0]
46. OutMFParams    [-15 -10 -5 0]
47.              [-10 -5 0 0]
48.              [-5 0 5 0]
49.              [0 5 10 0]
50.              [5 10 15 0]
51. Ruleslist      [1 1 5 1 1]
52.              [1 2 4 1 1]
53.              [1 3 3 1 1]
54.              [2 1 4 1 1]
55.              [2 2 3 1 1]
56.              [2 3 2 1 1]
57.              [3 1 3 1 1]
58.              [3 2 2 1 1]
59.              [3 3 1 1 1]
```

指令 showrule 没有具体的语言限制，可以用任意一种语言形式显示规则列表。

```
>> showrule(sys_fuzzy)
ans=
1.If(err is Negative)and(d_err is Negative)then(cde is PB) (1)
2.If(err is Negative)and (d_err is Nil )then(cde is P) (1)
3.If(err is Negative)and (d_err is Positive)then(cde is Z) (1)
4.If(err is Nil)and(d_err is Negative)then(cde is P) (1)
5.If(err is Nil)and(d_err is Nil)then(cde is Z) (1)
6.If(err is Nil)and(d_err is Position)then(cde is N) (1)
7.If(err is Position)and(d_err is Negative)then(cde is Z) (1)
8.If(err is Position)and(d_err is Nil)then(cde is N) (1)
9.If(err is Position)and(d_err is Position)then(cde is NB) (1)
```

指令 sufview(sys_fuzzy)打开表面（surface）视图窗口，用鼠标在其中拖动任意点可以改变视角。为了获得更好的图形精度，也可以通过输入更大的 Xgrids 和 Ygrids 值来增加每个输入量的点数。由 gensurf 得到的表面视角可以通过在指令 view 中指定适当的方位角和高度来改变。

（4）去除模糊化（解模糊）

指令 ruleview 打开规则视图窗口，在其中可以观察到运用 max-min 方法的去除离散化。用鼠标选中输入量任意数，并查看用 max-min 法得到的输出变量的隶属度函数。

对于误差为 0.5，导数为 0.8 的情况，产生的控制信号为-0.782。这个结果可由指令 evalfis 得到。如果模糊调节器不在工作空间，可用指令 readfis 打开，如图 4-45 所示。

```
>> sys_fuzzy=readfis('regul_fuzzy');
>> x=[0.5 0.8];
>> y=evalfis(x,sys_fuzzy)
y =
  -0.782
```

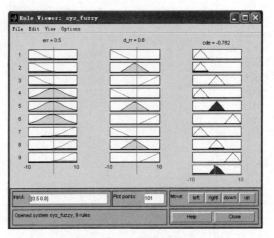

图 4-45　规则视图窗口

4.4　Simulink 设计基础

4.4.1　运行 Simulink

在命令窗口中执行 Simulink，出现如图 4-46 所示界面，在此界面下单击工具条左边的 ，就会弹出如图 4-47 所示窗口，或者在命令窗口中采用如图 4-48 所示方法也可以进入新建模块窗口。

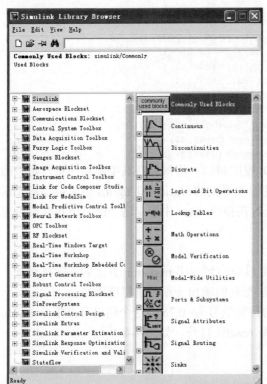

图 4-46　Simulink 的模块库浏览器

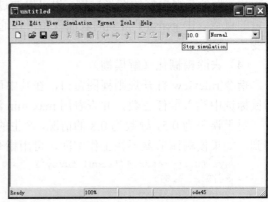

图 4-47　新建模块窗口

打开已经存在的模型文件也有几种方式：

① 单击图 4-46 窗口工具条上的图标 。

② 在菜单上选择。

③ 在命令窗口直接键入模型文件名（不要加扩展名 ".mdl"）。这就要求该文件在当前的路径范围。

4.4.2　Simulink 模块操作

图 4-48　由命令窗口进入新建模块窗口

模块是建立 Simulink 模型的基本单元。用适当的方式把各种模块连接在一起就能够建立动态系统的模型。

（1）选取模块

当选取单个模块时，只要用鼠标在模块上单击即可，这时模块的角上出现黑色的小方块。选取多个模块时，在所有模块所占区域的一角按下鼠标左键不放，拖向该区域的对角，在此过程中会出现虚框，当虚框包住了要选择的所有模块后，放开鼠标左键，这时在所有被选模块的角上会出现小黑方块，表示模块都被选中了，如图 4-49 和图 4-50 所示。

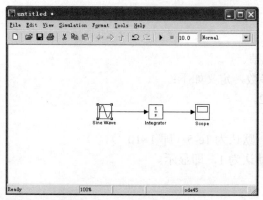

图 4-49　单个模块被选中

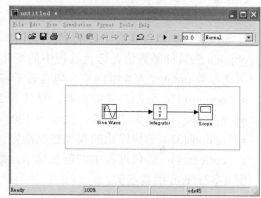

图 4-50　多个模块被选中

（2）复制、删除模块

① 在不同窗口之间复制　最简单的办法是用鼠标左键点住要复制的模块（首先打开源模块和目标模块所在的窗口），按住左键移动鼠标到相应窗口（不用按住 Ctrl 键），然后释放，该模块就会被复制过来，而源模块不会被删除。

还可以用 Edit 菜单下的 Copy 和 Paste 命令来完成复制：先选定要复制的模块，选择 Edit 菜单下的 Copy 命令，到目标窗口的 Edit 菜单下选择 Paste 命令。

② 在同一模型窗口内复制　当一个模型需要多个相同的模块时，复制的方法如下：

用鼠标左键按住要复制的模块，按住左键移动鼠标，同时按下 Ctrl 键，到适当位置放开鼠标，该模块就被复制到当前位置。更简单的方法是按住鼠标右键（不按 Ctrl 键）移动鼠标。

另一种方法是选定要复制的模块，选择 Edit 菜单下的 Copy 命令，然后选择 Paste 命令。这时我们会发现复制出的模块名称在原名称的基础上又加了编号，这是 Simulink 的约定：每个模型中的模块和名称是一一对应的，相同的模块或不同的模块不能用一个名字。

③ 删除模块　选择模块，选择 Edit 菜单下的 Cut（删除到剪贴板）或 Clear（彻底删除）命令，或者在模块上单击鼠标右键，在弹出的菜单选择 Cut 或 Clear 命令。

4.5 模糊聚类

MATLAB 模糊逻辑工具箱装备了一些工具，使用户能够在输入输出数据中发现聚类，用户可以用聚类信息产生 Sugneo-type 模糊推理系统，使用最少规则建立最好的数据行为，按照每一个数据聚类的模糊品质联系自动地划分规则。这种类型的 FIS 产生器能被命令行函数 genfis2 自动地完成。

4.5.1 模糊聚类的相关函数

① fcm。

功能：利用模糊 C 均值方法的模糊聚类。

格式：[center,U,obj_fcn]=fcm(data,cluster_n)

　　　　fcm(data,cluster_n,options)

说明：data 为给定的数据集。

cluster_n 为聚类中心的个数。

center 为迭代后得到的聚类中心。

U 为所有数据点对聚类中心的隶属度矩阵。

obj_fcn 为目标函数值在迭代过程中的变化值。

可选参数 options 为 4 维向量，包含若干参数，定义如下：

- options(1)：分割矩阵的指数，默认为 2。
- options(2)：最大迭代数，默认为 100。
- options(3)：迭代停止的误差控制准则，默认为 1e-5（即 1×10^{-5}）。
- options(4)：迭代过程中的信息显示，默认为 1，即显示。

例 4-32：fcm 函数示例。

```
>> data=rand(100,2);
>> [center,U,obj_fcn]=fcm(data,2);
>> plot(data(:,1),data(:,2),'o');
>> maxU=max(U);
>> index1=find(U(1,:)==maxU);
>> index2=find(U(2,:)==maxU);
>> line(data(index1,1),data(index1,2),'linestyle','none',…
'marker','o','color','g');
>>line(data(index2,1),data(index2,2),'linestyle','none',…
'marker','o','color','r');
```

运行结果如图 4-51 所示。

② genfis2。

功能：用于减聚类方法的模糊推理系统模型。

格式：fismat=genfis2(Xin,Xout,radii)

　　　　fismat=genfis2(Xin,Xout,radii,xBounds)

　　　　fismat=genfis2(Xin,Xout,radii,xBounds,options)

说明：Xin 为输入数据集。

Xout 为输出数据集。

radii 用于假定数据点位于一个单位超立方体内的条件下，指定数据向量的每一维聚类中心影响的范围，每一维取值在 0～1 之间。

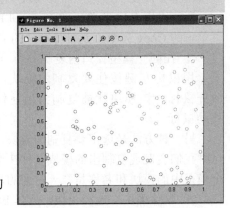

图 4-51 模糊 C 均值分类结果

xBounds 为 2×N 维的矩阵，其中 N 为数据的维数。

options 为参数向量，说明如下：

● options(1)=quashFactor：quashFactor 用于与聚类中心的影响范围 radii 相乘，用以决定某一聚类中心邻近的那些数据点被排除作为聚类中心的可能性。默认为 1.25。

● options(2)=acceptRatio：acceptRatio 用于指定在选出第一个聚类中心后，只有某个数据点作为聚类中心的可能性值高于第一个聚类中心可能性值的一定比例，才能被作为新的聚类中心。默认为 0.5。

● options(3)=rejectRatio：rejectRatio 用于指定在选出第一个聚类中心后，只有某个数据点作为聚类中心的可能性值低于第一个聚类中心可能性值的一定比例，才能被排除作为新的聚类中心。默认为 0.15。

● options(4)=verbose：如果 verbose 为非零值，则聚类过程的有关信息将显示出来，否则将不显示。

例 4-33：genfis2 函数示例。

```
>> tripdata
>>subplot(2,1,1),plot(datin)
>>subplot(2,1,2),plot(datin)
>>fismat=genfis2(datin,datout,0.5);
>>fuzout=evalfis(datin,fismat);
>>trnRMSE=norm(fuzout-datout)/sqrt(length(fuzout))
trnRMSE =
    0.5276
>>chkfuzout=evalfis(chkdatin,fismat);
>>trnRMSE=norm(chkfuzout-chkdatout)/sqrt(length(chkfuzout))
trnRMSE =
    0.6170
>>figure,
>>plot(chkdatout)
>>hold on
>>plot(chkfuzout,'o')
>>hold off
```

MATLAB 运行结果如图 4-52 和图 4-53 所示。

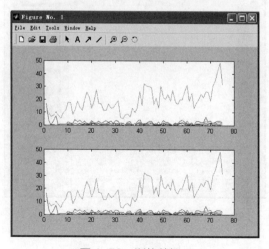

图 4-52　训练数据

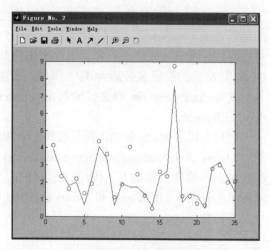

图 4-53　测试数据与减聚类模糊推理系统输出数据

③ subclust。

功能：数据的模糊减聚类。

格式：[c,s]=subclust[X,radii,xBounds,options]

说明：X 包括用于聚类的数据，X 的每一行为一个数据向量。

radii 用于假定数据点位于一个单位超立方体内的条件下，指定数据向量的每一维聚类中心影响的范围，每一维的取值在 0~1 之间。

xBounds 为 2×N 维的矩阵，其中 N 为矩阵维数。

options 为参数向量，说明如下：

● options(1)=quashFactor：quashFactor 用于与聚类中心的影响范围 radii 相乘，用以决定某一聚类中心邻近的那些数据点被排除作为聚类中心的可能性。默认为 1.25。

● options(2)=acceptRatio：acceptRatio 用于指定在选出第一个聚类中心后，只有某个数据点作为聚类中心的可能性值高于第一个聚类中心可能性值的一定比例，才能被作为新的聚类中心。默认为 0.5。

● options(3)=rejectRatio：rejectRatio 用于指定在选出第一个聚类中心后，只有某个数据点作为聚类中心的可能性值低于第一个聚类中心可能性值的一定比例，才能被排除作为新的聚类中心。默认为 0.15。

● options(4)=verbose：如果 verbose 为非零值，则聚类过程的有关信息将显示出来，否则将不显示。

返回参数 c 为聚类中心向量，向量 s 包含了数据点每一维聚类中心的影响范围。

例 4-34：subclust 函数示例。

```
>>[c,s]=subclust(X,0.5)
>>[c,s]=subclust(X,[0.5 0.25 0.3],[2.0 0.8 0.7])
```

④ findcluster。

功能：模糊 C 均值聚类和子聚类交互聚类的 GUI 工具。

格式：findcluster

findcluster('file.dat')

4.5.2 聚类 GUI 工具

MATLAB 还有聚类 GUI 功能，可以方便地运行 fcm 和 subclust，如图 4-54 所示，用户可以直接由数据发现聚类。为了用数据集打开 GUI，数据集的扩展名必须为.dat。例如：要装入数据集 clusterdemo.dat，就必须输入 findcluster ('clusterdemo.dat')。

用户可以用 Methods 的下拉条选择 fcm（模糊 C-Means）或 subtractive(subtractive clustering)。GUI 能在多维的数据集下工作，但仅仅能够显示两个坐标轴。使用 X-axis 和 Y-axis 确定用户想观察的数据轴。

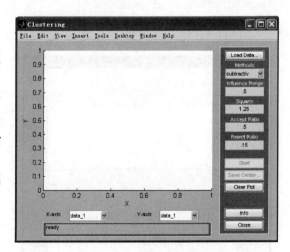

图 4-54 聚类 GUI 窗口

4.6 Sugeno-Type 模糊推理

Sugeno 或 Takagi-Sugeno-Kang 是 1985 年由 Sugeno 和 Takagi 首先提出来的。事实上，在

许多方面，Mamdani 模糊推理和 Sugeno 或 Takagi-Sugeno-Kang 模糊推理是类似的，模糊推理的前两部分——模糊输入和应用的操作算子——是相同的，而主要不同是推理的输出不同，Sugeno 或 Takagi-Sugeno-Kang 推理输出的隶属度仅仅是线性的或者常数。

例如一类模糊规则（零阶 Sugeno 模糊模型）：

If x is A and y is B then $z = k$

这里 A 和 B 是模糊集的前件，后件 k 是精确的常值。当每一规则的输出类似于上例时，Mamdani 模糊推理就明显类似于 Sugeno 模糊推理，唯一的不同是隶属度的输出是 singleton 条形的，且操作算子和聚集方法是固定的，不能编辑。操作算子是简单的积，聚集运算包含所有 singleton。

以一个零阶 Sugeno 系统为例。系统 tippering.fis 由 sugeno-type 表示，类似于两个 tipping 模型，如果 load（装载）这一系统，画出它的输出曲面，用户将看到图 4-55 同前面介绍的 Mamdani 系统相同。

```
>> a=readfis('tippersg');
>> gensurf(a)
```

一般地，一阶 Sugeno 模糊模型的规则表示形式：

If x is A and y is B then $z = p*x + q*y + r$

其中，A 和 B 是模糊集的前件；p、q、r 是常数。一阶 Sugeno 模糊模型可以形象地理解：定义每一规则为一局部的"移动 singleton"，即 singleton 输出条形在输出空间以线性方式移动，并且取决于输入。高阶 Sugeno 模糊模型也可以这样理解，但太复杂，MATLAB 模糊逻辑工具不支持高阶 Sugeno。

因为规则的线性度取决于系统的输入变量，Sugeno 方法是一种理想的多变量控制器，可以应用于多种运行条件下的动态非线性系统。例如，飞行器的姿态和 Mach 数不寻常地变化，尽管线性控制器能够容易地计算任何飞行条件，但必须有规则地更新和稳定地保持飞行状态的变化。Sugeno 模糊推理系统是一个非常好的适用于这类问题的工具。

考虑一个输入和一个输出系统，已被事先保存在 sugeno.fis，按图 4-56 键入程序，输出结果。

输出变量有两个隶属度函数，如图 4-57 所示。

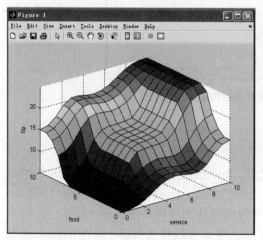

图 4-55　tipping 模型的输出曲面

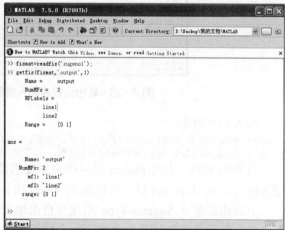

图 4-56　两个 lines

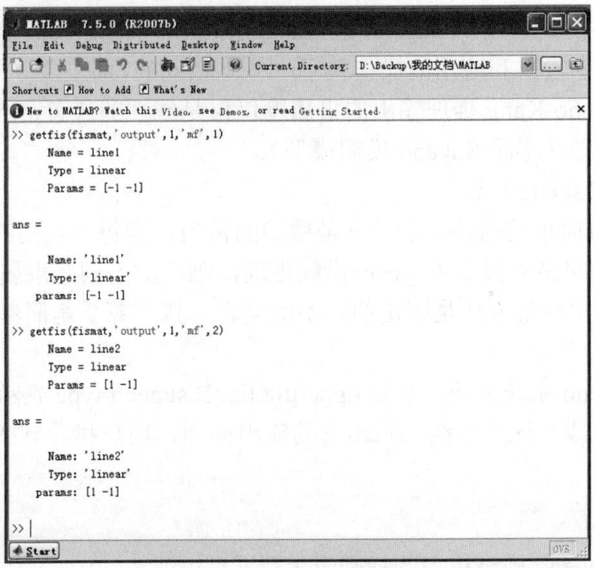

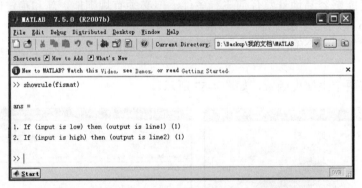

图 4-57　两个隶属度函数

进一步，这些隶属度函数是输入变量的线性函数。

隶属度函数 1 定义如下：

$$output=(-1)\times input+(-1)$$

隶属度函数 2 定义如下：

$$output=(1)\times input+(-1)$$

这些输出函数用输入隶属度函数和规则的表示式如图 4-58 所示。

图 4-58　输出函数用输入隶属度函数和规则的表示式

输入如下命令：

```
>> subplot(2,1,1),plotmf(fismat,'input',1)
>> subplot(2,1,2),gensurf(fismat)
```

得到图 4-59。上面 plotmf 显示的隶属度函数中，low 指的是输入值小于 0，high 指的是输入值大于 0。Gensurf 显示出模糊系统的输出是光滑的曲线（line1 和 line2 的结合结果）。

上面述表述了 Sugeno-Type 系统可自由地合并线性系统为模糊系统，进一步推广，用户可用几个最优线性控制器合并建造一个模糊系统，作为复杂非线性控制器。因为 Sugeno 系统比 Mamdani 系统表示简单和计算方便，而且可以利用自适应技术构造模糊系统，所以这种模糊系统应用更为实用。

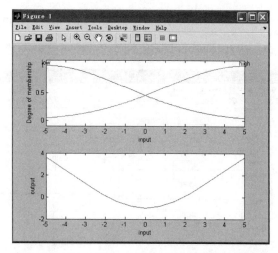

图 4-59 line1 和 line2 的结合结果的隶属度曲线

4.7 模糊控制器的设计与仿真

为了能有效减小模糊控制中的稳态误差，在常规模糊控制器的基础上又派生出了一些模糊控制器，本节将以模糊+PID 控制器、模糊 PID 控制器、多模糊控制器、自调整因子模糊控制器和模糊积分控制器为例，说明它们的设计和仿真的过程。

4.7.1 模糊+PID 控制器的设计与仿真

将 PI 控制策略引入模糊控制器，构成模糊+PI（或 PID）控制器复合控制，是改善模糊控制器稳态性能的一种途径。控制器原理结构框图如图 4-60 所示。

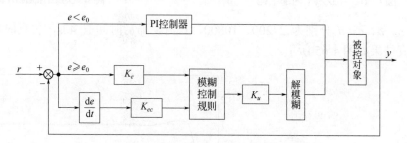

图 4-60 模糊+PID 控制器原理结构框图

图 4-60 中，r 为给定输入，y 为输出，e 为实际误差，e_0 为给定误差。针对其结构特点，在 Simulink 模型窗口中建立如图 4-61 所示模型。

在图 4-61 中，fuzzy1 和 modem 均为封装模块，其内部封装分别如图 4-62、图 4-63 所示。

在命令窗口中键入 fuzzy，进入模糊推理系统编辑器，编辑输入、输出隶属度及模糊规则等项，完成后取名（例如：取 fuz1）存储。双击图 4-62 中的 Fuzzy Logic Controller，将模糊推理编辑器的名字（fuz1）写入其中，单击 OK，如图 4-64 所示。

在图 4-62 中，ke 和 kec 分别为误差、误差变化的量化因子，ku 为输出的比例因子，它们都根据实际情况的不同而取不同的值。信号源取单位阶跃响应信号（也可以取其他的信号源）。

图 4-63 中，$\dfrac{d}{as^2+bs+c}$ 为实际的被控对象，a、b、c、d 为常数。Transport Delay 为滞后模块（可以根据实际需要添加）。仿真时间可以根据不同的被控对象来设定。

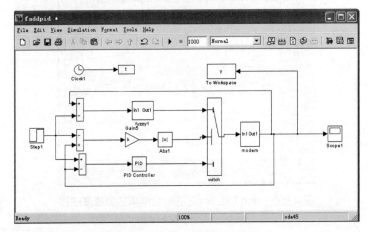

图 4-61　模糊+PID 仿真模型

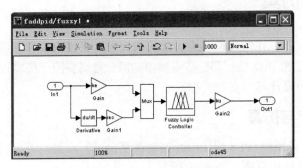

图 4-62　fuzzy1 内部结构

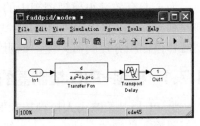

图 4-63　modem 内部结构

本例取 a、b、c、d 分别为 27200、10800、1、1，滞后时间取 40s，仿真时间取 1000s，则得到的仿真结果如图 4-65 所示。

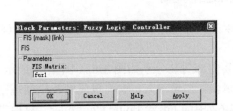

图 4-64　Fuzzy Logic Controller 命名

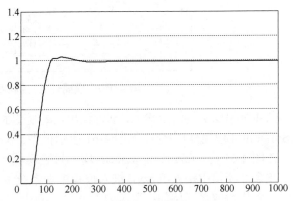

图 4-65　模糊+PID 仿真结果图

4.7.2　模糊 PID 控制器的设计与仿真

模糊 PID 控制器也称模糊自整定 PID 参数控制器，是在常规 PID 控制器的基础上，采用模糊逻辑推理方法来调整 PID 控制算法中的参数。经模糊推理得到的结果不是直接作为系统的输出，而是用该结果来整定 PID 的参数，再根据 PID 算法来决定系统的输出。其结构如图 4-66 所示。

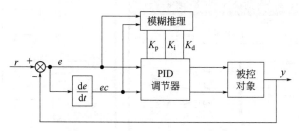

图 4-66　模糊 PID 控制器结构图

图 4-66 中，r、y 分别为给定输入、输出；e、ec 分别为误差和误差的变化；K_p、K_i、K_d 分别为用于调整 PID 控制器的模糊控制输出，它们分别调整 PID 控制器的比例、积分和微分。

针对其结构特点，在 Simulink 模型窗口中建立如图 4-67 所示模型。

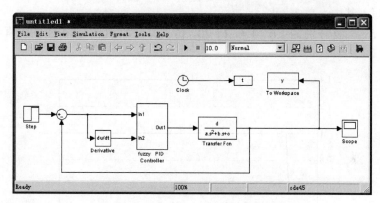

图 4-67　模糊 PID 控制器仿真模型

图 4-67 中，$\dfrac{d}{as^2 + bs + c}$ 为实际的被控对象，a、b、c、d 为常数。fuzzy PID Controller 为封装模块，其内部封装如图 4-68 所示，图中又包括两部分封装 fuzzy logic controller2 和 PID Controller，其内部分别如图 4-69 和图 4-70 所示，输入信号源取单位阶跃脉冲信号。

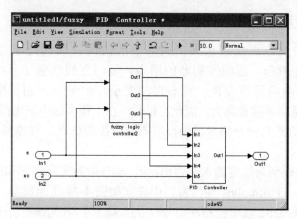

图 4-68　fuzzy PID Controller 的内部封装

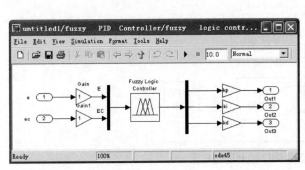

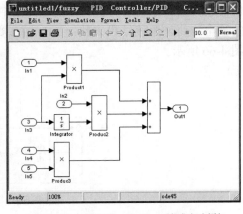

图 4-69 fuzzy logic Controller2 的内部封装　　　图 4-70　PID Controller 的内部封装

在命令窗口中键入 fuzzy，进入模糊推理系统编辑器，编辑输入、输出隶属度及模糊规则等项，完成后取名存到相应的盘符中。双击图 4-69 中的 Fuzzy Logic Controller，将模糊推理编辑器的名字写入其中，单击 OK。

本例取 a、b、c、d 分别为 1.6、4.4、1、20，仿真时间取 10s，则得到的仿真结果如图 4-71所示。

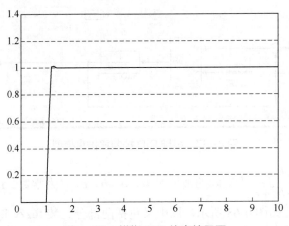

图 4-71　模糊 PID 仿真结果图

4.7.3　多模糊控制器的设计与仿真

多模糊控制器的设计思想是从人工调节中的粗调、细调乃至微调中得到启发而来的，其结构如图 4-72 所示。然而控制器的增多，虽一方面改善了系统的控制性能，使系统的控制时间变短、响应速度变快，稳态误差变小，但另一方面也增加了系统控制的复杂程度，在工程上实现的难度也越大，因此，目前，在工程实际中应用得还不是十分广泛。下面以双模糊控制器的仿真为例介绍多模糊控制器的设计和仿真。双模糊控制器结构如图 4-73所示。

图 4-73 中，r、y 分别为给定输入、输出；e、e_0 分别为实际误差和给定误差。

针对其结构特点，在 Simulink 模型窗口中建立如图 4-74 所示模型。

图中，输入信号源 Step1 取单位脉冲信号；k 为根据实际情况设定的比例值；fuzzy1、fuzzy2和 modem 为三个封装模块，其内部封装分别如图 4-75、图 4-76、图 4-77 所示。

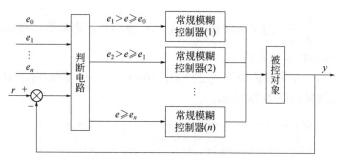

图 4-72　多模糊控制器结构

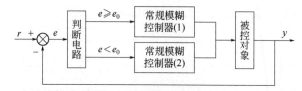

图 4-73　双模糊控制器结构

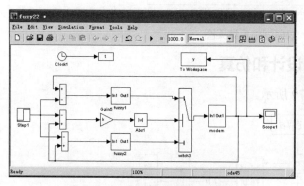

图 4-74　双模糊控制器仿真模型

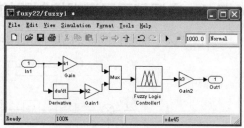

图 4-75　fuzzy1 内部封装

在图 4-75 中，$k1$、$k2$ 和 $k3$ 分别为模糊控制器（1）的误差、误差的变化的量化因子和输出的比例因子，这几个值可根据实际需要设定。在命令窗口中键入 fuzzy，进入模糊推理系统编辑器，编辑模糊控制器（1）的输入、输出隶属度及模糊规则等项，完成后取名存入相应的盘符中。双击图 4-75 中的 Fuzzy Logic Controller1，将模糊推理编辑器的名称写入其中，单击 OK。

在图 4-76 中，$k4$、$k5$ 和 $k6$ 分别为模糊控制器（2）的误差、误差的变化的量化因子和输出的比例因子，这几个值可根据实际需要设定。在命令窗口中键入 fuzzy，进入模糊推理系统编辑器，编辑模糊控制器（2）的输入、输出隶属度及模糊规则等项，完成后取名存入相应的盘符中。双击图 4-76 中的 Fuzzy Logic Controller2，将模糊推理编辑器的名称写入其中，单击 OK。

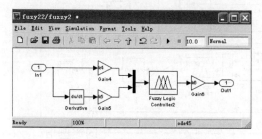

图 4-76　fuzzy2 内部封装

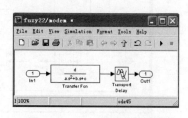

图 4-77　modem 内部封装

图 4-77 中，$\dfrac{d}{as^2 + bs + c}$ 为实际的被控对象，a、b、c、d 为常数。Transport Delay 为滞后环节，可根据实际的被控对象来确定。

本例假定 a、b、c、d 的取值分别为 27200、10800、1、1，滞后时间取 40s，仿真时间取 1000s，则得到仿真结果如图 4-78 所示。

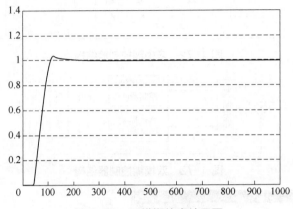

图 4-78　双模糊仿真结果图

4.7.4　自调整因子模糊控制器的设计和仿真

自调整因子模糊控制器的结构如图 4-79 所示。

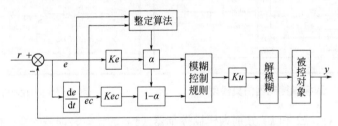

图 4-79　自调整因子模糊控制器结构图

针对其结构特点，在 Simulink 模型窗口中建立如图 4-80 所示模型。

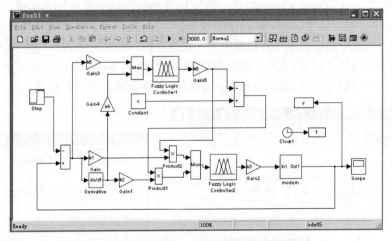

图 4-80　自调整因子模糊控制器仿真结构图

图 4-80 中，信号源取单位阶跃响应信号，k1、k2、k3 分别为常规模糊控制器的误差、误差变化的量化因子和输出的比例因子；k4、k5、k6 分别为整定模糊控制器的误差、误差变化的量化因子和输出的比例因子；仿真时间可以根据不同的被控对象来设定。modem 为被控对象的封装模块，其内部封装如图 4-81 所示。Transport Delay 为滞后模块；$\dfrac{ds+e}{as^2+bs+c}$ 为实际的被控对象，a、b、c、d 和 e 为常数。

在命令窗口中键入 fuzzy，进入模糊推理系统编辑器，编辑 Fuzzy Logic Controller1 的输入、输出隶属度及模糊规则等项，完成后取名存入相应的盘符中。双击图 4-80 中的 Fuzzy Logic Controller1，将模糊推理编辑器的名称写入其中，单击 OK。再编辑 Fuzzy Logic Controller2 的输入、输出隶属度及模糊规则等项，完成后取名存入相应的盘符中。双击图 4-80 中的 Fuzzy Logic Controller2，将模糊推理编辑器的名称写入其中，单击 OK。

本例输入信号源仍取单位阶跃响应信号，被控对象中的 a、b、c、d 和 e 分别取为 22500、300、1、−40 和 5.5，滞后时间取 120s，仿真时间取 3000s，则得到的仿真结果如图 4-82 所示。

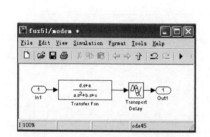

图 4-81　modem 内部结构

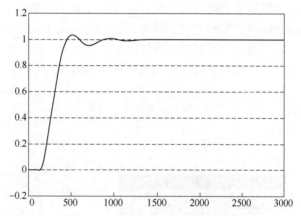

图 4-82　示波器中的仿真结果图

4.7.5　模糊积分控制器的设计和仿真

模糊积分控制器的结构如图 4-83 所示。

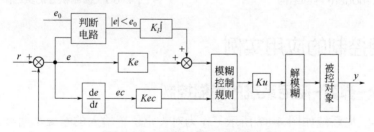

图 4-83　模糊积分控制器结构图

针对其结构特点，在 Simulink 模型窗口中建立如图 4-84 所示模型。

图 4-84 中，信号源取单位阶跃响应信号，K、k1、k2、k3 分别为各项的量化因子和比例因子，modem 为被控对象的封装模块，其内部封装如图 4-85 所示。

在图 4-85 中，Transport Delay 为滞后模块，$\dfrac{d}{as^2+bs+c}$ 为实际的被控对象，a、b、c、d 为常数。仿真时间可以根据不同的被控对象来设定。

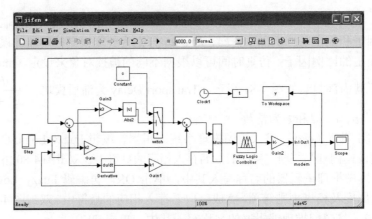

图 4-84　模糊积分控制器仿真模型

在命令窗口中键入 fuzzy，进入模糊推理系统编辑器，编辑 Fuzzy Logic Controller 的输入、输出隶属度及模糊规则等项，完成后取名存入相应的盘符中。双击图 4-84 中的 Fuzzy Logic Controller，将模糊推理编辑器的名称写入其中，单击 OK。

本例输入信号源仍取单位阶跃响应信号，被控对象中的 a、b、c、d 分别取为 7200、120、0、1，滞后时间取 120s，仿真时间取 4000s，则得到的仿真结果如图 4-86 所示。

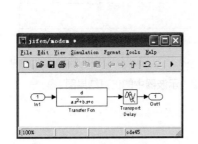

图 4-85　modem 内部结构

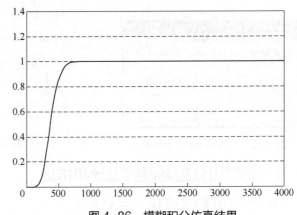

图 4-86　模糊积分仿真结果

4.8　模糊控制的应用实例

4.8.1　质量-弹簧-阻尼系统的模糊控制

质量-弹簧-阻尼系统如图 4-87 所示。作为对设定位置输入的响应，期望小车在 A 点运动到 B 点无超调，由 B 点运动到 A 点时消耗的控制能量最小。这一要求有其实际的工程背景（如机械手就是要求伸出时的精确位置运动和收回时能量最省），针对这一控制要求，人们需要在 A、B 两点采取不同的控制策略（以下称策略 A 和策略 B）。由于被控对象相对简单，两种控制策略都可以基于最简单的 PID 控制器实现，但是要满足两个判据，需要在两组针对不同控制策略的 PID 参数之间进行折中，为此，可设计一个模糊控制器，由它来完成增益调节工作。

单纯基于 PID 控制的 Simulink 框图如图 4-88 所示。

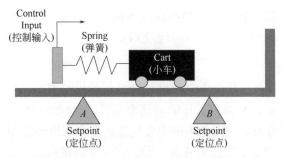

图 4-87　质量-弹簧-阻尼系统

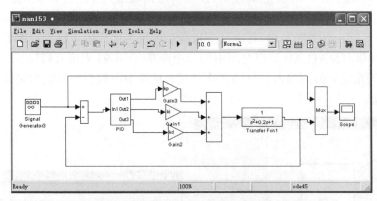

图 4-88　单纯基于 PID 控制的 Simulink 框图

小车的传递函数为 $G(s) = \dfrac{\omega^2}{s^2 + 2\xi\omega s + \omega^2}$ ，其中，自然频率 $\omega=1\text{rad/s}$，阻尼系数 $\xi = 0.1$。

若单纯基于 PID 控制，这里给出两种控制策略下的 PID 参数：

策略 A：$K_P=1$、$K_i=2$、$K_d=3.5$。

策略 B：$K_P=60$、$K_i=4$、$K_d=14$。

图 4-89 给出了策略 A 时的响应结果曲线，图 4-90 给出了策略 B 时的响应结果曲线。接下来，再采用 Sugeno 模糊推理系统来实现两种 PID 控制策略的联合。由于在 Sugeno 模糊推理系统中隶属度输出是输入的线性函数，单输入单输出系统的模糊规则如下：

If input is high then output = q · input + r

其中，q 为输入增益；r 为常数。

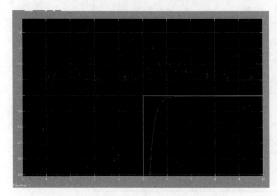

图 4-89　策略 A 时的响应结果曲线

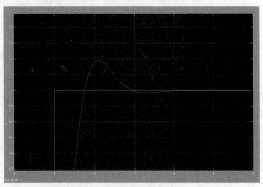

图 4-90　策略 B 时的响应结果曲线

对于本例，需要建立一个 4 输入模糊推理系统。4 个输入为：小车位置、PID 比例控制参数、积分控制参数、微分控制参数。推理规则如下：

If 小车 is near A then 控制策略 A

If 小车 is near B then 控制策略 B

规则的前件取决于 near A 和 near B 的隶属度函数，规则的后件为 3 个增益。由于 3 个增益可以由一个隶属度函数确定，因此本例需要构造两个隶属度函数和两条推理规则。图 4-91 为模糊推理系统编辑器（FIS）的用户界面，通过它来生成模糊控制器的输入和输出。图 4-92 为隶属度函数编辑器。A 点对应论域值 0，B 点对应论域值 1。当小车位置量为 0 时，"小车 is near A" 为 100%真实；当小车位置量为 0.5 时，"小车 is near A" 为 50%真实；当小车位置为 1 时，"小车 is near A" 为 0%真实。一旦通过图形界面设置了模糊控制器参数，就需要将模糊控制器保存为 MATLAB 工作空间中的一个变量。图 4-93 为带有模糊控制器的 Simulink 框图。图 4-94 为系统对方波输入信号的仿真结果。从图中可以看出控制效果满足无超调和省能量的设计要求。

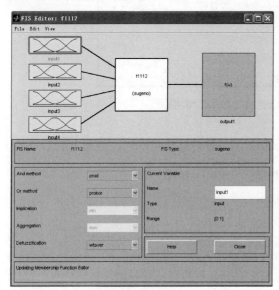

图 4-91　模糊推理系统编辑器(FIS)的用户界面　　图 4-92　隶属度函数编辑器

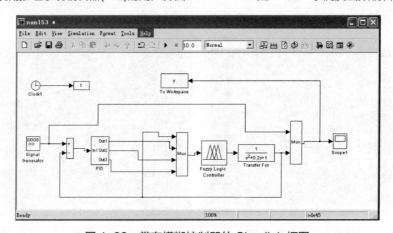

图 4-93　带有模糊控制器的 Simulink 框图

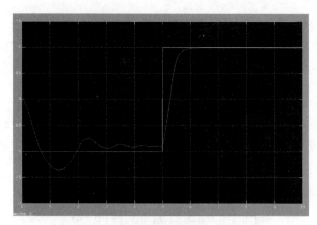

图 4-94　系统对方波输入信号的仿真结果

4.8.2　简易水下机器人偏航角的模糊控制

水下机器人已经成为替代人进行水下作业的重要工具，而其中无缆自主式水下机器人（Autonomous Underwater Vehicle，以下简称 AUV）以其适应性强、智能化程度高、活动范围广等特点，更广泛地应用于水下作业，受到各相关单位的高度重视。由于 AUV 具有进退、浮潜、横移、横倾、纵倾、转艏六个自由度，各自由度之间相互耦合，其运动控制涉及航向、速度、深度、纵倾等诸多模块，水下运动易受海流、波浪、密度、压力等外界环境干扰，运动具有强非线性，加之难以建立精确的数学模型，所以 AUV 的运动控制具有一定的难度，而 AUV 航向控制又是其运动控制中的重要控制部分，精确的航迹控制是其水下作业的基础和前提，是其水下规避障碍、定向巡航的重要保证。

（1）AUV 航向运动建模

① 外形分析　AUV 外形如图 4-95 所示，在 AUV 尾部装有用于改变航行速度的主推进器、用于改变 AUV 深度的水平舵的舵角、用于改变 AUV 航向的垂直舵。通过改变的舵角在其尾部产生艏摇（偏航）力矩，使其做转艏运动来改变 AUV 的航向。本例只讨论通过尾部垂直舵舵角来改变航向的情况。

② 建立坐标系　为便于分析 AUV 的航向控制问题，在水平面建立两个坐标系，一个是大地坐标系 $E\text{-}\xi\eta$，一个是艇体的运动坐标系 $O\text{-}XY$，E 点为地球上任意一点，$E\text{-}\xi$ 轴一般指向 AUV 的主航向，$E\text{-}\eta$ 轴与 $E\text{-}\xi$ 轴垂直并且坐标面 $E\xi\eta$ 与水平面平行。O 点选在 AUV 的重心上，$O\text{-}X$ 轴为 AUV 的纵轴心指向艇艏，$O\text{-}Y$ 轴与 $O\text{-}X$ 轴垂直并且坐标面 OXY 与坐标面 $E\xi\eta$ 平行。AUV 纵向速度为 u（单位是 m/s），横移速度为 v（单位是 m/s），艏摇角（偏航角）为 Ψ（单位是 rad），艏摇角速度为 r（单位是 rad/s），具体坐标系建立如图 4-96 所示。

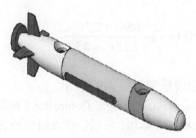

图 4-95　AUV 外形图

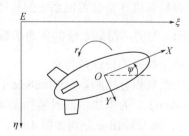

图 4-96　坐标系

③ 航向运动数学模型　大地坐标系是惯性系，适用于牛顿力学定律，而艇体运动坐标系不是惯性坐标系，是为了方便分析 AUV 的水动力，所以在建立运动学模型时，应先在静坐标系也就是大地坐标系中建立航向运动数学模型，再通过一定的转换关系得到动坐标系中的航向运动数学模型。

水下机器人在水下所受的外力和力矩主要有推进力及其力矩、操舵力及其力矩、静水力及其力矩、超重惯性力及其力矩、流体动力及其力矩、环境作用力。忽略在垂直平面的作用力和力矩，结合 AUV 在水平面的运动特征方程，得出 AUV 在速度为定值时的航向运动数学模型。

$$\begin{bmatrix} \dot{\psi} \\ \dot{v} \\ \dot{r} \end{bmatrix} = \begin{bmatrix} 0 & 0 & 1 \\ 0 & a_{11} & a_{12} \\ 0 & a_{21} & a_{22} \end{bmatrix} \begin{bmatrix} \psi \\ v \\ r \end{bmatrix} + \begin{bmatrix} 0 \\ b_{11} \\ b_{21} \end{bmatrix} \delta_r$$

式中，$\begin{bmatrix} a_{11} & a_{12} \\ a_{21} & a_{22} \end{bmatrix} = \boldsymbol{H}^{-1}\boldsymbol{P}$。

$$\begin{bmatrix} b_{11} \\ b_{21} \end{bmatrix} = \boldsymbol{H}^{-1}\boldsymbol{Q}$$

$$\boldsymbol{H} = \begin{bmatrix} m - \dfrac{1}{2}\rho L^3 Y'_{\dot{v}} & -\dfrac{1}{2}\rho L^4 Y'_{\dot{r}} \\ -\dfrac{1}{2}\rho L^4 N'_{\dot{v}} & I_Z - \dfrac{1}{2}\rho L^5 N'_{\dot{r}} \end{bmatrix}$$

$$\boldsymbol{P} = \begin{bmatrix} \dfrac{1}{2}\rho L^2 Y'_{uV} u_0 & \dfrac{1}{2}\rho L^3 Y'_{uV} u_0 - m u_0 \\ \dfrac{1}{2}\rho L^3 N'_{uV} u_0 & \dfrac{1}{2}\rho L^4 N'_{ur} u_0 \end{bmatrix}$$

$$\boldsymbol{Q} = \begin{bmatrix} \dfrac{1}{2}\rho L^2 Y'_{\delta_r} u_0{}^2 \\ \dfrac{1}{2}\rho L^3 N'_{\delta_r} u_0{}^2 \end{bmatrix}$$

其中，δ_r 为 AUV 的方向舵控制指令，rad；m 为 AUV 的质量，kg；ρ 为海水密度，kg/m³；L 为 AUV 的长度，m；Y'_{δ_r} 与 N'_{δ_r} 为相应的水动力系数；u_0 为机器人的实际速度，m/s；可根据机器人的实际速度，得到其相应的近似数学模型。

将相关参数取值并整理得出系统的传递函数。

以 $u_0 = 2$m/s 为例，得到系统的传递函数为 $G_{\psi}(s) = \dfrac{2.56s + 1.71}{s^3 + 1.28s^2 + 0.22s}$。

（2）模糊控制器的设计及仿真

本例采用模糊积分控制器，Simulink 下控制系统模型如图 4-97 所示。

图中 modem2 中的模块内部封装如图 4-98 所示，Fuzzy Logic Controller（模糊逻辑控制器）中输入 e、ce 及输出 u 分别如图 4-99、图 4-100、图 4-101 所示，仿真时间设为 150s，仿真结果如图 4-102 所示。

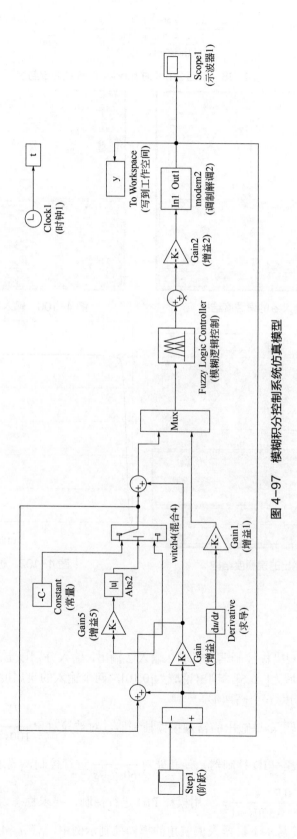

图 4-97　模糊积分控制系统仿真模型

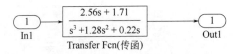

图 4-98 航速 2m/s 时 modem2 模块内部封装

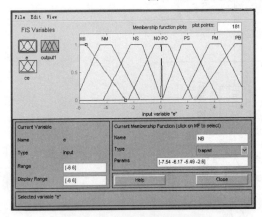

图 4-99 输入 e 的隶属度结构

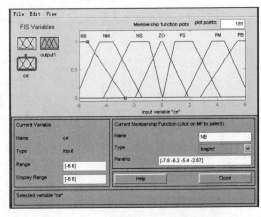

图 4-100 输入 ce 的隶属度结构

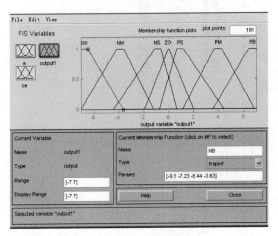

图 4-101 输出的隶属度结构

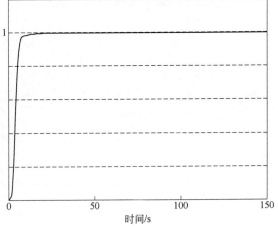

图 4-102 仿真结果图

练习题

1. 设计一个常规模糊控制器，要求 2 输入 2 输出，输入分别以 E、EC 命名，输出以 U1、U2 命名，输入的论域为[-6,6]，输出论域为[0,10]，两个输入的隶属度分别为 7 个三角形和 6 个梯形，两个输出均为 6 个高斯形。

2. 设计一个双输入-单输出的常规模糊控制器，对被控对象 $\dfrac{1}{100s^2 + 20s + 1}$ 进行控制。

3. 设计一个模糊+PID 控制器，使其能对 $\dfrac{1.5}{60s^2 + s}$ 进行控制，要求稳态误差小于 2%。

4. 试对 $\dfrac{0.7}{25000s^2 + 320s + 1}\mathrm{e}^{-76s}$ 用模糊 PID 进行控制，要求稳态误差不大于 5%。

5. 在 4.8.2 节简易水下机器人偏航角的模糊控制示例中，若 u_0=4m/s，对系统进行控制。

第5章 模型预测控制的分析与仿真

预测控制是 20 世纪 70 年代后期提出的一类新型计算机控制算法。它是一种基于模型预测的启发式控制算法，采用输入/输出的非参数形式的阶跃响应及脉冲响应模型作为预测模型。由于这类模型强调的是因果关系，加之在工业过程中用测试方法比较容易得到，而且这种模型不要求对模型结构有先验知识（例如对于线性形式的参数模型中的模型阶次及纯滞后值等），所以受到了广大应用工作者的欢迎。

所谓预测控制，就是将当前的输入通过一个模型（该模型可以代表所控系统，一般为一个函数），输出即为将来系统的结果，利用该结果与设定值进行比较，然后对整个系统进行控制。作为一种面向实际工业过程发展起来的计算机控制算法，预测控制以其易于建模、控制性能较好、鲁棒性强、有效处理约束等特点，一直深受工业控制界的关注，并已在石油、化工、电力冶金、机械等工业部门的控制系统中得到了成功的应用。预测控制是成功应用于工业控制中的先进控制方法之一。各类预测控制算法都有一些共同的特点，归结起来有三个基本特征：①预测模型；②有限时域滚动优化；③反馈校正。这三步一般由计算机程序在线连续执行。

目前常用的预测控制算法主要有：模型算法控制（MAC，Model Algorithm Control）、动态矩阵控制（DMC，Dynamic Matrix Control）、广义预测控制（GPC，Generalize Predictive Control）、广义预测极点配置控制（GPP）、内模控制（IMC）、推理控制（IC）。

由于预测控制具有适应复杂生产过程控制的特点，所以预测控制具有强大的生命力。随着预测控制在理论和应用两方面的不断发展和完善，可以预言它必将在工业生产过程中发挥出越来越大的作用。

模型预测控制工具箱（Model Predictive Control Toolbox）是使用模型预测控制策略的完整工具集，这些技术主要用来解决大规模、多变量过程控制问题，过程中对运算量以及被控变量有一定约束，模型预测控制典型地运用于化工工程以及连续过程控制领域。

模型预测控制工具箱有很多强大的功能。

① 优化方法　模型预测控制方法使用了对象的显示线性动态模型，并预测运行参量的变化对模型的影响。优化问题归结为二次规划问题，在线不断地求解，使用对象的最新测量值作为反馈，并满足所有的约束条件。

② 坚实的基础　模型预测控制工具箱包含了 50 多个特定的 MATLAB 函数，用来支持设计、分析和仿真一个特定系统。

③ 模型表达　该工具箱支持如下的模型表达：有限的阶跃响应（或脉冲响应），连续或

离散时间传递函数及状态空间法。

④ 多变量优化控制　该工具箱能处理带测量干扰的系统,支持各种状态估计技术。另外,可以仿真分析输出变量的操作空间及预测值。

⑤ 仿真和分析　该工具箱中的仿真工具可以测试有约束和无约束系统的伺服和调节响应。

⑥ 模型辨识　对于模型辨识问题,该工具箱提供一个与系统辨识工具箱的方便接口,该工具箱也包含了两个 Simulink 的函数,使用户可以测试非线性对象的性能。

5.1　模型预测基本原理及系统模型

（1）模型预测的基本原理

预测控制主要包括内部模型、反馈校正、滚动优化和参数输入轨迹等几个部分,采用基于脉冲响应的非参数模型作为内部模型,用过去和未来的输入/输出状态,根据内部模型,预测系统未来的输出状态。经过用模型输出误差进行反馈校正以后,再与参考轨迹进行比较,应用二次型性能指标进行滚动优化,然后再计算当前时刻加于系统的控制,完成整个动作循环。

（2）动态预测模型形式

动态预测模型一般分参数模型和非参数模型两种形式。

参数模型的常用形式有:差分方程、状态方程和脉冲传递函数。

非参数模型的常用形式有两种:脉冲响应模型（要求系统为开环稳定对象）、阶跃响应模型（要求系统为开环稳定对象）。

5.2　系统模型辨识函数

为进行模型预测控制器设计,需要根据系统的输入/输出数据建立系统相应的响应模型,这就是系统模型的辨识。MATLAB 模型预测控制工具箱提供以下三类模型辨识函数。

（1）数据向量或矩阵的归一化辨识函数

在获得系统输入/输出的原始数据后,为进行参数估计和模型辨识,一般要对数据进行归一化处理。模型预测控制工具箱提供的三个数据归一化处理的函数都是根据数据的均值和标准差来对数据进行归一化或反归一化处理的。设有数据向量为:

$$\boldsymbol{x} = [x_1, x_2, \cdots, x_n]^{\mathrm{T}}$$

其均值和标准差分别为:

$$\bar{x} = \frac{1}{n}\sum_{i=1}^{n} x_i, \sigma = \sqrt{\frac{\sum_{i=1}^{n}(x_i - \bar{x})^2}{n-1}}$$

进行归一化处理后得到的向量为:

$$\boldsymbol{x} = [\frac{x_1 - \bar{x}}{\sigma}, \frac{x_2 - \bar{x}}{\sigma}, \cdots, \frac{x_n - \bar{x}}{\sigma}]^{\mathrm{T}}$$

具体的函数如表 5-1 所示。

表 5-1　数据向量或矩阵的归一化辨识函数

函数名	功能说明
autosc	矩阵或向量的自动归一化
rescal	由归一化的数据生成原数据
scal	根据指定的均值和标准差归一化矩阵

① autosc。

功能：该函数使矩阵或向量自动归一化。

格式：[ax,mx,stdx]=autosc(x)

说明：其中 x 为数据向量或矩阵。

ax 为归一化后的向量或矩阵，若输入参数 x 为矩阵，则对其每一列进行归一化计算。

mx 为均值向量，当输入参数 x 为矩阵时，mx 为 x 各列向量的均值构成的向量。

stdx 为标准差向量，当输入参数 x 为矩阵时，stdx 为 x 的各列向量的标准差构成的向量。

例 5-1：autosc 示例。

MATLAB 程序：

```
>> x=[1 1 1 2];
>> [ax,mx,stdx]=autosc(x)
```

返回结果：

```
ax =
  -0.5000   -0.5000   -0.5000    1.5000
mx =
   1.2500
stdx =
0.50  00
```

② scal。

功能：根据指定的均值和标准差归一化矩阵。

格式：sx=scal(x,mx)

　　　sx=scal(x,mx,stdx)

说明：x 为数据向量或矩阵。

mx 为均值向量，当输入参数 x 为矩阵时，mx 为 x 各列向量的均值构成的向量。

stdx 为标准差向量，当输入参数 x 为矩阵时，stdx 用于指定对 x 的各列向量进行归一化标准差。

sx 为归一化以后的向量或矩阵，若输入参数 x 为矩阵时，则对每一列进行归一化计算。

例 5-2：scal 示例。

MATLAB 程序：

```
>> x=[1 2;2 1];
s=scal(x,[1 1],[0.5 0.5])
```

返回结果：

```
s =
0    2
2    0
```

③ rescal。

功能：由归一化的数据生成原数据。

格式：rx=rescal(x,mx)

rx=rescal(x,mx,stdx)

说明：x 为数据向量或矩阵。

mx 用于反归一化的均值向量。

stdx 用于反归一化的标准差向量。

rx 为反归一化得到的向量或矩阵。

例 5-3：rescal 示例。

MATLAB 程序：

```
>> x=[1 2;2 1];
s=rescal(x,[1 1],[0.5 0.5])
```

返回结果：

```
s =
1.50  00   2.0000
2.00  00   1.5000
```

（2）基于线性回归方法的脉冲响应模型辨识函数

在获得系统的输入/输出数据之后，可以采用最小二乘法或部分最小二乘法等线性回归方法来计算系统的脉冲响应模型的系数。在线性回归计算之前，需要对原始数据进行预处理，wrtreg 函数完成这一过程，而 plsr 和 mlr 函数分别完成基于多变量最小二乘法和部分最小二乘法的脉冲响应模型辨识，相应的辨识函数如表 5-2 所示。

表 5-2　基于线性回归方法的脉冲响应模型辨识函数

函数名	功能说明
plsr	利用部分最小二乘法回归方法计算 MISO 脉冲响应模型
mlr	利用多变量线性回归计算 MISI 脉冲响应模型
wrtreg	生成用于线性回归计算的数据矩阵

① mlr。

功能：利用多变量线性回归计算 MISI 脉冲响应模型。

格式：[theta,yres]=mlr(xreg,yreg,ninput)

　　　　[theta,yres]=mlr(xreg,yreg,ninput,plotopt,wtheta,wdeltheta)

说明：xreg 为预处理后的输入数据矩阵。

yreg 为预处理后的输出数据矩阵。

ninput 为输入变量的个数。

plotopt 为绘图选项：

● plotopt=0：缺省值，不绘制图形；

● plotopt=1：绘制实际输出和预测输出曲线；

● plotopt=2：绘制实际输出、预测输出以及输出误差。

wtheta 和 wdeltheta 为最小二乘法的加权向量，缺省为 0。

theta 为脉冲响应模型的系数矩阵，该矩阵的每一列对应一个输入到输出的脉冲响应模型系数向量。

yres 为预测误差向量。

② plsr。

功能：利用部分最小二乘法回归方法计算 MISO 脉冲响应模型。

格式：[theta,w,cw,ssqdif,yres]=plsr(xreg,yreg,ninput,lv)

[theta,w,cw,ssqdif,yres]=plsr(xreg,yreg,ninput,lv,plotopt)

说明：xreg 为预处理后的输入数据矩阵。

yreg 为预处理后的输出数据矩阵。

ninput 为输入变量的个数。

plotopt 为绘图选项：

- plotopt=0：缺省值，不绘制图形；
- plotopt=1：绘制实际输出和预测输出曲线；
- plotopt=2：绘制实际输出。

lv 用于指定最大化输入输出协方差的方向的数目。

theta 为脉冲响应模型的系数矩阵。

w、cw、ssqdit 为部分最小二乘法的有关计算结果。

yres 为预测输出误差。

③ wrtreg。

功能：生成用于线性回归计算的数据矩阵。

格式：[xreg,yreg]=wrtreg(x,y,n)

说明：x 为输入数据矩阵。

y 为输出数据矩阵。

n 为脉冲响应模型系数的个数。

xreg 为预处理后的输入数据矩阵。

yreg 为预处理后的输出数据矩阵。

（3）脉冲响应模型转换为阶跃响应模型

因为模型预测控制器的设计主要基于系统阶跃响应模型，因此在完成系统的脉冲响应模型辨识后，一般需要转换为等价的阶跃响应模型。imp2step 函数就是完成这一功能的，介绍如下。

功能：由 MISO 脉冲响应模型生成 MIMO 阶跃响应模型。

格式：plant=imp2step(delt,nout,theta1,theta2,...,theta25)

说明：delt 为脉冲响应模型采用的采样周期。

nout 用于指定输出的稳定性，对于稳定的系统，nout 等于输出的个数，对于一个具有多个积分输出的系统，nout 为一个长度等于输出个数的向量，该向量对应的积分输出的分量为 0，其余的分量为 1。

theta1，theta2，...，theta25 为脉冲响应系数矩阵，维数为$(n \times ny + ny + 2) \times nu$，其中 n 为对应每个输入的系数个数，nu 和 ny 分别为输入和输出变量的个数。

（4）模型的校验辨识函数

在完成模型辨识后，可以利用函数 validmod 来完成对辨识模型的校验，介绍如下。

功能：利用新的数据检验 MISO 脉冲响应模型。

格式：yres=validmod(xreg,yreg,theta)

　　　　yres=validmod(xreg,yreg,theta,plotopt)

说明：xreg 为经过预处理的输入校验数据。

yreg 为经过预处理的输出校验数据。

theta 为脉冲响应模型的系数矩阵。

plotopt 为绘图选项：

- plotopt=0：缺省值，不绘制图形；
- plotopt=1：绘制实际输出和预测输出曲线；
- plotopt=2：绘制实际输出。

yres 为输出预测误差。

5.3 系统模型建立与转换函数

MATLAB 的模型预测控制工具箱中提供了一系列函数，完成多种模型转换和复杂系统模型的建立功能。在模型预测控制工具箱中使用了两种专用的系统模型格式，即 MPC 状态空间模型和 MPC 传递函数模型。这两种模型格式分别是状态空间模型和传递函数模型在模型预测控制工具箱中的特殊表达形式，同时也支持连续和离散模型的表达，并在 MPC 传递函数模型中增加了对纯迟延的支持。

（1）系统模型的建立

系统模型的建立函数如表 5-3 所示。

表 5-3　系统模型的建立函数

函数名	功能说明
addmod	计算闭环系统模型函数
addmd	向对象的输出添加测量扰动信号模型函数
addumd	向对象的输出添加未测量扰动信号模型函数
paramod	计算两个系统的并联模型函数
sermod	计算两个系统的串联模型函数
appmod	计算两个状态空间模型的增广系统模型函数

① addmod。

功能：计算闭环系统模型函数。

格式：pmod=addmod(mod1,mod2)

说明：mod1、mod2 分别为两个 MPC mod 系统，mod2 的输出叠加到 mod1 的输入。pmod 为闭环系统模型。

例 5-4：将两个 MPC mod 系统连接成闭环系统。

MATLAB 程序：

```
num=[1 2];
den=[1 2 1 5];
num1=[3 2];
den1=[2 1 5];
tf1=poly2tfd(num,den,0,0);
tf2=poly2tfd(num1,den1,0,0);
m1=tfd2mod(0.1,1,tf1);
m2=tfd2mod(0.1,1,tf2);
p=addmod(m1,m2)
```

运行结果：

```
p =
0.1000    5.0000    2.0000         0         0    1.0000         0         0
   NaN    2.8073   -2.6306    0.8187    0.1506   -0.1409    1.0000         0
     0    1.0000         0         0         0         0         0         0
     0         0    1.0000         0         0         0         0         0
     0         0         0         0    1.9269   -0.9512         0    1.0000
```

| 0 | 0 | 0 | 0 | 1.0000 | 0 | 0 | 0 |
| 0 | 0.0050 | 0.0009 | -0.0041 | 0 | 0 | 0 | 0 |

② addmd。

功能：向对象的输出添加测量扰动信号模型函数。

格式：model=addmod(pmod,dmod)

说明：pmod 为对象的 MPC mod 模型。

dmod 为测量扰动的 MPC mod 模型。

model 为加入了测量扰动后的 MPC mod 模型。

③ addumd。

功能：向对象的输出添加未测量扰动信号模型函数。

格式：model=addumd(pmod,dmod)

说明：pmod 为对象的 MPC mod 模型。

dmod 为未测量扰动的 MPC mod 模型。

model 为加入了未测量扰动后的 MPC mod 模型。

④ paramod。

功能：计算两个系统的并联模型函数。

格式：pmod=paramod(mod1,mod2)

说明：输入参数 mod1 和 mod2 为两个并联子系统的 MPC mod 模型。

输出参数 pmod 为并联后的 MPC mod 模型。

⑤ sermod。

功能：计算两个系统的串联模型函数。

格式：pmod=sermod(mod1,mod2)

说明：mod1 和 mod2 为两个串联子系统的 MPC 状态空间模型。

pmod 为串联后系统的 MPC 状态空间模型，在该模型中，系统 mod1 的测量输出作为系统 mod2 的控制输入，两个子系统的扰动信号仍然作为串联系统的扰动信号。

⑥ appmod。

功能：计算两个状态空间模型的增广系统模型函数。

格式：pmod=appmod(mod1,mod2)

　　　[pmod,in1,in2,out1,out2]=appmod(mod1,mod2)

说明：mod1 和 mod2 为两个子系统的 MPC 状态空间模型。

pmod 为增广系统的 MPC 状态空间模型。

in1、in2、out1、out2 为增广系统的输入/输出变量，其中，in1、out1 为由子系统 mod1 输入/输出构成的增广系统输入/输出变量，in2、out2 为由子系统 mod2 输入/输出构成的增广系统输入/输出变量。

（2）系统模型的转换函数

在 MATLAB 中用系数矩阵 sos 表示二次分式，g 为比例系数，sos 为 $L\times6$ 的矩阵，即

$$sos = \begin{bmatrix} b_{01} & b_{11} & b_{21} & 1 & a_{11} & a_{21} \\ \vdots & \vdots & \vdots & \vdots & \vdots & \vdots \\ b_{0L} & b_{1L} & b_{2L} & 1 & a_{1L} & a_{2L} \end{bmatrix}$$

MATLAB 中，sos、ss、tf、zp 分别表示二次分式模型、状态空间模型、传递函数模型和零极点增益模型。

MATLAB 提供了模型转换的函数，具体函数如表 5-4 所示。

表 5-4　系统模型的转换函数

函数名	功能说明
ss2tf	将指定输入量的线性系统状态空间模型转换为传递函数模型
tf2ss	将给定各级系统的传递函数模型转换为等效的状态空间模型
ss2zp	将指定输入量的线性系统状态空间模型转换为零极点增益模型
zp2ss	将给定系统的零极点增益模型转换为等效的状态空间模型
tf2zp	将传递函数模型转换为零极点增益模型
zp2tf	将给定系统的零极点增益模型转换为传递函数模型
sos2tf	将二次分式模型转换为传递函数模型
tf2sos	将传递函数模型转换为二次分式模型
sos2zp	将二次分式模型转换为零极点增益模型
zp2sos	将零极点增益模型转换为二次分式模型
sos2ss	将二次分式模型转换为状态空间模型
ss2sos	将状态空间模型转换为二次分式模型
ss2mod	将状态空间模型转换为 MPC mod 模型
mod2ss	将 MPC mod 模型转换为状态空间模型
poly2tfd	将多项式的传递函数模型转换为 MPC 传递函数模型
tfd2mod	将 MPC 传递函数模型转换为 MPC mod 模型
mod2step	将 MPC mod 模型转换为阶跃响应模型
tfd2step	将 MPC 传递函数模型转换为阶跃响应模型
ss2step	将状态空间模型转换为阶跃响应模型
mod2mod	改变 MPC mod 模型的采样周期
th2mod	将 theta 格式模型转换为 MPC mod 模型
c2dmp	将连续时间状态空间模型转换为离散时间状态空间模型
cp2dp	将连续时间状态空间模型转换为离散时间传递函数模型

表 5-4 中函数 ss2tf、tf2ss、ss2zp、zp2ss、tf2zp、zp2tf 在第 2 章中已介绍，这里不再赘述。

① sos2tf。

功能：将二次分式模型 sos 转换为传递函数模型[num,den]。

格式：[num,den]=sos2tf(sos,g)

说明：增益系数 g 默认值为 1。

② tf2sos。

功能：将传递函数模型[num,den]转换为二次分式模型 sos。

格式：[sos,g]=tf2sos(num,den)

说明：g 为增益系数。

③ sos2zp。

功能：将二次分式模型转换为零极点增益模型。

格式：[z,p,k]=sos2zp(sos,g)

说明：增益系数 g 默认值为 1。

④ zp2sos。

功能：将零极点增益模型转换为二次分式模型 sos。

格式：[sos,g]=zp2sos(z,p,k)

说明：g 为增益系数。

⑤ sos2ss。

功能：将二次分式模型 sos 转换为状态空间模型[A,B,C,D]。

格式：[A,B,C,D]=sos2ss(sos,g)

⑥ ss2sos。

功能：将状态空间模型[A,B,C,D]转换为二次分式模型。

格式：[sos,g]=ss2sos(A,B,C,D,iu)

⑦ ss2mod。

功能：通用状态空间模型转换为 MPC 状态空间模型函数。

格式：pmod=ss2mod(A,B,C,D)

　　　　pmod=ss2mod(A,B,C,D,minfo)

　　　　pmod=ss2mod(A,B,C,D,minfo,x0,u0,y0,f0)

说明：A、B、C、D 为通用状态空间矩阵。

minfo 为构成 MPC 状态空间模型的其他描述信息，为 7 个元素的向量，各元素分别定义为：

- minfo(1)=dt，系统采样周期，默认值为 1；
- minfo(2)=n，系统阶次，默认值为矩阵 A 的阶次；
- minfo(3)=nu，受控输入的个数，默认值为系统输入的维数；
- minfo(4)=nd，测量扰动的数目，默认值为 0；
- minfo(5)=nw，未测量扰动的数目，默认值为 0；
- minfo(6)=nym，测量输出的数目，默认值为系统输出的维数；
- minfo(7)=nyu，未测量输出的数目，默认值为 0。

x0、u0、y0、f0 为线性条件，默认值均为 0。如果在输入参数中没有指定 minfo，则取默认值。pmod 为系统的 MPC 状态空间模型格式。

例 5-5：将传递函数 $G(s) = \dfrac{s^2 + 3s + 1}{s^3 + 2s^2 + 3s + 1}$ 转换为 MPC 状态空间模型。

MATLAB 程序：

```
num=[1 3 1];
den=[1 2 3 1];
[A,B,C,D]=tf2ss(num,den)
pmod=ss2mod(A,B,C,D)
```

运行结果：

```
A =
   -2   -3   -1
    1    0    0
    0    1    0
B =
    1
    0
    0
C =
    1    3    1
D =
    0
pmod =
    1    3    1    0    0    1    0
  NaN   -2   -3   -1    1    0    0
```

```
    0    1    0    0    0    0    0
    0    0    1    0    0    0    0
    0    1    3    1    0    0    0
```

⑧ mod2ss。

功能：将 MPC 状态空间模型转换为通用状态空间模型。

格式：[A,B,C,D] =mod2ss(pmod)

　　　[A,B,C,D,minfo] =mod2ss(pmod)

　　　[A,B,C,D,minfo,x0,u0,y0,f0] =mod2ss(pmod)

说明：pmod 为系统的 MPC 状态空间模型格式。

A、B、C、D 为通用状态空间矩阵。

minfo 为构成 MPC 状态空间模型的其他描述信息，其他说明参数见函数 ss2mod。

⑨ poly2tfd。

功能：通用传递函数模型转换为 MPC 传递函数模型。

格式：g=poly2tfd(num,den,delt,delay)

说明：num 为通用传递函数模型的分子多项式系数向量。

den 为通用传递函数模型的分母多项式系数向量。

delt 为采样周期，对连续系统，该参数为 0。

delay 为系统纯时延，对于离散系统，纯时延为采样周期的整数倍。

g 为对象的 MPC 传递函数模型。

例 5-6：将系统 $G(s) = \dfrac{e^{-0.5s}(s+1)}{s^2 + 4s + 4}$ 转换为 MPC 传递函数模型。

MATLAB 程序：

```
num=[1 1];den=[1 4 4];
g=poly2tfd(num,den,0,0.5)
```

显示结果：

```
g =
        0    1.0000    1.0000
   1.0000    4.0000    4.0000
        0    0.5000         0
```

⑩ tfd2mod。

功能：MPC 传递函数模型转换为 MPC 状态空间模型函数。

格式：pmod = tfd2mod(delt,ny,g1,g2,g3,...,g25)

说明：delt 为采样周期。

ny 为输出个数。

g1、g2 等为 SISO 传递函数，对应多变量系统传递函数矩阵的各个元素按行向量顺序排列构成的向量，其最大个数限制为 25。

pmod 为系统的 MPC 状态空间模型。

例 5-7：将系统 $G(s) = \dfrac{s+1}{s^2 + 3s + 6}$ 转换为 MPC 状态空间模型。

MATLAB 命令如下：

```
num=[1 1];den=[1 3 6];
g=poly2tfd(num,den,0,0)
mod1=tfd2mod(0.1,1,g)
```

运行结果：

```
g =
        0    1    1
```

```
        1      3      6
        0      0      0
mod1 =
    0.1000    2.0000    1.0000        0        0    1.0000        0
       NaN    1.6892   -0.7408    1.0000        0        0        0
        0    1.0000        0        0        0        0        0
        0    0.0900   -0.0815        0        0        0        0
```

⑪ mod2step。

功能：MPC 状态空间模型转换为 MPC 阶跃响应模型函数。

格式：plant=mod2step(pmod,tfinal)

　　　　[plant, dplant] = mod2step(mod, tfinal, delt, nout)

说明：pmod 为系统的 MPC 状态空间模型。

tfinal 为阶跃响应模型的截断时间。

delt 为采样周期，默认值由 MPC 状态空间模型的参数 minfo(1)决定。

nout 为输出稳定性向量，用于指定输出的稳定性，对于稳定的系统，nout 等于输出的个数，对于具有一个或多个积分输出的系统，nout 为一个长度等于输出个数的向量，该向量对应积分输出的分量为 0，其余分量为 1。

plant 为对象在被控变量作用下的阶跃响应系数矩阵。

dplant 为对象在振动作用下的阶跃响应矩阵。

⑫ tfd2step。

功能：MPC 传递函数模型转换为 MPC 阶跃响应模型函数。

格式：plant=tfd2step(tfinal,delt,nout,g1)

　　　　plant = tfd2step(tfinal, delt, nout, g1,…,g25)

说明：tfinal 为阶跃响应模型的截断时间。

delt 为采样周期。

nout 为输出稳定性向量，参见函数 mod2step 的有关说明。

g1，g2 等为 SISO 传递函数，对应多变量系统传递函数矩阵的各个元素按行向量顺序排列构成的向量，其最大个数限制为 25。

plant 为对象的阶跃响应系数矩阵。

例 5-8：将系统传递函数 $G(s) = \dfrac{s+2}{s^2+3s+1}$ 转换为阶跃响应模型。

MATLAB 命令如下：

```
num=[1 2];den=[1 3 1];
tf1=poly2tfd(num,den,0,0);
plant=tfd2step(5,0.1,1,tf1);
plotstep(plant)
```

运行结果如图 5-1 所示。

例 5-9：考虑如下的单输入双输出系统的传递函数矩阵：

$$\boldsymbol{G}(s) = \left[\dfrac{2}{s+1} \quad \dfrac{3}{s+2} \right]$$

将多变量系统传递函数模型转换为阶跃响应模型。

MATLAB 命令如下：

```
tf1=poly2tfd(2,[1 1],0,0);
tf2=poly2tfd(3,[1 2],0,0);
plant=tfd2step(5,0.1,2,tf1,tf2);
plotstep(plant)
```

系统在阶跃输入作用下的响应曲线如图 5-2 所示。

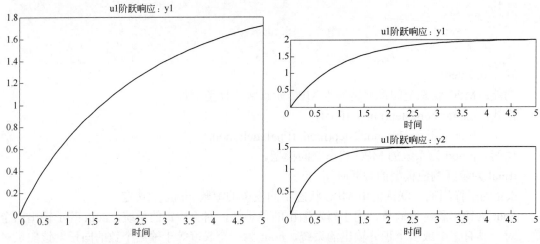

图 5-1　系统阶跃响应曲线（例 5-8）　　图 5-2　多变量系统的阶跃响应曲线（例 5-9）

⑬ ss2step。

功能：通用状态空间模型转换为 MPC 阶跃响应模型函数。

格式：plant=ss2step(A,B,C,D,tfinal)

　　　plant = ss2step(phi, gam, c, d, tfinal, delt1, delt2, nout)

说明：A、B、C、D 为状态空间矩阵。

tfinal 为阶跃响应的截断时间。

delt1 为系统的采样周期，对于连续系统，该参数为 0。

delt2 为阶跃响应模型的采样周期，当指定 delt1 时，默认值为 delt1，当未指定 delt1 时，默认值为 1。

nout 为输出稳定性向量，参见函数 mod2step 的有关说明。

plant 为对象的阶跃响应系数矩阵。

例 5-10：将系统状态空间模型：

$$A = \begin{bmatrix} -2 & -1 \\ 1 & 0 \end{bmatrix}, B = \begin{bmatrix} 1 \\ 0 \end{bmatrix}, C = \begin{bmatrix} 1 & 2 \end{bmatrix}, D = 0$$

转换为阶跃响应模型。

MATLAB 命令如下：

```
A=[-2 -1;1 0];B=[1;0];C=[1 2];D=0;
plant=ss2step(A,B,C,D,5,0,0.2,1);
plotstep(plant)
```

运行结果如图 5-3 所示。

⑭ mod2mod。

功能：改变 MPC 状态空间模型的采样周期函数。

格式：newmod=mod2mod(oldmod,delt)

说明：oldmod 为离散系统原有的 MPC 状态空间模型。

delt 为指定系统新的采样周期。

newmod 为改变采样周期后的系统 MPC 状态空间模型。

例 5-11：考虑二阶对象：

$$G(s) = \frac{s+1}{s^2 + 3s + 6}$$

查看其阶跃响应曲线。

MATLAB 命令如下：

```
num=[1 1];den=[1 3 6];
g=poly2tfd(num,den,0,0);
mod1=tfd2mod(0.1,1,g);
mod2=mod2mod(mod1,0.5);
plant2=mod2step(mod2,5,0.1);
plotstep(plant2)
```

运行结果如图 5-4 所示。

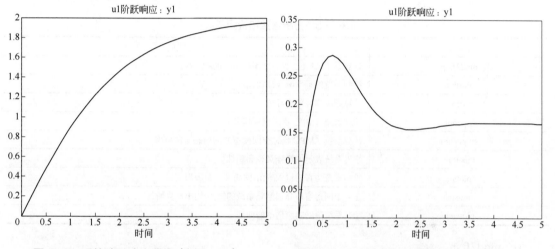

图 5-3　系统阶跃响应曲线（例 5-10）　　图 5-4　二阶对象的阶跃响应曲线（例 5-11）

⑮ th2mod。

功能：系统辨识工具箱的 theta 格式模型转换为 MPC mod 格式函数。

格式：umod=th2mod(th)

　　　[umod,emod] = th2mod(th1,th2,th3,th4,th5,th6,th7,th8)

说明：th 为系统辨识工具箱的 theta 格式模型，参见系统辨识工具箱。

umod 为系统的测量输入对输出影响的 MPC 状态空间模型。

emod 为系统的测量输入对输出影响的 MPC mod 的模型。

⑯ c2dmp。

功能：将连续时间状态空间模型转换为离散时间状态空间模型。

格式：sysd = c2dmp(sys,Ts)

　　　sysd = c2dmp(sys,Ts,method)

说明：sys 是任意连续时间模型，Ts 为采样周期。

sysd 为 Ts 时间采样后的离散时间模型。

● method='zoh'：假设在采样的时间间隔内输入数据是局部常值的。

● method='foh'：假设在采样的时间间隔内输入数据是局部线性的。

⑰ cp2dp。

功能：将连续时间状态空间模型转换为离散时间传递函数模型格式。

格式：[numd,dend]=cp2dp(num,den,delt)

[numd,dend]=cp2dp(num,den,delt,delay)

说明：num 和 den 分别为连续时间传递函数的分子和分母系数向量。

delt 为采样周期。

可选参数 delay 为系统的时延，如果省略则认为无时延。

numd 和 dend 分别为返回的离散时间传递函数的分子和分母系数向量。

5.4　系统分析与绘图函数

MATLAB 模型预测控制工具箱提供了对模型特性的分析函数和绘图函数，见表 5-5。

表 5-5　分析函数和绘图函数

函数名	功能说明
mod2frsp	计算系统（MPC 状态空间模型）的频率响应
plotfrsp	绘制系统的频率响应伯德图
svdfrsp	计算频率响应的奇异值
smpcpole	计算系统（MPC 状态空间模型）的极点
smpcgain	计算系统（MPC 状态空间模型）的稳态增益矩阵
mpcinfo	输出系统表示的矩阵类型和属性
plotall	绘制系统仿真的输入/输出曲线（一个图形窗口）
ploteach	在多个图形窗口分别绘制系统的输入/输出仿真曲线
plotstep	绘制系统阶跃响应模型的曲线

① mod2frsp。

功能：计算 MPC 状态空间模型系统的频率响应函数。

格式：frsp=mod2frsp(mod,freq)

[frsp,eyefrsp]=mod2frsp(mod,freq,out,in,balflg)

说明：

mod：系统 MPC mod 模型。

freq：频率向量，指定对频率区间范围内的频率点的个数。

out：指定输出变量，如果 out=[]，则计算所有输出。

in：指定输入变量，如果 in=[]，则计算所有输入。

balflg：在计算前进行 PHI 矩阵的均衡处理。

frsp：系统的输出频率响应矩阵。

eyefrsp：当频率响应矩阵为方阵时，eyefrsp=I-frsp，I 为单位矩阵。

② plotfrsp。

功能：绘制系统的频率响应伯德图函数。

格式：plotfrsp(vmat)

plotfrsp(vmat,out,in)

说明：

vmat：系统频率响应矩阵。

out：指定输出变量。

in：指定输入变量。

例 5-12：绘制系统 $G(s) = \dfrac{3e^{-4s}}{6s+1}$ 频率响应伯德图。

MATLAB 程序：

```
mpc=poly2tfd(3,[6 1],0,4);
mod=tfd2mod(0.1,1,mpc);
frsp=mod2frsp(mod,[-2,3,50],1,1,0);
plotfrsp(frsp)
```

运行结果如图 5-5 所示。

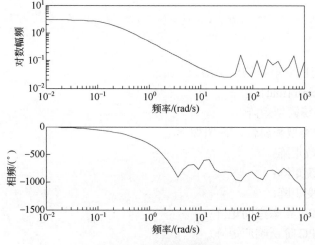

图 5-5 频率响应伯德图

③ svdfrsp。

功能：用于计算系统频率响应矩阵的奇异值。

格式：[sigma,omega]=svdfrsp(vmat)

说明：

vmat：系统的频率响应矩阵。

sigma：频率响应的奇异值矩阵，包含矩阵函数 $F(\omega)$ 的采样值 $F(\omega_1), F(\omega_2), \cdots, F(\omega_N)$ ，如果 $F(\omega_i)$ 最小值为 m ， $\sigma_1(\omega_i), \cdots, \sigma_m(\omega_i)$ 为 $F(\omega_i)$ 的降序排列的奇异值，则有：

$$sigma = \begin{bmatrix} \sigma_1(\omega_1) & \sigma_2(\omega_1) & \cdots & \sigma_m(\omega_1) \\ \sigma_1(\omega_2) & \sigma_2(\omega_2) & \cdots & \sigma_m(\omega_2) \\ \vdots & \vdots & \cdots & \vdots \\ \sigma_1(\omega_N) & \sigma_2(\omega_N) & \cdots & \sigma_2(\omega_N) \end{bmatrix}$$

omega：包含频率的 $\omega_1, \cdots, \omega_N$ 独立变量值的列向量。

④ smpcpole。

功能：计算系统的极点函数。

格式：poles=smpcpole(mod)

说明：mod 为系统的 MPC mod 模型。

poles 为复数向量给出的系统极点。

⑤ smpcgain。

功能：计算系统的稳态增益矩阵函数。

格式：g=smpcgain(mod)

说明：mod 为 MPC 格式的动态模型。

g 为系统的稳态增益矩阵，行数为输出变量数，列数等于输入变量数。

例 5-13：求系统的增益矩阵函数。

MATLAB 程序：

```
g=poly2tfd(4,[4 1],0.3);
mod=tfd2mod(0.1,1,g);
[poles]=smpcgain(mod)
```

运行结果：

```
poles =
    0.8000
```

⑥ mpcinfo。

功能：返回系统模型矩阵的信息函数。

格式：flag=mpcinfo(mat)

说明：mat 为系统模型矩阵。

flag 为该矩阵的类型和属性，说明如下。

- flag<0 为常数矩阵；
- flag=1 为系统矩阵；
- flag=2 为时变矩阵；
- flag=4 为 MPC 状态空间矩阵；
- flag=5 为 MPC 阶跃响应矩阵。

如果系统为 MPC 阶跃模型，输出包含采样周期、输入变量和输出变量的数目、阶跃响应系数的数目。

如果系统为 MPC mod 模型，输出包含采样周期、状态数目、应用输入变量数目、测量扰动和未测量扰动数目、测量输出和未测量输出。

例 5-14：阶跃响应模型。

MATLAB 程序：

```
phi=diag([0.3,0.7,-0.7]);
gam=eye(3);
c=[1 0 0 ; 0 0 1; 0 1 0];
d=[1 0 0 ;zeros(2,3)];
nstep=4;delt=1.5;
plant=mod2step(ss2mod(phi,gam,c,d,delt),(nstep-1)*delt);
mpcinfo(plant)
```

系统返回信息：

```
This is a matrix in MPC Step format.
sampling time= 1.5
number of inputs = 3
number of outputs = 3
number of step response coefficients = 3
All outputs are stable.
ans =
    5
```

⑦ plotall。

功能：绘制系统仿真的输入/输出曲线函数。

格式：plotall(y,u)

　　　　plotall(y,u,t)

说明：y、u 为系统的输入输出变量，其中控制量 u 在绘图之前转换为阶梯的连续数据变量，t 为采样周期。

⑧ ploteach。

功能：在多个窗口绘制系统仿真的输入/输出曲线函数。

格式：ploteach(y)

　　　　ploteach(y,u)

　　　　ploteach([],u)

　　　　ploteach(y,[],t)

　　　　ploteach([],u,t)

　　　　ploteach(y,u,t)

说明：y、u 为系统的输入、输出变量，其中控制量 u 在绘图之前转换为阶梯的连续数据变量，t 为采样周期。

例 5-15：绘制系统 $G(s) = \dfrac{2e^{-3s}}{4s+1}$ 的阶跃响应曲线。

MATLAB 程序：

```
g=poly2tfd(2,[4,1],0,3);
mod=tfd2mod(2,1,g);
P=7;M=4;
ywt=[];
uwt=1;
tend=30;
r=2;
ulim=[-inf inf 100];
ylim=[];delt=2;
[y,u]=scmpc(mod,mod,ywt,uwt,M,P,tend,r,ulim,ylim);
ploteach(y,u,delt)
```

运行结果如图 5-6 所示。

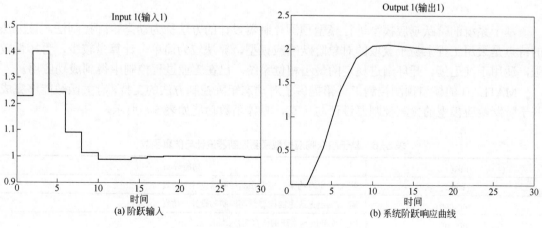

图 5-6　仿真曲线

⑨ plotstep 函数。

功能：绘制系统阶跃响应模型的曲线函数。

格式：plotstep(plant)

```
        plotstep(plant,opt)
```

说明：plant 为对象阶跃响应模型；

opt 为指定输出变量。

例 5-16：绘制系统 $G(s) = \dfrac{3e^{-4s}}{5s+1}$ 的阶跃响应模型曲线。

MATLAB 程序：

```
g=poly2tfd(3,[5 1],0,4);
step=tfd2step(30,2,1,g);
plotstep(step)
```

运行结果如图 5-7 所示。

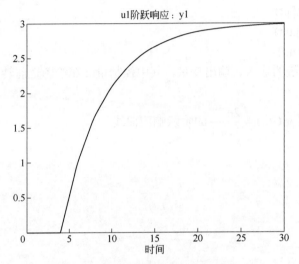

图 5-7　系统阶跃响应曲线（例 5-16）

5.5　基于阶跃响应模型的预测控制器的设计与仿真

基于系统的阶跃响应模型进行模型预测控制器设计的方法称为动态矩阵控制法。该方法的特点是采用工程上易于获取的对象阶跃响应模型，算法较为简单，计算量较少，鲁棒性较强，适用于纯迟延、开环渐进稳定的最小相位系统，已在工业过程控制中得到成功应用。

MATLAB 的模型预测控制工具箱提供了对动态矩阵控制方法的支持，有关函数能够完成基于阶跃响应模型的预测控制器设计与仿真，具体函数功能如表 5-6 所示。

表 5-6　基于阶跃响应模型预测控制器设计与仿真函数

函数名	功能说明
cmpc	输入/输出有约束的模型预测控制器设计与仿真
mpccon	输入/输出无约束的模型预测控制器设计与仿真
mpcsim	模型预测控制系统的仿真(输入/输出无约束)
mpccl	计算模型预测控制系统的闭环模型

① cmpc。

功能：用于在系统输入/输出变量有约束的情况下进行模型预测控制器的设计和仿真。

格式：yp= cmpc(plant,model,ywt,uwt,M,P,tend,r)

　　　　[yp,u,ym]=cmpc(plant,model,ywt,uwt,M,P,tend,r,ulim,ylim,tfilter,dplant,dmodel,...

dstep)

说明：

plant：对象的实际 MPC 阶跃响应模型。

model：辨识的 MPC 阶跃响应模型。

ywt：二次型性能指标的输出误差加权矩阵，如果 ywt 非空，则 ywt 必须有 ny 列（ny 为系统输出的个数）。

uwt：二次型性能指标的控制量加权矩阵，如果 uwt 非空，则 uwt 必须有 nu 列（nu 为系统输入的个数）。

M：控制时域长度。

P：预测时域长度。

tend：仿真的结束时间。

r：输出设定值或参考轨迹。

$$r = \begin{bmatrix} r_1(1) & r_2(1) & \cdots & r_{n_y}(1) \\ r_1(2) & r_2(2) & \cdots & r_{n_y}(2) \\ \vdots & \vdots & \cdots & \vdots \\ r_1(N) & r_2(N) & \cdots & r_{n_y}(N) \end{bmatrix}$$

其中，$r_i(k)$ 为 $t=kT$ 时刻的第 i 个输出；T 为采样周期。

以下的输入参数为可选参数。

ulim：输入控制变量的约束矩阵，包括输出变量的上下界轨迹，其形式为

$$ulim = \begin{bmatrix} u_{\min,1}(1) & \cdots & u_{\min,n_y}(1) \\ u_{\min,1}(2) & \cdots & u_{\min,n_y}(2) \\ \vdots & \cdots & \vdots \\ u_{\min,1}(N) & \cdots & u_{\min,n_y}(N) \end{bmatrix} \begin{bmatrix} u_{\max,1}(1) & \cdots & u_{\max,n_y}(1) \\ u_{\max,1}(2) & \cdots & u_{\max,n_y}(2) \\ \vdots & \cdots & \vdots \\ u_{\max,1}(N) & \cdots & u_{\max,n_y}(N) \end{bmatrix} \begin{bmatrix} \Delta u_{\max,1}(1) & \cdots & \Delta u_{\max,n_y}(1) \\ \Delta u_{\max,1}(2) & \cdots & \Delta u_{\max,n_y}(2) \\ \vdots & \cdots & \vdots \\ \Delta u_{\max,1}(N) & \cdots & \Delta u_{\max,n_y}(N) \end{bmatrix}$$

第一个矩阵给出下界，第二个矩阵给出上界，第三个矩阵给出扰动变量的扰动极限。

ylim：输出变量的约束矩阵，包括上下界轨迹，缺省为正负无穷。

tfilter：噪声滤波器的时间常数和未测扰动的滞后时间常数，缺省值对应无滤波器和类似阶跃的未测扰动情形。

dplant：输入扰动（所有可测或不可测）模型的阶跃响应矩阵。

dmodel：输入可测扰动模型的阶跃响应系数矩阵。

dstep：对系统的扰动，当指定 dplant 时，必须指定 dstep。

yp：系统的输出。

u：控制变量。

ym：模型预测输出。

② mpccon。

功能：输入/输出无约束的模型预测控制器设计函数。

格式：Kmpc=mpccon(model)

Kmpc=mpccon(model,ywt,uwt,M,P)

说明：

model：开环对象的阶跃响应模型。

ywt：二次型性能指标的输出误差加权矩阵。

uwt：二次型性能指标的控制量加权矩阵。

M：控制时域长度。

P：预测时域长度，当 P=inf 时，表示无限地预测和控制时域长度。

Kmpc：模型预测控制器的增益矩阵。

③ mpcsim。

功能：输入/输出无约束的模型预测控制系统仿真函数。

格式：yp=mpcsim(plant,model,Kmpc,tend,r)

[yp,u,ym]=mpcsim(plant,model,Kmpc,tend,r,usat,tfilter,dplant,dmodel,dstep)

说明：

plant：开环对象的实际阶跃响应模型。

model：辨识得到的开环对象阶跃响应模型。

Kmpc：模型预测控制器的增益矩阵。

tend：仿真的结束时间。

r：输出设定值或参考轨迹。

$$
r = \begin{bmatrix}
r_1(1) & r_2(1) & \cdots & r_{n_y}(1) \\
r_1(2) & r_2(2) & \cdots & r_{n_y}(2) \\
\vdots & \vdots & \cdots & \vdots \\
r_1(N) & r_2(N) & \cdots & r_{n_y}(N)
\end{bmatrix}
$$

其中，$r_i(k)$ 为 $t=kT$ 时刻的第 i 个输出；T 为采样周期。

以下的输入参数为可选参数。

usat：输入控制变量的约束矩阵，包括输出变量的上下界轨迹，其形式为

$$
usat = \begin{bmatrix}
u_{\min,1}(1) & \cdots & u_{\min,n_y}(1) \\
u_{\min,1}(2) & \cdots & u_{\min,n_y}(2) \\
\vdots & \cdots & \vdots \\
u_{\min,1}(N) & \cdots & u_{\min,n_y}(N)
\end{bmatrix}
\begin{bmatrix}
u_{\max,1}(1) & \cdots & u_{\max,n_y}(1) \\
u_{\max,1}(2) & \cdots & u_{\max,n_y}(2) \\
\vdots & \cdots & \vdots \\
u_{\max,1}(N) & \cdots & u_{\max,n_y}(N)
\end{bmatrix}
\begin{bmatrix}
\Delta u_{\max,1}(1) & \cdots & \Delta u_{\max,n_y}(1) \\
\Delta u_{\max,1}(2) & \cdots & \Delta u_{\max,n_y}(2) \\
\vdots & \cdots & \vdots \\
\Delta u_{\max,1}(N) & \cdots & \Delta u_{\max,n_y}(N)
\end{bmatrix}
$$

第一个矩阵给出下界，第二个矩阵给出上界，第三个矩阵给出扰动变量的扰动极限。

tfilter：噪声滤波器的时间常数和未测扰动的滞后时间常数，缺省值对应无滤波器和类似阶跃的未测扰动情形。

dplant：输入扰动（所有可测或不可测）模型的阶跃响应矩阵。

dmodel：输入可测扰动模型的阶跃响应系数矩阵。

dstep：对系统的扰动，当指定 dplant 时，必须指定 dstep。

yp：系统的输出。

u：控制变量。

ym：模型预测输出。

④ mpccl。

功能：计算闭环系统的 MPC 状态空间模型。

格式：[clmod]=mpccl(plant,model,Kmpc)

　　　　[clmod,cmod]=mpccl(plant,model,Kmpc,tfilter,dplant,dmodel)

说明：

plant：对象的实际阶跃响应模型。

model：设计 MPC 控制器的阶跃响应模型。

Kmpc：模型预测控制器的增益矩阵。

tfilter：滤波器的时间常数和噪声动力学参数构成的矩阵。

dplant：表示系统所有扰动的阶跃响应模型。

dmodel：可测扰动的阶跃响应模型。

clmod：模型预测控制闭环系统的 MPC mod 模型。

cmod：控制器的 MPC mod 模型。

5.6　基于状态空间模型的预测控制器的设计与仿真

在 MATLAB 模型预测控制工具箱中，还提供了基于 MPC 状态空间模型的预测控制器设计功能。有关的函数如表 5-7 所示。

表 5-7　基于 MPC 状态空间模型预测控制器设计与仿真函数

函数名	功能说明
scmpc	输入/输出有约束的状态空间模型预测控制器设计
smpccon	输入/输出无约束的状态空间模型预测控制器设计
smpccl	计算输入/输出无约束的模型预测闭环控制系统模型
smpcsim	输入有约束的模型预测控制闭环控制系统仿真
smpcest	状态估计器设计

① scmpc。

功能：用于进行输入/输出有约束条件下的状态空间模型预测控制器设计。

格式：yp=scmpc(pmod,imod,ywt,uwt,M,P,tend,r)

　　　　[yp,u,ym]=scmpc(pmod,imod,ywt,uwt,M,P,tend,r,ulim,ylim,Kest,z,d,w,wu)

说明：

pmod：MPC mod 格式的对象状态空间模型，用于仿真。

imod：MPC mod 格式的对象内部模型，用于预测控制器设计。

ywt：二次型性能指标的输出误差加权矩阵。

uwt：二次型性能指标的控制量加权矩阵。

M：控制时域长度。

P：预测时域长度。

tend：系统仿真所需的时域长度。

r：输出设定值或参考轨迹。

$$r = \begin{bmatrix} r_1(1) & r_2(1) & \cdots & r_{n_y}(1) \\ r_1(2) & r_2(2) & \cdots & r_{n_y}(2) \\ \vdots & \vdots & \cdots & \vdots \\ r_1(N) & r_2(N) & \cdots & r_{n_y}(N) \end{bmatrix}$$

其中，$r_i(k)$ 为 $t=kT$ 时刻的第 i 个输出；T 为采样周期。

以下的输入参数为可选参数。

ulim：输入控制变量的约束矩阵，包括输出变量的上下界轨迹，其形式为

$$ulim = \begin{bmatrix} u_{\min,1}(1) & \cdots & u_{\min,n_y}(1) \\ u_{\min,1}(2) & \cdots & u_{\min,n_y}(2) \\ \vdots & \cdots & \vdots \\ u_{\min,1}(N) & \cdots & u_{\min,n_y}(N) \end{bmatrix} \begin{bmatrix} u_{\max,1}(1) & \cdots & u_{\max,n_y}(1) \\ u_{\max,1}(2) & \cdots & u_{\max,n_y}(2) \\ \vdots & \cdots & \vdots \\ u_{\max,1}(N) & \cdots & u_{\max,n_y}(N) \end{bmatrix} \begin{bmatrix} \Delta u_{\max,1}(1) & \cdots & \Delta u_{\max,n_y}(1) \\ \Delta u_{\max,1}(2) & \cdots & \Delta u_{\max,n_y}(2) \\ \vdots & \cdots & \vdots \\ \Delta u_{\max,1}(N) & \cdots & \Delta u_{\max,n_y}(N) \end{bmatrix}$$

第一个矩阵给出下界，第二个矩阵给出上界，第三个矩阵给出扰动变量的扰动极限。

ylim：输出变量的约束矩阵，包括上下界轨迹，缺省为正负无穷。

Kest：估计器的增益矩阵。

z：测量噪声。

d：测量扰动矩阵。

w：输出未测扰动。

wu：施加到控制输入的未测扰动。

yp：系统的输出。

u：控制变量。

ym：模型预测输出。

② smpccon。

功能：输入/输出无约束的状态空间模型预测控制器设计函数。

格式：Ks=smpccon(imod)

　　　Ks=smpccon(imod,ywt,uwt,M,P)

说明：

imod：用于控制器设计的 MPC mod 模型。

ywt：二次型性能指标的输出误差加权矩阵。

uwt：二次型性能指标的控制量加权矩阵。

M：控制时域长度。

P：预测时域长度。

Ks：预测控制器增益矩阵。

③ smpccl。

功能：计算输入/输出无约束的模型预测闭环控制系统模型函数。

格式：[clmod,cmod]=smpccl(pmod,imod,Ks)

　　　[clmod,cmod]=smpccl(pmod,imod,Ks,Kest)

说明：

pmod：MPC mod 格式的对象状态空间模型。

imod：MPC mod 格式的对象内部模型。

Ks：预测控制器增益矩阵。

Kest：状态估计器的增益矩阵。

clmod：闭环系统的状态空间模型（MRC mod 格式）。

cmod：预测控制器的状态空间模型（MRC mod 格式）。

④ smpcsim。

功能：输入有约束的模型预测控制闭环系统设计与仿真函数。

格式：yp=smpcsim(pmod,imod,Ks,tend,r)

　　　[yp,u,ym]=smpcsim(pmod,imod,Ks,tend,r,usat,Kest,z,d,w,wu)

说明：

pmod：MPC mod 格式的对象状态空间模型，用于仿真。

imod：MPC mod 格式的内部模型，用于预测控制器设计。

Ks：预测控制器增益矩阵。

tend：仿真时间长度。

r：输出设定值或参考轨迹。

$$
r = \begin{bmatrix}
r_1(1) & r_2(1) & \cdots & r_{n_y}(1) \\
r_1(2) & r_2(2) & \cdots & r_{n_y}(2) \\
\vdots & \vdots & \cdots & \vdots \\
r_1(N) & r_2(N) & \cdots & r_{n_y}(N)
\end{bmatrix}
$$

其中，$r_i(k)$ 为 $t=kT$ 时刻的第 i 个输出；T 为采样周期。

以下的输入参数为可选参数。

usat：输入控制变量的约束矩阵，包括输出变量的上下界轨迹，其形式为

$$
usat = \begin{bmatrix}
u_{\min,1}(1) & \cdots & u_{\min,n_y}(1) \\
u_{\min,1}(2) & \cdots & u_{\min,n_y}(2) \\
\vdots & \cdots & \vdots \\
u_{\min,1}(N) & \cdots & u_{\min,n_y}(N)
\end{bmatrix}
\begin{bmatrix}
u_{\max,1}(1) & \cdots & u_{\max,n_y}(1) \\
u_{\max,1}(2) & \cdots & u_{\max,n_y}(2) \\
\vdots & \cdots & \vdots \\
u_{\max,1}(N) & \cdots & u_{\max,n_y}(N)
\end{bmatrix}
\begin{bmatrix}
\Delta u_{\max,1}(1) & \cdots & \Delta u_{\max,n_y}(1) \\
\Delta u_{\max,1}(2) & \cdots & \Delta u_{\max,n_y}(2) \\
\vdots & \cdots & \vdots \\
\Delta u_{\max,1}(N) & \cdots & \Delta u_{\max,n_y}(N)
\end{bmatrix}
$$

第一个矩阵给出下界，第二个矩阵给出上界，第三个矩阵给出扰动变量的扰动极限。

Kest：估计器的增益矩阵。

z：测量噪声。

d：可测扰动。

w：输出不可测扰动。

wu：输入不可测扰动。

yp：系统响应矩阵，包含 M 行 ny 列，其中 $M=\max(\text{fix}(tend=T)+1,2)$。

u：控制变量矩阵，包含与 yp 相同的列，包含 nu 行。

ym：模型预测输出，和 yp 具有相同的结构。

⑤ smpcest。

功能：系统状态估计器设计函数。

格式：对于一般情况，[Kest]=smpcest(imod,Q,R)

对于简化情况，[Kest,newmod]=smpcest(imod)或[Kest,newmod]=smpcest(imod,tau,signoise)

说明：

imod：系统 MPC mod 模型。

Q：未测量扰动方差矩阵。

R：测量噪声方差矩阵。

tau：长度为 ny 的行向量，各个分量用于指定扰动对每个输出影响的特性，每个值为非负常数，可以为 inf，缺省为 0 向量，ny 为系统输出个数。

signoise：长度为 ny 的行向量，给出每个扰动输出的信噪比，缺省为 inf。

Kest：状态估计器增益矩阵。

newmod：修改了 imod 模型后的系统模型，在该模型中使用新的状态来表示扰动的影响。

5.7　模型预测控制工具箱的通用功能函数

模型预测控制工具箱的通用功能函数如表 5-8 所示。

表 5-8　模型预测控制工具箱的通用功能函数

函数名	功能说明
mpc	创建 MPC 控制器
setmpcsignals	设定 MPC 对象模型的信号类型
getname	获取 MPC 预测模型中的 I/O 信号名称
setname	设定 MPC 预测模型中的 I/O 信号名称
getmpcdata	获取私有 MPC 数据结构
setmpcdata	设定私有 MPC 数据结构
mpcprops	提供 MPC 控制器属性的帮助
mpchelp	MPC 属性和函数帮助
mpcverbosity	开关 MPC 工具箱的冗余状态
pack	缩减 MPC 对象在内存中的大小
cloffset	计算从输出扰动到测量输出的 MPC 闭环直流增益
mpcstate	定义 MPC 控制器的状态
trim	对于给定的输入/输出值，计算 MPC 控制器状态的稳态值
getestim	析取用于观测器设计的模型和增益
setestim	修改 MPC 对象的线性状态估计器
getindist	获取输入不可测的扰动模型
setndist	修改输入不可测的扰动模型
getoutdist	获取输出不可测的扰动模型
setoutdist	修改输出不可测的扰动模型
mpcmove	计算 MPC 控制作用
mpcsimopt	指定 MPC 仿真选项
qpdantz	基于 Dantzig-Wolfe 算法求解凸二次型规划

① mpc。

功能：创建 MPC 控制器。

格式及说明：MPCcobj=mpc(plant)为创建一个基于离散时间模型的被控对象 MPC 控制

器。该模型可指定为一个 LTI 对象，也可以指定为一个 IDMODEL 对象。

MPCcobj=mpc(plant,ts)为 MPC 控制器指定了采样时间 ts。一个连续时间被控对象基于采样时间 ts 进行离散化。而对于一个离散时间被控对象，如果它的采样时间与控制器的采样时间 ts 不同，则会被重新采样。如果被控对象是一个没有指定采样时间的离散时间模型，即 plant.ts=-1，那么 MPC 工具箱就假定被控对象是以控制器的采样时间 ts 进行采样的。

MPCcobj=mpc(plant,ts,p,m)指定了预测时域 p 和控制时域 m。

MPCcobj=mpc(plant,ts,p,m,weights)指定了权系数 weighs，包括输入、输入增量和输出的权系数。

MPCcobj=mpc(plant,ts,p,m,weights,MV,OV,DV)指定了操纵变量（MV）和输出变量（OV）的限制。输入扰动的名字和单位也可以在可选输入变量 DV 中指定。

MPCcobj=mpc(models,ts,p,m,weights,MV,OV,DV)指出 model 字段包含了被控对象、不可测扰动、测量扰动和标称线性值的模型。

MPCcobj=mpc 为返回一个空的 MPC 对象。

例 5-17：系统传递函数 $G(s) = \dfrac{s+1}{s^2 + 2s}$，试创建 MPC 控制器。

MATLAB 程序：

```
ts=0.1;
mv=struct('min',-1,'max',1);
p=20;
m=3;
g=mpc(tf([1 1],[1 2 0]),ts,p,m,[],mv)
```

运行结果：

```
MPC object (created on 28-Nov-2008 14:42:50):
--------------------------------------------
Sampling time:     0.1
Prediction Horizon: 20
Control Horizon:    3
Model:
        Plant: [1x1 tf]
   Disturbance: []
        Noise: []
      Nominal: [1x1 struct]
      Output disturbance model: default method (type "getoutdist(g)" for details)
Details on Plant model:
                      ----------
  1 manipulated variables-->|    tf    |
                      |              |--> 1 measured outputs
  0  measured disturbances->|1 inputs |
                      |              |--> 0 unmeasured outputs
  0 unmeasured disturbances->|1 outputs|
                      ----------

Weights: (default)
     ManipulatedVariables: 0
  ManipulatedVariablesRate: 0.1000
         OutputVariables: 1
                     ECR: 100000
Constraints:
 -1 <= MV1 <= 1, MV1/rate is unconstrained, MO1 is unconstrained
```

② setmpcsignals。

功能：设计 MPC 对象模型的信号类型。

格式：P=setmpcsignals(P,SignalType1,Channels1,SignalType2,Channels2,...)

说明：该命令的功能是设定 MPC 被控对象模型 P 的 I/O 通道，P 必须是一个 LTI 对象。有效的信号类型、缩写以及它们表示的通道类型如表 5-9 所示。

表 5-9　有效的信号类型、缩写以及表示的通道类型

信号类型	缩写	通道
manipulated	MV	manipulated variables (input channels)
measureddisturbances	MD	measured disturbances (input channels)
unmeasureddisturbances	UD	unmeasured disturbances (input channels)
measureoutputs	MO	manipulated variables (output channels)
unmeasuredoutputs	UO	manipulated variables (output channels)

P=setmpcsignals(P)将通道赋值为默认值，也就是所有输入值为操纵变量值（MVs），所有输出值为测量输出值（MOs）。更一般地，输入信号若没有明确赋值，则认为就是 MVs，同样，未赋值的输出信号就认为是 MOs。

③ getname。

功能：获取 MPC 预测模型中的 I/O 信号名称。

格式及说明：name=getname(MPCobj,'input',I)，返回第 I 个输入信号的变量名，等价于：name=MPCobj,Model.Plant.InputName{I}。

Name 属性等于 MPCobj.DisturbanceVariables 或 MPCobj.ManipulatedVariables 相应的 Name 域的内容。

name=getname(MPCobj,'output',I)，返回第 I 个输入信号的变量，等价于：name=MPCobj.Model.Plant.OutputName{I}。

Name 属性等于 MPCobj.OutputVariables 相应的 Name 域的内容。

④ setname。

功能：设计 MPC 模型中的 I/O 信号名称。

格式及说明：setname(MPCobj,'input',I,name)：将第 I 个输入信号的变量名改为 name，等价于MPCobj.Model.Plant.InputName{I}=name。要注意到setname也会修改MPCobj.DisturbanceVariables 和 MPC.ManipulatedVariables 的只读 Name 域。

setname(MPCobj,'output',I,name)：第 I 个输出信号的变量名改为 name，等价于：MPCobj.Model.Plant.OutputName{I}。

要注意 setname 也会修改 MPCobj.OutputVariables 的只读 Name 域。

⑤ getmpcdata。

功能：获取私有 MPC 数据结构。

格式：mpcdata=getmpcdata(MPCobj)

说明：mpcdata=getmpcdata(MPCobj)返回 MPC 对象 MPCobj 的私有域 MPCDdata。这里，所有的内在二次规划矩阵、模型、估计器增益在对象初始化时被存储，也可以通过 setmpcdata 命令手动修改私有数据结构。

⑥ setmpcdata。

功能：设计私有 MPC 数据结构。

格式：setmpcdata(MPCobj,mpcdata)

说明：setmpcdata(MPCobj,mpcdata)修改 MPC 对象 MPCobj 的私有域 MPCDdata，其中所有的 QP 矩阵、模型、估计器增益在对象初始化时被存储。

⑦ mpcprops。

功能：提供 MPC 控制器属性的帮助。

格式：mpcprops

说明：显示 MPC 控制器的一般属性的细节。它提供了 MPC 对象所有域的一个完整的列表，列表中给出了每个域的简要描述和相应的默认值。

⑧ mpchelp。

功能：MPC 属性和函数帮助。

格式及说明：mpchelp 提供了模型预测控制工具箱的完整列表。

mpchelp name　提供了函数或是属性 name 的在线帮助。

out=mpchelp('name') 以字符串 out 的形式返回帮助文本。

mpchelp(MPCobj) 显示 MPC 对象 obj 所含函数和属性的完整列表，并提供对象构造器的在线帮助。

mpchelp(MPCobj,'name') 显示 MPC 对象 obj 的函数或属性 name 的帮助。

out=mpchelp(MPCobj,'name') 以字符串 out 的形式返回帮助文本。

⑨ mpcverbosity。

功能：开关 MPC 工具箱的冗余状态。

格式及说明：mpcverbosity on 允许显示 MPC 工具箱在创建和操纵 MPC 对象的过程中所采用的默认操作的信息。

mpcverbosity off 将信息显示关闭。

mpcverbosity 显示冗余的状态。

默认情况下，信息报告是开启的。

⑩ pack。

功能：缩减 MPC 对象在内存中的大小。

格式：pack(MPCobj)

说明：pack(MPCobj)清除所有在 MPC 对象 MPCobj 初始化时建立并存储在 MPCDdata 域中的信息。这样可以减少内存存储 MPC 对象所需要的字节数。对于基于大预测模型的 MPC 对象，推荐在将对象存储到文档中时压缩对象以使文档最小化。

⑪ cloffset。

功能：在稳态无约束情况下，计算从输出扰动到测量输出的 MPC 闭环直流增益。

格式：DCgain=cloffset(MPCobj)

说明：用于在假设没有约束的情况下，基于如图 5-8 所示的 Model.Plant 和显性化 MPC 控制器间的反馈连接，计算从输出扰动到测量输出的直流增益。

由于影响的重叠，增益是通过零位调整参考、测量扰动和不可测量的输入扰动来计算的。

DCgain=cloffset(MPCobj) 返 回 一 个 $n_{ym} \times n_{ym}$ 的直流增益 DCgain，其中 n_{ym} 是

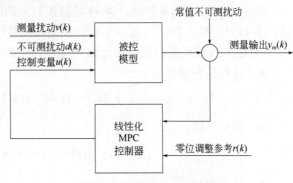

图 5-8　计算输出扰动的影响

被控对象输出的个数，MPCobj 是指定计算闭环增益的控制器的 MPC 对象。

DCgain(i,j)描述从一个输出 j 的附加扰动到测量输出 i 的增益。如果 DCgain 的第 i 行包含所有零点，则输出 i 将不会有任何稳态偏移。

⑫ mpcstate。

功能：定义 MPC 控制器的状态。

格式：x=mpcstate(mpcobj,xp,xd,xn,u)

说明：在基于 MPC 对象 MPCobj 的 MPC 控制算法的状态估计和优化中定义了一个 mpcstate 对象。MPC 控制器的状态包含了状态 $x(k)$、$x_d(k)$ 和 $x_m(k)$ 的估计值，其中 $x(k)$ 是被控对象模型的状态，$x_d(k)$ 是输入和输出扰动模型的全部状态，$x_m(k)$ 是测量噪声模型的状态，同时也是操纵变量的最后一个向量 $u(k-1)$ 的值。全部状态则通过线性状态观测器根据测量输出 $y_m(k)$ 进行修改。

x=mpcstate(mpcobj) 返回一个与 MPC 控制器 MPCobj 兼容的默认的增广初始状态。这个默认状态包含了被控对象的状态和之前以标称值初始化的输入，以及零点处扰动和噪声模型的状态。

⑬ trim。

功能：对于给定的输入/输出值，计算 MPC 控制器状态的稳态值。

格式：x=trim(MPCobj,y,u)

说明：该函数可以为被控对象(如 $\dot{x}=Ax+Bu, y=Cx+Du$)状态向量寻找稳态值，或是为 x 寻找最小二乘的最佳近似值，也可以设定噪声和扰动模型在零点的状态值，以及构成增广状态向量。

⑭ getestim 函数。

功能：析取用于观测器设计的模型和增益。

格式：M=getestim(MPCobj)

说明：扩展了观测器设计中被 MPC 控制器 MPCobj 用到的估计器增益 M。观测器是基于由 MPCobj.Model.Plant、MPCobj.Model.Disturbance、输出扰动模型和 MPCobj.Model.Noise 指定的模型。

状态估计器是基于如下的线性模型的：

$$x(k+1)=Ax(k)+B_u u(k)+B_v v(k)$$
$$y_m(k)=C_m x(k)+D_{vm} v(k)$$

其中，$v(k)$ 是测量扰动；$u(k)$ 是被控对象的控制输入量；$y_m(k)$ 是被控变量的测量输出量；$x(k)$ 是汇集了被控对象、不可测扰动和测量噪声模型的所有状态的状态向量。

MPC 工具箱里使用到的估计器被描述为"状态预估"。估计器方程如下：

● 计算预测输出

$$\hat{y}_m(k|k-1)=C_m \hat{x}(k|k-1)+D_{vm} v(k)$$

● 测量值修正

$$\hat{x}(k|k)=\hat{x}(k|k-1)+M(y_m(k)-\hat{y}_m(k|k-1))$$

● 时间修正

$$\hat{x}(k+1|k)=A\hat{x}(k|k)+B_u u(k)+B_v v(k)$$

合并这 3 个方程，所有状态观测器为：

$$\hat{x}(k+1|k) = (A - LC_m)\hat{x}(k|k) + Ly_m(k)B_u u(k) + (B_v - LD_{vm})v(k)$$

其中，$L = AM$ 。

[M,A,Cm]=getestim(MPCobj)还返回用于观测器设计的矩阵 A 和 C_m 。这包含被控对象模型、扰动模型和偏移。增广状态为：x=[被控对象状态；扰动模型状态；噪声模型状态]。

[M,A,Cm,Bu,Bv,Dvm]=getestim(MPCobj) 得到用于观测器设计的完整线性系统。

[M,model,Index]=getestim(MPCobj,'sys') 得到用于观测器设计的 LTI 状态空间对象形式的完整模型(在 MPC 对象的 Model 域中指定)和总结 I/O 信号类型的可选字段 Index。

模型 model 的增广输入向量是：u=[控制变量；测量扰动；1；噪声激励扰动模型；噪声激励噪声模型]。

模型 model 有一个额外的测量扰动输入 v=1，用于处理可能的非平衡标称值。输入、输出、状态名称以及输入/输出组是为模型 model 定义的。

字段 index 含有的域的具体描述如表 5-10 所示。

表 5-10　字段 index 含有的域

域名	具体描述
manipulatedVariablesIndices	输入向量中的操纵变量索引
measuredDisturbancesIndices	输入向量中测量扰动索引(不包括 offset=1)
offsetIndex	offset=1 的索引
whiteNoiseIndices	输入向量中的白噪声信号的索引
measuredOutputsIndices	输出向量中的测量输出的索引
unmeasuredOutputsIndices	输出向量中不可测输出的索引

⑮ setestim。

功能：修改 MPC 对象的线性状态估计器。

格式：setestim(MPCobj,M)

　　　setestim(MPCobj,'default')

说明：该函数用于修改 MPC 对象的线性估计器增益，状态估计器基于以下的线性模型：

$$x(k+1) = Ax(k) + B_u u(k) + B_v v(k)$$
$$y_m(k) = C_m x(k) + D_{vm}v(k)$$

其中，$v(k)$ 是测量扰动；$u(k)$ 是被控对象的控制输入量；$y_m(k)$ 是被控变量的测量输出量；$x(k)$ 是汇集了被控对象、不可测扰动和测量噪声模型的所有状态的状态向量；x 中的状态的顺序为[被控对象状态；扰动模型状态；噪声模型状态]。

setestim(MPCobj,M)（其中 MPCobj 是一个 MPC 对象）将存在 MPCobj 中的默认的 Kalman 估计器增益改为用矩阵 M 表示。

setestim(MPCobj,'default')恢复默认的 Kalman 增益。

⑯ getindist。

功能：获取输入不可测的扰动模型。

格式：model=getindist(MPCobj)

说明：得到一个线性离散时间传递函数，该函数用于模拟 MPCobj 形式描述的 MPC 对象创建中的不可测输入扰动。模型 model 是一个 LTI 对象，它的输出个数与不可测输入扰动的个数相同，而它的输入个数与输入扰动模型驱动的白噪声信号个数相同。

⑰ setindist。

功能：修改输入不可测的扰动模型。

格式：setindist(MPCobj,'model',model)

说明：将默认的扰动模型施加在不可测输入上，对于每个不可测输入通道都加入一个积分器——除非违背可观性，否则输入就被当作包含单位方差的白噪声（这等价于 MPCobj.Model.Disturbance=[]）来处理。

setindist(MPCobj,'integrators')将输入扰动模型赋给 model(等价于 MPCobj.Model.Disturbance=model)。

⑱ getoutdist。

功能：获取输出不可测的扰动模型。

格式及说明：outdist=getoutdist(MPCobj)得到一个线性离散时间传递函数，该函数用于模拟以 MPCobj 形式描述的 MPC 对象创建中的输出扰动。模型 outdist 是一个 LTI 对象，它的输出个数与"测量+不可测输出"的个数相同，而它的输入个数与输出扰动模型驱动的白噪声信号个数相同。

[outdist,channels]=getoutdist(MPCobj)返回输出通道，在这时累积白噪声作为一个输出扰动模型累加。这仅仅在使用默认输出扰动模型时才有意义，也就是说当 MPCobj.OutputVariables(i).Integrators 对所有通道 i 都为空时，阵列 channels 对用户提供的输出扰动模型都为空。

⑲ setoutdist。

功能：修改输出不可测的扰动模型。

格式及说明：setoutdist(MPCobj,'integrators') 指定默认方法的输出扰动模型，该模型基于存储于 MPCobj.OutputVariables.Integrator 和 MPCobj.Weights.OutputVariables 中的规范。输出积分器是依据以下原则进行添加的：

a. 输出按输出权系数降序排列（假设每个输出通道都考虑了过去时间的时变权系数及绝对值总和）。

b. 按照这样的顺序，每个测量输出都加上一个输出积分器，除非存在下述情形。

● 违背可观性；

● MPCobj.OutputVariables.Integrator 中的对应值为零；

● 对应权系数为零。

当一个积分器被加到一个不可测输出通道时，会给出一个警告信息。

setoutdist(MPCobj,'remove',channels)从以向量 channels 指定的输出通道中移除积分器。这相当于设置 MPCobj.OutputVariables(channels).Integrator=0。Channels 的默认值是(1:ny)，其中 ny 是输出量的总数，这就是指所有输出积分器都被移除了。

setoutdist(MPCobj,'model',model) 替换输出积分器阵列，该阵列在默认情况下是根据 MPCobj.OutputVariables.Integrator 和 LTI 模型 model 设计的。该模型必须有 ny 个输出。如果没有指定 model，那么基于存储在 MPCobj.Output.Variables.Integrator 和 MPCobj.Weights.OutputVariables 中的规范而设计的默认模型就会被采用[如同 setoutdist(MPCobj,'integrators')]。

⑳ mpcmove。

功能：计算 MPC 控制作用。

格式及说明：u=mpcmove(mpcobj,x,ym,r,v) 在给定当前的估计增广状态 $x(k)$、测量输出向量 $y_m(k)$、参考向量 $r(k)$ 和测量扰动向量 $v(k)$ 的情况下，通过解决基于 MPC 控制器 MPCobj 所包含的参数的二次规划问题，来计算当前的输入向量 $u(k)$。x 是一个 mpcstate 对象，用

mpcmove 通过基于增广预测模型的内部状态观测器来修改。在 $k=0$ 时，对默认初始状态 x 的第一次调用可以简单定义为：x=mpcstate(MPCobj)。

[u,Info]=mpcmove(MPCobj,x,ym,r,v)返回包含最优控制计算细节的字段 Info。Info 包含的域及其描述如表 5-11 所示。

表 5-11　Info 包含的域

域名	描述
uopt	预测时域上的最优输入轨迹，返回 $p \times nu$ 的空间阵列
yopt	预测时域上的最优输出轨迹，返回 $p \times ny$ 的空间阵列
xopt	预测时域上的最优状态序列，返回 $p \times nx$ 的空间阵列，其中 n 为增广状态向量的状态总数
topt	预测时间向量(0：$p-1$)
slack	ECR 松弛变量 ε 的最优值
iterations	QP 处理器所需的迭代次数
qpcoe	退出 QP 处理器的代码

要绘制最优输入轨迹，则输入 plot(Topt,Uopt)，最优输出和状态轨迹可以用相似方法绘制。输入、输出和状态序列（Uopt、Yopt、Xopt）以及 Topt 都是符合解决最优化问题的预测的开环最优控制轨迹。最优轨迹也可以帮助理解闭环行为。最优控制变量增量序列可以通过 MPCobj.MPCDatat.MPCstruct.optimalseq 得到。

QPCode 返回 feasible、infeasible 或是 unreliable 这三种值（最后一种出现在因为超出迭代的最大次数 MPCobj.Pptimizer.MaxIter 而使 QP 处理器停止的情况）。当 QPCode='infeasible' 时，u 可以通过调整先前的控制变量最优序列的比率（存储在 MPC 对象 MPCobj 内部的 MPCobj.MPCDatat.MPCstruct.optimalseq 中）和计算该序列对于先前的控制变量向量的第一入口项之和而得到。可以设立不同的候补策略来处理不可（infeasible）的情况，例如放弃 u 而用一个不同的应急决策变量向量来替代。

r 或 v 可以是一个采样信号（没有预先知道的未来参考或扰动），也可以是一个采样信号序列（当想要一个预测的/先行的/预期的影响时）。在后面这种情形下，它们必须是一个行数为 p，列数等于输出/测量扰动个数的阵列。如果行数小于 p，则将最后一个采样信号扩展到剩下的时域，以获得正确的行数。

ym 和 r 的默认值是 MPCobj.Model.Nominal.Y。v 的默认值可以从 MPCobj.Model.Nomian.U 得到。x 的默认值是 mpcstate(MPCobj,MPCobj.Model.Nominal.X,0,0,U0)，其中 U0 是 MPCobj.Model.Nominal.U 对应于操纵变量的入口项。

如果不采用 MPC 块的内部估计器而采用自己的状态观测器来修改 MPC 状态，可以用以下格式：

```
xp=x.plant;xd=x.dist;xn=x.noise;   %保存当前状态
u=mpcmove(MPCobj,x,ym,r,v);   %准备修改 x
%调用状态修改函数：
[xp,xd,xn]=my_estimator(xp,xd,xn,ym);   %修改状态
x.plant=xp;x,dist=xd;x.noise=xn
```

㉑ mpcsimopt。

功能：指定 MPC 仿真选项。

格式：SimOptions=mpcsimopt(mpcobj)

说明：该函数的功能是在用 sim 仿真时指定额外参数而创建@mpcsimopt 类的一个 SimOptions 对象，SimOptions=mpcsimopt(mpcobj)旨在创建了一个空对象 SimOptions，它与 MPC 对象 mpcobj 兼容。

例 5-18：对多输入输出系统在预测模型和真实被控对象模型失配的情况下进行 MPC 控制的仿真。该系统有两个被控变量、两个不可测扰动和两个测量扰动。

MATLAB 程序：

```
p1 = tf(1,[1 2 1])*[1 1; 0 1];
plant = ss([p1 p1]);
plant=setmpcsignals(plant,'MV',[1 2],'UD',[3 4]);
set(plant,'InputName',{'mv1','mv2','umd3','umd4'});
distModel = eye(2,2)*ss(-.5,1,1,0);
mpcobj = mpc(plant,1,40,2);
mpcobj.Model.Disturbance = distModel;
p2 = tf(1.5,[0.1 1 2 1])*[1 1; 0 1];
psim = ss([p2 p2 tf(1,[1 1])*[0;1]]);
psim=setmpcsignals(psim,'MV',[1 2],'UD',[3 4 5]);
dist=ones(1,3);
refs=[1 2];
Tf=100;
options=mpcsimopt(mpcobj);
options.unmeas=dist;
options.model=psim;
sim(mpcobj,Tf,refs,options);
p1 = tf(1,[1 2 1])*[1 1; 0 1];
plant = ss([p1 p1]);
plant=setmpcsignals(plant,'MV',[1 2],'UD',[3 4]);
set(plant,'InputName',{'mv1','mv2','umd3','umd4'});
distModel = eye(2,2)*ss(-.5,1,1,0);
mpcobj = mpc(plant,1,40,2);
mpcobj.Model.Disturbance = distModel;
p2 = tf(1.5,[0.1 1 2 1])*[1 1; 0 1];
psim = ss([p2 p2 tf(1,[1 1])*[0;1]]);
psim=setmpcsignals(psim,'MV',[1 2],'UD',[3 4 5]);
dist=ones(1,3);
refs=[1 2];
Tf=100;
options=mpcsimopt(mpcobj);
options.unmeas=dist;
options.model=psim;
sim(mpcobj,Tf,refs,options);
```

运行结果如图 5-9 所示。

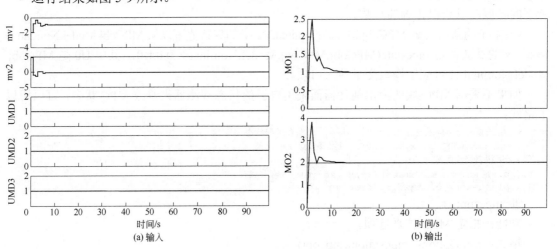

图 5-9　不可测扰动输入和测量输出波形

㉒ qpdantz。

功能：基于 Dantzig-Wolfe 算法求解凸二次规划。

格式：[xopt,lambda,how]=qpdantz(H,f,A,b,xmin)

说明：采用 Dantzig-Wolfe 自动集合法求解如下凸二次规划：

$$\min \frac{1}{2}\boldsymbol{x}^{\mathrm{T}}\boldsymbol{Hx} + \boldsymbol{f}^{\mathrm{T}}\boldsymbol{x}$$

使得 $\boldsymbol{Ax} \leqslant \boldsymbol{b}$，$\boldsymbol{x} \geqslant \boldsymbol{x}_{\min}$ 满足。

黑塞(Hessian)矩阵 H 应该是正定的。默认情况下，$\boldsymbol{x}_{\min}$=1e-5(1×10^{-5})。向量 xopt 是优化器。向量 lambda 包含最优双变量(拉格朗日因子)。

退出标志 how 只能是'feasible' 'infeasible' 'unreliable'三者之一。后者出现在求解器由于允许迭代的最大数 maxiter 溢出而终止的情况下。

求解器在 qpsolver.dll 中实现。Dantzig-Wolfe 算法采用最大梯度方向，而优化常常在大约 $(n+q)$ 次迭代后出现，其中 n=dim(x)是最优变量个数，q=dim(b)是约束的个数。极少情况下会需要超过 $3(n+q)$ 次的迭代。

例 5-19：采用最优化工具箱中的 quadprog 函数和 qpdantz 函数求解随机 QP 问题。

MATLAB 程序：

```
n=50;
H=rand(n,n);H=H'*H;H=(H+H')/2;
f=rand(n,1);
A=[eye(n);-eye(n)];
b=[rand(n,1);rand(n,1)];
x1=quadprog(H,f,A,b);
[x2,how]=qpdantz(H,f,A,b,-100*ones(n,1))
```

运行结果：

```
x2 =
     0.1201    0.1284    0.6400   -0.2538   -0.6560   -0.0214
   -0.2487   -0.4319    0.4371    0.1465   -0.0347    0.0329    0.0152
   -0.0939    0.2944    0.1559    0.4535   -0.0878   -0.0362    0.4592
    0.0874   -0.1015    0.0447    0.2987   -0.0405   -0.2040   -0.5801
    0.0200    0.0057    0.1108   -0.4848   -0.2980    0.0169    0.1836
    0.3824   -0.2212    0.4307    0.1652   -0.4178   -0.5139    0.1335
    0.4964    0.0356    0.0527    0.0034    0.0306    0.2706    0.1987
   -0.5628   -0.8484
how =
          0    0.3695         0         0         0         0         0
     0    0.0808         0         0    0.1259         0         0         0
     0         0         0         0         0         0         0         0
     0         0         0         0    0.2485         0    0.3777         0
     0    0.6967         0    0.1478         0    0.4048         0         0
     0    0.4198         0         0         0         0    0.5981         0
     0         0         0         0         0         0    0.0601         0
     0         0         0         0         0         0         0         0
     0         0         0         0         0         0         0         0
0.4818         0         0         0    0.4237         0         0         0
     0         0    0.1396         0         0         0         0    0.3367
     0         0         0         0         0         0         0         0
     0         0         0         0         0    0.2267         0
```

5.8　单输入单输出系统模型预测实例

例 5-20：已知系统模型为

$$y(k) - 0.496585y(k-1) = 0.5u(k-2) + \xi(k)/\varDelta \qquad \text{式（1）}$$

取参数：$p = n = 2, m = 2, \lambda = 0.8, \alpha = 0.3, \lambda_1 = 1$。

$$y(k) - 1.001676y(k-1) + 0.241714y(k-2) = 0.23589u(k-1) + \xi(k)/\Delta \qquad 式（2）$$

取参数：$p = n = 6, m = 2, \lambda = 0.5, \alpha = 0.35, \lambda_1 = 1$。

RLS 参数初值 $g_{n-1} = 1, f(k+n) = 1, P_o = 10^5 I$，其余为零。$\xi(k)$ 为[-0.2,0.2]均匀分布的白噪声，给定值 y_r 每 50 拍变化一次。

MATLAB 程序：

```
clear;
d0=input(式（1）1，请输入1；式（2），请输入2');
nn=input('时域长度p=');n=input('预测长度n=');m=input('控制长度m=');
t0=input('控制加权系数=');a=input('柔化系数α=');
t1=1;
d1=0;d2=0;d3=0;
d1=input('(n+1)阶方阵P的形式：设置为方阵请输入1；否则按回车键将自动设置为对角阵；');
d2=input('(n+1)阶方阵P的初始值：键盘设置请输入1；否则按回车键自动赋值为1e+5；');
if(d1==1)
    if(d2==1)
        P=input('在方括号[]中，输入(n+1)阶方阵P的值');
    else
        P=(1e+5)*ones(n+1);
    end
else
    if(d2==1)
        PP=input('在方括号[]中，输入(n+1)阶对角方阵P对角线上的值：');
        P=diag(PP);
    else
        P=(1e+1)*eye(n+1);
    end
end
uuu=0;yyy=0;uu=zeros(n,1);u=zeros(m,1);yy=zeros(n,1);y1=zeros(n,1);
Q=zeros(n+1,1);Q(1,1)=1;Q(n+1,1)=1;
T=300;[yr0,t]=gensig('square',100,T,1);
d3=input('输入曲线是否去掉前100步：去掉时请输入1；否则按回车键');
nm=length(t);
for ij=2:nm
    yr=yr0(ij)+1;
        if(d0==1)
        y=1.496585*yy(n,1)-0.496585*yy(n-1,1)+0.5*uu(n-1,1);
        else
        y=2.001676*yy(n,1)-1.24339*yy(n-1,1)+0.24171*yy(n-2,1)+0.23589*uu(n,1);
end
    a9=0;
    for i=1:1
        a9=a9+rand;
    end
    a8=0.01*(a9-6);
    for i=1:n-1
        yy(i,1)=yy(i+1,1);
    end
    yy(n,1)=y;
    yyy=[yyy;y];
    for i=1:n
        X(1,i)=uu(i,1);
    end
    X(1,n+1)=1;K=P*X'*inv(t1+X*P*X');P=(eye(n+1)-K*X)*P/t1;Q=Q+K*(y-X*Q);
    for j=1:m
        for i=n:-1:j
            i1=n-i+j;G(i1,j)=Q(i,1);
```

```
            end
        end
        y0(1:nn-1,1)=y1(2:nn,1);y0(nn,1)=y1(nn,1);y0=y0+(y-y1(1,1));
        for i=1:n
            y1(i,1)=y0(i,1)+u(1,1)*Q(n+1-i,1);
        end
        for i=n+1:nn
            y1(i,1)=y1(n,1);
        end
        f(1:n,1)=y0(1:n,1);
        w=a*y+(1-a)*yr;
        for i=2:n
            w=[w;a^i*y+(1-a^i)*yr];
        end
        u=inv(G'*G+t0*eye(m))*G'*(w-f);
        for i=1:n-1
            uu(i,1)=uu(i+1,1);
        end
        uu(n,1)=u(1,1);
        uuu=[uuu;u(1,1)];
        if(u(1,1)>1)
            u(1,1)=1;
        end
        if(u(1,1)<-1)
            u(1,1)=-1;
        end
    end
    if(d3==1)
        yyy1(1:(T-100),1)=yyy(101:T,1);uuu1(1:(T-100),1)=uuu(101:T,1);
        t1(1:(T-100),1)=t(101:T,1)-100;yr01(1:(T-100),1)=yr0(101:T,1);
        subplot(2,1,1);plot(t1,(yr01+1),t1,yyy1);axis([0,nm-100,-1.5,1.5]);xlabel('t');
ylabel('u')
    else
        subplot(2,1,1);plot(t,(yr0+1),t,yyy);axis([0,nm,0,2.5]);xlabel('t');ylabel
('yr,y')
        subplot(2,1,2);plot(t,uuu);axis([0,nm,-1.5,1.5]);xlabel('t');ylabel('u')
    end
```

仿真结果如图 5-10 和图 5-11 所示。

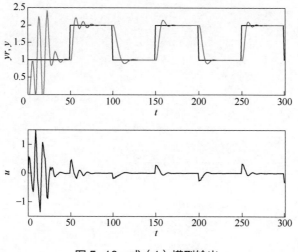

图 5-10　式（1）模型输出

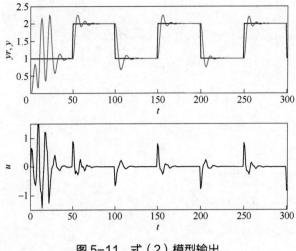

图 5-11 式（2）模型输出

练习题

1．什么是模型预测控制？常用的模型预测控制算法有哪几种？

2．模型预测控制的基本原理是什么？

3．模型预测控制工具箱主要类型有哪些？

第 6 章

系统辨识分析与仿真

基于对被控对象的各种动态特性而进行数学建模的控制理论在工程中已经得到了极其广泛的应用，尤其是复杂的被控对象，其动态过程很难描述，所以在很多情况下就只能通过对输入输出的数据进行建模来了解系统原本的特性。而 MATLAB 的系统辨识工具箱使用时序噪声数据建立复杂系统准确的简化模型。它为用户提供了基于预先得到的输入/输出数据，建立动态系统数学模型的工具。系统辨识工具箱显著的特点是采用灵活的图形用户界面，帮助管理数据和模型。该工具箱提供的辨识技术可以应用于许多领域，包括控制系统设计、信号处理、时序分析和振动分析。

6.1 系统辨识的基本原理和常用辨识模型

6.1.1 系统辨识的基本原理

（1）系统的描述

一个信号处理系统就是将输入信号变换成输出信号的运算过程，在此过程中，输出的信号称为系统对输入信号做出的响应，输入信号称为系统的激励。描述系统的常用方法有以下几种：

① 冲激响应、频率函数和谱　　　　⑤ 估计冲激响应

② 传递函数的多项式表示　　　　　⑥ 估计谱和频率函数

③ 传递函数的状态空间表达　　　　⑦ 估计参数模型

④ 连续时间状态空间模型

（2）系统辨识的基本原理

系统辨识就是在输入和输出数据的基础上，从一组给定的模型中，确定一个与所测系统等价的模型，它包括确定系统数学模型结构和估计数学模型参数，同时也给出了系统辨识的三大基本要素：数据、模型类和准则。所以，辨识的实质就是从一组模型类中选择一个模型，按照某种准则，使之能最好地拟合所关心的实际过程的动态特性。

① 数据是指系统输入、输出观测的信息。这些数据往往是带有噪声的数据。系统辨识时，往往需要对这些数据进行一些预处理。如从数据组中除去趋势项，对数据进行滤波处理等。

② 被辨识系统模型可分为参数模型和非参数模型两大类。参数模型是指差分方程、微分方程、状态方程等形式的数学模型。非参数模型类中主要包括脉冲响应模型和频域描述模型。正确选择模型十分重要。这主要取决于该模型的用途，便于达到设计和分析系统的目的，其次还应在模型的精度和复杂性中求得一致。

③ 关于模型参数估计的性能准则实质上是误差准则，即在所选择的准则下，使估计的模型和实际系统的模型误差最小，因此系统辨识是一个优化问题。

MATLAB 的系统辨识工具箱（System Identification Toolbox）中，包含以下 5 个主要部分：数据预处理、模型结构建立和模型转换、参数模型辨识工具、非参数模型辨识工具、递推参数估计。

6.1.2 常用的模型类

（1）非参数模型类

在非参数模型类中主要包括脉冲响应模型和频域描述模型，如图 6-1 所示。

图 6-1 信号处理系统

假设方框中的系统为线性系统，u 为输入，y 为输出，v 为噪声，则可得出输入输出的关系如下：

$$y(t) = G(q)u(t) + v(t)$$

其中，q 为移位算子；$G(q)u(t)$ 是一种简写形式。

$$G(q)u(t) = \sum_{k=1}^{\infty} g(k)u(t-k)$$

$$G(q) = \sum_{k=1}^{\infty} g(k)q^{-k}; q^{-1}u(t) = u(t-1)$$

其中，q 为时间平移算子；序列 $g(k)$ 称为对象的脉冲响应模型；$v(t)$ 是不可测量的附加干扰（噪声），它的特性可以用它的（自）频谱来表示。

$$\Phi_v(\omega) = \sum_{\tau=-\infty}^{\infty} R_v(\tau)e^{-iw\tau}$$

$$R_v(\tau) = Ev(t)v(t-\tau)$$

这两种参数模型类都不能表示为对象的有限参数模型形式，因此称为非参数模型。

（2）参数模型类

参数模型类实质是利用有限的参数来表示对象的模型。在系统辨识工具箱中支持的参数模型有 ARX 模型、ARMAX 模型、BJ 模型、输出误差模型和状态空间模型。通常都限定为以下特殊的情形：

① ARX 模型：

$$A(q)y(t) = B(q)u(t-nk) + e(t)$$

② ARMAX 模型：

$$A(q)y(t) = B(q)u(t-nk) + C(q)e(t)$$

③ BJ(Box-Jenkins)模型：

$$A(q)y(t) = [B(q)/F(q)]u(t-nk) + [C(q)/D(q)]e(t)$$

④ 输出误差（Output-Error）模型：

$$y(t) = [B(q) / F(q)]u(t - nk) + e(t)$$

⑤ 状态空间模型：

$$x(t+1) = Ax(t) + Be(t)$$
$$y(t) = Cx(t) + Du(t) + v(t)$$

其中，A、B、C 和 D 为状态空间模型的系数矩阵；$v(t)$ 为外界噪声信号。

6.2　系统辨识工具箱函数

6.2.1　模型类的建立和转换

（1）模型建立函数

在 MATLAB 的系统辨识工具箱中提供了许多模型建立函数，如表 6-1 所示。

表 6-1　模型建立函数

函数名	功能
iddata	标准包含输入输出数据的对象
idmodel	基本的模型对象，综合了许多模型的公共特点
idarx	从 ARX 多项式建立 ARX 模型
idgrey	根据 M 文件定义 idgrey 模型
idpoly	构造基于输入输出模型的 idpoly 模型
idss	构造状态空间模型
idfrd	构造 idfrd 模型
init	设置模型的参数
idproc	创建简单、连续时间过程模型

① iddata。

功能：标准包含输入输出数据的对象。

格式：data= iddata(y,u,ts)

　　　data=iddata(y,u)

　　　data=iddata(y,u,ts,'P1',V1,...,'PN',VN)

说明：y 是列向量或 $N×ny$ 的矩阵，y 的列对应于不同的输出频道，类似地，u 是一列向量或 $N×nu$ 的矩阵，u 的列对应于不同的输入频道。data=iddata(y,u,ts)生成一个包含这些输入输出频道的 iddata 对象，ts 是采样区间。对于大部分的应用来讲该构造已经足够了。对于时间序列（没有输入信号），可以使用 data=iddata(y)，或令 u=[]。同样 iddata 对象也可以用于单输入系统，只需令 y=[]。

② init。

功能：设置模型的参数。

格式：m=init(m0)

　　　m=init(m0,R,pars,sp)

说明：该函数随机初始化 idmodel 对象 m0，返回对象 m 具有与 m0 相同的模型结构。m=init(m0,R,pars,sp)给出的参数将在参数 pars 的周围随机化，随机的半径由向量 R 给出，

pars(k)+e×sqrt(R(k))，e 为标准随机数，平均为 0，半径为 1。

- sp='b'：只允许模型稳定并且具有稳定预测器；
- sp='s'：只需要模型稳定；
- sp='p'：缺省值，只需要模型具有稳定预测器。

③ idmodel。

功能：基本模型对象，综合了许多模型的公共特点。

格式：idmodel

说明：对象综合了所有模型如 idarx、idgrey、idpoly 和 idss 的公共特点，所有参数估计都返回 idmodel 对象。

④ idarx。

功能：从 ARX 多项式建立 ARX 模型。

格式：m=idarx(A,B,Ts)

m=idarx(A,B.Ts,'Property1',Value1,...,'PropertyN',ValueN)

说明：多输入输出的 ARX 模型有如下的形式：

$$y(t) + A_1 y(t-1) + A_2 y(t-2) + \cdots + A_{na} y(t-na) = B_0 u(t) + B_1 u(t-1) + \cdots + B_{nb} u(t-nb) + e(t)$$

其中，系数 A_k 为 $ny \times ny$ 维矩阵；B_k 为 $ny \times nu$ 维矩阵（ny 为输出参数个数，nu 为输入参数个数）。

输入参数 A 为 $ny \times ny \times (na+1)$ 维的矩阵使得：

A(:,:,k+1)=A_k；

A(:,:,1)=eye(ny)。

B 为 $ny \times nu \times (nb+1)$ 维的矩阵使得：

B(:,:,k+1)=B_k。

参数 Ts 为采样周期。

例 6-1：模拟一个具有一输入二输出的二阶 ARX 模型并使用模拟数据估计该对象。

MATLAB 程序：

```
A = zeros(2,2,3);
B = zeros(2,1,3)
A(:,:,1) =eye(2);
A(:,:,2) = [-1.5 0.1;-0.2 1.5];
A(:,:,3) = [0.7 -0.3;0.1 0.7];
B(:,:,2) = [1;-1];
B(:,:,3) = [0.5;1.2];
m0 = idarx(A,B,1);
u = iddata([],idinput(300));
e = iddata([],randn(300,2));
y = sim(m0,[u e]);
m = arx([y u],[[2 2;2 2],[2;2],[1;1]]);
```

运行结果：

```
B(:,:,1) =
    0
    0
B(:,:,2) =
    0
    0
B(:,:,3) =
    0
    0
```

⑤ idpoly。

功能：构造基于输入输出模型的 idpoly。

格式：m=idpoly(A,B)

　　　m=idpoly(A,B,C,D,F,Noise Variance,Ts)

　　　m=idpoly(A,B,C,D,F,Noise Variance,Ts,'Property1',Value1,'PropertyN',ValueN)

说明：输入单输出的模型具有如下的格式：

$$A(q)y(t) = \frac{B_1(q)}{F_1(q)}u_1(t-nk_1) + \cdots + \frac{B_{nu}(q)}{F_{nu}(q)}u_{nu}(t-nk_{nu}) + \frac{C(q)}{D(q)}e(t)$$

输入参数 A、B、C、D、F 分别为多项式 $A(q)$、$B(q)$、$C(q)$、$D(q)$、$F(q)$ 的系数矩阵。

如果为单输入系统，则上述的参数均为向量，且 A、B、C、D、F 的第一个元素均为 1；B 则包含 0 元素以表示系统纯时延的大小；对于多输入系统，B 和 F 均为矩阵形式，每一行对应一个输入多项式系数；对于时间序列 B 和 F 为空矩阵 B=[]，F=[]。

NoiseVariance：白噪声序列的方差。

Ts：采样周期 Ts=0 表示连续时间系统。

例 6-2：建立一个 ARMAX 系统。

MATLAB 程序：

```
A=[1 -1.5 0.7];
B=[0 1 0.5];
C=[1 -1 0.2];
m0=idpoly(A,B,C)
```

运行结果：

```
A(q)y(t) = B(q)u(t) + C(q)e(t)
A(q) = 1 - 1.5 q^-1 + 0.7 q^-2
B(q) = q^-1 + 0.5 q^-2
C(q) = 1 - q^-1 + 0.2 q^-2
```

例 6-3：建立一个连续时间模型。

MATLAB 程序：

```
B=[0 1;1 3];
F=[1 1 0;1 2 4]
m = idpoly(1,B,1,1,F,1,0)
md = c2d(m,0.1)
y = sim(md,[u1 u2])
```

运行结果：

```
F =
    1    1    0
    1    2    4
Continuous-time IDPOLY model: y(t) = [B(s)/F(s)]u(t) + e(t)
B1(s) = 1
B2(s) = s + 3
F1(s) = s^2 + s
F2(s) = s^2 + 2 s + 4
```

⑥ idfrd。

功能：构造 idfrd(Identified Frequency Response Data)模型。

格式：h=idfrd(Response,Freqs,Ts)

　　　h=idfrd(Response,Freqs,Ts,'CovarianceData',Covariance,'SpectrumData',Spec,
'NoiseCovariance',Speccov,'Property1',Value1,'PropertyN',ValueN)

　　　h=idfrd(mod)

h=idfrd(mod,Freqs)

说明：Response 为 3 维 $ny×nu×Nf$ 的阵列，ny 为输出变量个数，nu 为输入变量个数，Nf 为频率点个数，即 Freqs 的长度。Response(ky,ku,kf) 为从输入 ku 在频率 Freqs(kf) 处的复值频率响应。当为 SISO 系统时，Response 可以为一向量。

Freqs 为包含响应频率的长度为 Nf 的列向量。

Ts 是采样时间，Ts=0 表示连续时间系统。

Covariance 为 5 维 $ny×nu×Nf×2×2$ 的阵列，ny 为输出变量个数，nu 为输入变量个数，Nf 为频率点个数。

Covariance($ky,ku,kf,:,:$) 为 Response(ky,ku,kf) 的 2×2 协方差矩阵。

Spec 是可选参数，为 $ny×nu×Nf$ 阵列，Spec($ky1,ky2,kf$) 表示输出 $ky1$ 和 $ky2$ 噪声在 Freqs(kf) 处的交叉频谱。

Spcecov 为 $ny×nu×Nf$ 阵列，频谱矩阵的方差。

mod 为给定的模型对象，用以从中构造 idfrd 模型。

在离散情况下频率缺省为：Freqs=[1:128]'/128*pi/Ts，这里的 Ts 为 mod 中的采样时间。在连续情况下频率缺省为：Freqs=logspace(log10(pi/Ts/100),log10(10*pi/Ts),128)，其中 Ts 为需要估计模型数据的采样时间。

⑦ idgrey。

功能：根据 M 文件定义 idgrey 模型。

格式：m=idgrey(MfileName,ParameterVector,CDmfile)

m=idgrey(MfileName,ParameterVector,CDmfile,FileArgument,Ts,'Property1',

Value1,...,'PropertyN',ValueN)

说明：MfileName 为 M 文件的文件名。该文件描述了状态空间矩阵如何依赖于被估计的参数。M 文件的格式为：

[A,B,C,D,K,X0]=mymfile(pars,Tsm,Auxarg)

ParameterVector 为列向量，其长度必须等于模型中自由参数的个数。

CDmfile 描述用户编写的 M 文件如何处理连续/离散时间模型。它可以取如下的值：

● CDmfile='cd'：当参数 Tsm=0 时，返回连续时间状态空间模型；当参数 Tsm>0 时，返回离散时间状态空间模型，采样周期为 Tsm，此时 M 文件必须包括采样的程序。

● CDmfile='e'：M 文件始终返回连续时间状态空间模型。

● CDmfile='d'：M 文件始终返回离散时间状态空间模型。

⑧ idss。

功能：构造状态空间模型。

格式：m = idss(A,B,C,D)

m = idss(A,B,C,D,K,X0,Ts)

m = idss(A,B,C,D,K,X0,Ts,'property',value,...)

m = idss(mod)

说明：该函数定义具有如下形式的状态空间模型结构：

$$\tilde{x}(t) = A(\theta)x(t) + B(\theta)u(t) + K(\theta)e(t)$$
$$x(0) = x_0(\theta)$$
$$y(t) = C(\theta)x(t) + D(\theta)u(t) + e(t)$$

输入参数定义：A、B、C、D、K、X0 为状态空间模型矩阵。

Ts 为采样周期，Ts=0 表示连续时间模型。

mod 为给定的 idmodel 模型或 LTI 系统。

⑨ idproc。

功能：创建简单、连续时间过程模型。

格式：m=idproc(Type)

　　　m=idproc(Type,'Property1',Value1,...,'PropertyN',ValueN)

　　　m=pem(Data,Type)

（2）模型转换函数

模型的转换函数可以实现多种模型间的相互转换，模型转换函数也可以从模型中提取所需要的数据。在 MATLAB 的系统辨识工具箱中提供了许多模型转换函数，如表 6-2 所示。

表 6-2　模型转换函数

函数名	功能
c2d	将连续时间模型转换为离散时间模型
d2c	将离散时间模型转换为连续时间模型
noisecnv	将具有噪声通道的 idmodel 对象转换成仅含测量通道的 idmodel 对象
polydata	将模型转换为输入/输出多项式模型
arxdata	从模型中提取 ARX 模型参数
idmodred	对模型降阶（需要控制系统工具箱）
freqresp	计算模型的频率函数
ssdata	将模型转换为状态空间模型
tfdata	将模型转换为传递函数
zpkdata	计算模型的零点、极点和稳定增益
ss,tf,zpk,frd	将系统辨识工具箱中模型对象转换为控制工程工具箱中的 LTI 模型

① c2d。

功能：将连续时间模型转换为离散时间模型。

格式：sysd = c2d(sys,Ts)

　　　sysd = c2d(sys,Ts,method)

　　　[sysd,G] = c2d(sys,Ts,method)

说明：sys 是任意连续时间模型，Ts 为采样周期。

sysd 为采用 Ts 时间采样后的离散时间模型。

method='zoh'：假设在采样的时间间隔内输入数据是局部常值的。

method='foh'：假设在采样的时间间隔内输入数据是局部线性的。

例 6-4：c2d 示例。

MATLAB 程序：

```
H = tf([1 -1],[1 4 5],'inputdelay',0.35)
Hd = c2d(H,0.1,'foh');
pzmap(Hd)
```

运行结果如图 6-2 所示。

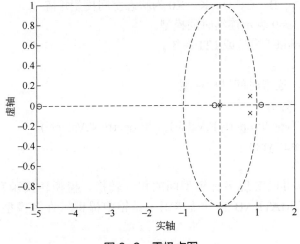

图 6-2　零极点图

② d2c。

功能：将离散时间模型转换为连续时间模型。

格式：sysc=d2c(sysd)

sysc=d2c(sysd,'CovarianceMatrix',cov,'InputDelay',inpd)

说明：sysd 是离散时间模型。

sysc 为返回的连续时间模型。

参数'CovarianceMatrix'用来决定是否允许协方差矩阵转换，在参数中加入'CovarianceMatrix'即可禁止转换。

参数'InputDelay'决定是否允许时延进行逼近，如允许逼近，则在参数中加入'InputDelay'即可。

例 6-5：将离散时间模型转换为连续时间模型。

MATLAB 程序：

```
Ts = 0.1;
H = zpk(-0.2,-0.5,1,Ts) * tf(1,[1 1 0.4],Ts);
Hc = d2c(H);
```

运行结果：

```
Ts =
    0.1000
Zero/pole/gain:
       (z+0.2)
  (z+0.5) (z^2  + z + 0.4)
zero/pole/gain:
    -33.6556 (s-6.273) (s^2  + 28.29s + 1041)
    (s^2  + 9.163s + 637.3) (s^2  + 13.86s + 1035)
```

③ noisecnv。

功能：将具有噪声通道的 idmodel 对象转换成仅含测量通道的 idmodel 对象。

格式：mod1=noisecnv(mod)

mod2=noisecnv(mod,'norm')

说明：mod 是任意 idmodel、idgrey、idpoly 或 idss。

mod 中的噪声输入通道转换如下：

考虑具有测量输入通道 u(nu 个通道)和噪声通道 e(ny 个通道)的模型：

$$y = Gu + He$$
$$\mathrm{cov}(e) = \boldsymbol{\Lambda} = \boldsymbol{LL}^{\mathrm{T}}$$

式中，$\boldsymbol{\Lambda}$ 是协方差阵；$\boldsymbol{L}$ 是下三角阵。注意 mod.NoiseVariance=$\boldsymbol{\Lambda}$，该模型也可描述为：

$$y = Gu + HLv$$
$$\mathrm{cov}(v) = \boldsymbol{I}$$

这时，v 为单位方差的标准噪声源。

mod1=noisecnv(mod)将模型转换为具有 $nu+ny$ 维输入、ny 维输出的[$G\ H$]表示的系统。所有输入作为测量处理，mod1 不含任何噪声，前面的噪声输入通道名为 e@yname，这里，yname是相应的输出名。

mod2=noisecnv(mod,'norm')将模型转换为具有 $nu+ny$ 维输入、ny 维输出的[$G\ HL$]表示的系统。所有输入作为测量处理，mod2 不含任何噪声，前面的噪声输入通道名为 e@yname，这里，yname 是相应的输出名。

假如 mod 是时间序列，即 $nu=0$，mod1 描述具有测量输入通道的传递函数 H，类似地，mod2 描述传递函数 HL。

④ polydata。

功能：将模型转换为输入/输出多项式模型。

格式：[A,B,C,D,F]=polydata(m)

　　　[A,B,C,D,F,dA,dB,dC,Dd,dF]=polydata(m)

说明：dA、dB、dC、dD、dF 是 A、B、C、D、F 的标准差。m 为任意单输出 idmodel模型，对多输出模型，可用[A,B,C,D,F]=polydata(m(ky,:))获取第 ky 个的多项式模型。

⑤ arxdata。

功能：从模型中提取 ARX 模型参数。

格式：[A,B]=arxdata(m)

　　　[A,B,dA,dB]=arxdata(m)

说明：m 为 idpoly 或 idarx 模型对象。arxdata 函数可以用在任何 idarx 模型上，对 idpoly模型必须要求 $nc=nd=nf=0$。

ARX 模型的格式为：

$$y(t) + \boldsymbol{A}_1 y(t-1) + \boldsymbol{A}_2 y(t-2) + \cdots + \boldsymbol{A}_{na} y(t-na) = \boldsymbol{B}_0 u(t) + \boldsymbol{B}_1 u(t-1) + \cdots + \boldsymbol{B}_{nb} u(t-nb) + e(t)$$

对应的输出参数 A 为 $ny \times nu \times (na+1)$ 维的矩阵。

A(:,:,k+1)=$\boldsymbol{A}_k$；

A(:,:,1)=eye(ny)

相应地，B 为 $ny \times nu \times (nb+1)$ 维的矩阵。

B(:,:,k+1)=$\boldsymbol{B}_k$

dA 和 dB 分别为 A 和 B 的标准差。

⑥ idmodred。

功能：模型降阶。

格式：MRED=idmodred(M)

　　　MRED=idmodred(M,ORDER,'DisturbanceModel','None')

说明：M 为给定的 idmodel 对象，降阶后的 MRED 为 idss 模型。该函数需要控制系统工具箱中的一些函数，因此必须安装了控制系统工具箱后，才能使用该函数。

⑦ freqresp。

功能：计算模型的频率函数。

格式：H=freqresp(m)

       [H,w,covH]=freqresp(m,w)

说明：m 为任意 idmodel 或 idfrd 对象。

H=freqresp(m,w)计算 idmodel 对象 m 在频率 w 处的频率响应 H。

[H,w,covH]=freqresp(m,w)同时返回频率向量 w 和协方差矩阵 covH。

⑧ ssdata。

功能：将模型转换为状态空间函数。

格式：[A,B,C,D,K,X0]=ssdata(m)

      [A,B,C,D,K,X0,dA,dB,dC,dD,dK,dX0]=ssdata(m)

说明：m 为给定的 idmodel 的对象，A、B、C、D、K、X0 为对应状态空间模型的系数矩阵。状态空间模型具有如下的形式：

$$\tilde{x}(t) = \boldsymbol{A}x(t) + \boldsymbol{B}u(t) + \boldsymbol{K}e(t)$$
$$x(0) = x_0$$
$$y(t) = \boldsymbol{C}x(t) + \boldsymbol{D}u(t) + e(t)$$

输出参数 dA、dB、dC、dD、dK、dX0 分别对应参数 A、B、C、D、K、X0 的标准差。

例 6-6：ssdata 示例。

MATLAB 程序：

```
mc=idpoly(1,1,1,1,[1 1 1],'Ts',0);
ssdata(mc)
```

MATLAB 返回：

```
ans =
    -1    1
    -1    0
```

⑨ tfdata。

功能：将模型转换为传递函数。

格式：[num,den]=tfdata(m)

      [num,den,sdnum,ssden]=tfdata(m)

      [num,den,sdnum,sdden]=tfdata(m,'v')

说明：m 为任何 idmodel 对象，ny 为输出频道数，nu 为输入频道数。输出参数 num 为 $ny \times nu$ 维的矩阵，num$\{ky,ku\}$ 包含从输入 ku 到输出 ky 的传递函数的分子多项式系数构成矩阵。

类似地，den 为对应传递函数的分母多项式系数构成矩阵。

sdnum、sdden 和 num、den 的形式类似，它们分别包含传递函数分子、分母的导数的系数矩阵。

例 6-7：tfdata 示例。

MATLAB 程序：

```
h = tf([1 1],[1 2 5]);
[num,den] = tfdata(h,'v')
```

运行结果：

```
num =
     0    1    1
den =
     1    2    5
```

⑩ zpkdata。

功能：计算模型的零点、极点和稳定增益。

格式：[z,p,k]=zpkdata(m)

　　　[z,p,k,dz,dp,dk]=zpkdata(m)

　　　[z,p,k,dz,dp,dk]=zpkdata(m,'v')

说明：m 为任意 idmodel 对象，ny 为输出频道数，nu 为输入频道数。输出参数 z 为 $ny \times nu$ 维的矩阵，z{ky,ku}包含从输入 ku 到输出 ky 的转换函数零点，为列向量的形式，其元素可能为复数。类似地，p 为 $ny \times nu$ 维的矩阵，它包含转换函数的极点。

k 为 $ny \times nu$ 维的矩阵，为对象的稳定增益矩阵。

dz 包含零点的协方差矩阵。

dp 包含极点的协方差矩阵。

dk 为一矩阵包含 k 中元素的方差。

例 6-8：zpkdata 示例。

MATLAB 程序：

```
H = zpk({[0];[-0.5]},{[0.3];[0.1+i 0.1-i]},[1;2],-1);
[z,p,k] = zpkdata(H)
```

运行结果：

```
z =
    [      0]
    [-0.5000]
p =
    [   0.3000]
    [2x1 double]
k =
     1
     2
```

⑪ ss，tf，zpk，frd。

功能：将系统辨识工具箱中模型对象转换为控制工程工具箱中的 LTI 模型。

格式：sys=ss(mod)

　　　sys=tf(mod)

　　　sys=zpk(mod)

　　　sys=frd(mod)

说明：mod 为任意 idgrey、idarx、idpoly、idss、idmodel 或 idfrd 模型，idfrd 模型只能转换为 frd 模型；

sys 作为 LTI 模型返回。

6.2.2　非参数模型辨识

非参数模型是指以表示动态系统特性的脉冲响应函数 $g(t)$、频率特性函数 $G(j\omega)$ 或传递函数 $G(s)$ 等形式表示的模型。在 MATLAB 系统辨识工具箱中，有关这种模型的辨识函数，如表 6-3 所示。

表 6-3　非参数模型辨识函数

函数名	功能
covf	估计时间序列的协方差函数
cra	采用相关分析方法估计对象脉冲响应和方差函数
etfe	直接基于快速 Fourier 变换估计对象的频率响应
spa	利用频谱分析方法估计对象的频率响应和噪声频谱
delayest	估计时间滞后
pexcit	测试输入信号的激励度
spafdr	用谱分析法估计频率响应和频谱
feedback	研究 iddata 对象反馈作用

① covf。

功能：估计时间序列的协方差函数。

格式：R=covf(data,M)

　　　R=covf(data,M,maxsize)

说明：

data：iddata 对象。

M：计算协方差函数和互协方差函数的最大延迟。

maxsize：可选参数，用于控制计算所需的存储容量。

R：n 维时间序列协方差和互协方差函数的估计结果，为 n^2M 维矩阵，其元素为：

$$R(i+(j-1)nz,k+1)=\frac{1}{N}\sum_{i=1}^{N}z_f(t)z_f(t+k)=\hat{R}_{ff}(k)$$

② cra。

功能：采用相关分析方法估计对象脉冲响应和方差函数。

格式：cra(data)

　　　[ir,R,c1]=cra(data,M,na,plot)

　　　cra(R)

说明：该函数用于单输入输出对象的相关分析。

data：iddata 对象。

M：指定计算协方差函数的最大延迟，即计算协方差函数计算的时间范围为[-M，M]，缺省值为 20。

na：白化滤波器的阶次。

plot：指定是否绘制脉冲响应曲线或协方差函数曲线，为 0 时不绘制，为 1 时绘制对象的脉冲响应曲线，为 2 时绘制对象的输入输出自相关曲线。

ir：对象脉冲响应的估计。

R：输入输出的协方差函数矩阵。

c1：具有 99%信念因子的脉冲响应估计。

例 6-9：试对一个二阶对象进行 ARX 建模和相关分析，并比较两种方法得到的脉冲响应和阶跃响应。

MATLAB 程序：

```
A=[1 -0.5 0.7];B=[0 1 0.5];
th0=poly2th(A,B);
u=idinput(500,'rbs');
```

```
y=idsim([u,randn(500,1)],th0);
z=[y u];
ir = cra(z);
m = arx(z,[2 2 1]);
imp = [1;zeros(20,1)];
irth = sim(m,imp);
subplot(2,1,1)
plot([ir irth])
title('impulse responses')
subplot(212)
plot([cumsum(ir),cumsum(irth)])
title('step responses')
```

运行结果如图 6-3 所示。

③ etfe。

功能：直接基于快速 Fourier 变换估计对象的频率响应。

格式：g=etfe(data)

g=etfe(data,M,N)

说明：data 为 iddata 对象。

M 是可选参数，指定对频谱估计的平滑操作。

N 为可选参数，指定对计算频率响应的频率向量。

g：对象的频率响应函数。

例 6-10：生成一个周期输入，进行模拟，估计对象的频率响应。

MATLAB 程序：

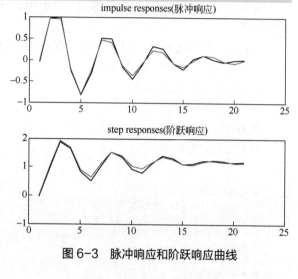

图 6-3　脉冲响应和阶跃响应曲线

```
m=idpoly([1 -1.5 0.7],[0 1 0.5]) ;
u=iddata([],idinput[50,1,10],'sine') ;
u.Period=50 ;
y=sim(m,u) ;
me=etfe([y u])
bode(me,'b*',m)
```

运行结果如图 6-4 所示。

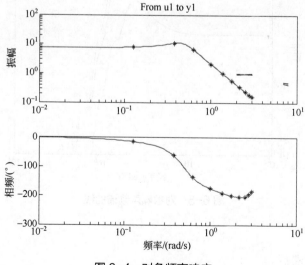

图 6-4　对象频率响应

④ spa。

功能：利用频谱分析方法估计对象的频率响应和噪声频谱。

格式：g=spa(data)

　　　g=spa(data,M,w,maxsize)

　　　[g,phi,spe]=spa(data)

说明：data 为 iddata 对象。

M 是可选参数，滞后窗的宽度，缺省值为 M=min(30,length(data)/10)。

w 为可选参数，为频率向量形式，用于指定计算频谱函数的频率点，缺省值为 w=[1:128]/128*pi/Ts。

maxsize 是可选参数，用于计算过程中的存储与速度控制。

g 为对象的频率响应函数估计。

phi 为噪声的频谱估计。

spe 为输入输出谱。

例 6-11：spa 示例。

MATLAB 程序：

```
a=[1 -1.5 0.7];
b=[0 1 0.5];
m0=idpoly(a,b);
u=iddata([],idinput(300,'rbs'));
e=iddata([],randn(300,1));
y=sim(m0,[u,e]);
z=[y,u];
w=logspace(-2,pi,128);
g=spa(z,[],w);
bode(g,'sd',3)
bode(g('noise'),'sd',3)
```

对象的噪声频谱估计的伯德图，如图 6-5 所示。

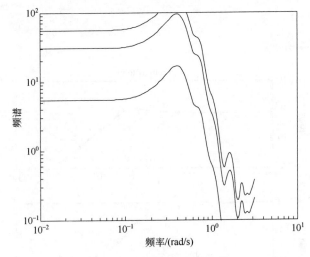

图 6-5　对象噪声频谱曲线

⑤ delayest。

功能：估计时间滞后。

格式：nk=delayest(Data)

nk=delayest(Data,na,nb,nkmin,nkmax)

说明：Data 是一个包含输入/输出的 iddata 对象，也可以是一个 idfrd 对象。

nk 是估计的时间滞后，基于如下模型：

$$y(t) + a_1 y(t-1) + \cdots + a_{na} y(t-na) = b_1 u(t-nk) + \cdots + b_{nb} u(t-nb-nk+1)$$

na 是 A 多项式的阶数（默认值 2），*nb* 是 B 多项式的阶数（默认值 2），nkmin 和 nkmax 是将测试的最小、最大时间滞后，默认值是 nkmin=0，nkmax=nkmin+20。

⑥ pexcit。

功能：测试输入信号的激励度。

格式：ped=pexcit(data)

[ped,maxnr]=pexcit(data,maxnr,threshold)

说明：data 是具有时域信号的 iddata 对象；ped 是输入信号的激励度，直观解释为可以明确估计输入的模型阶数；maxnr 是测试的最大阶数，默认值是 $\min(N/3,50)$，N 为输入数据长度；threshold 是使奇异值有意义的测试临界值，默认值为 le-9(1×10^{-9})。

⑦ spafdr。

功能：用谱分析法估计频率响应和频谱。

格式：g = spafdr(data)

g = spafdr(data,Resol,w)

说明：spafdr 估计如下常规线性模型的传递函数 G 和噪声谱 ϕ_v：

$$y(t) = G(q)u(t) + v(t)$$

这里 $\phi_v(w)$ 是 $v(t)$ 的频谱。

data 是包含输入/输出数据的 iddata 对象，也可以是包含频率响应数据的 idfrd 的对象。

G 是返回的 idfrd 对象，包括 w 点(w 为一向量) $G(e^{j\omega})$ 的估计及 $\phi_v(w)$ 的谱估计信息，其结果以估计的协方差形式表示。

⑧ feedback。

功能：研究 iddata 对象反馈作用。

格式：sys = feedback(sys1,sys2)

sys = feedback(sys1,sys2,sign)

sys = feedback(sys1,sys2,feedin,feedout,sign)

说明：sys1 为前向通道 LTI 模型，sys2 为反馈通道 LTI 模型，二者必须类型相同，即同为连续，或者同为离散。

sign 为正反馈或负反馈，默认情况为负反馈。

feedin、feedout 为多输入多输出中某个输入输出的反馈。

6.2.3　参数模型辨识

用差分方程或状态方程表示的动态模型称为系统的参数模型。系统辨识的任务是用输入和输出数据估计这些参数，建立系统的数学模型。在参数估计中最常用的是最小二乘法（LS）以及一些改进的最小二乘法，另外还有误差预测估计法、辅助变量法（IV 估计）以及其他数学逼近方法。

系统参数模型估计的步骤为：数据预处理；确定模型结构类型和阶次；确定模型参数；模型阶数检验和模型验证。

在 MATLAB 辨识模型中，给出关于损失函数、AIC 准则和标准差等信息，在验证模型的适用性时，可借用这些信息判断所获得的参数模型是否能较好地描述所辨识的实际系统。

MATLAB 系统辨识工具箱支持的参数模型包括 AR、ARX、ARMAX、BJ 模型、状态空间模型和输出误差模型等，提供的相应模型辨识函数如表 6-4 所示。

表 6-4　参数模型辨识函数

函数名	功能
ar	时间序列的 AR 模型辨识
armax	估计 ARMAX 或 ARMA 模型的参数
arx	基于最小二乘法估计的 ARX 模型辨识
bj	基于预测误差方法的 BJ 模型辨识
ivar	基于最优辅助变量选择的 AR 模型辨识
iv4	采用 4 步辅助变量的 ARX 模型辨识
oe	基于预测误差方法的输出误差模型辨识
ivx	采用任意辅助变量的 ARX 模型辨识
n4sid	基于子空间方法的状态空间模型辨识
pem	采用预测误差算法辨识一般线性输入输出模型

① ar。

功能：时间序列的 AR 模型辨识。

格式：m=ar(y,n)

　　　　[m,ref1]=ar(y,n,approach,window,maxsize)

说明：y 为对象在白噪声作用下的输出。

n 是 AR 模型的阶次。

approach 是用于指定参数估计的最小二乘类方法，approach 的取值可为以下情况：

● 'fb'：前向-后向方法为缺省方法，该方法以前向模型和后向模型的预测误差平方和为参数估计的极小化指标。

● 'ls'：标准的最小二乘方估计方法，以前向模型的预测误差平方和为极小化指标。

● 'yw'：采用 YULE-WALKER 方法进行参数估计，该方法通过求解由采样方差构成的 YULE-WALKER 方程获得参数的估计。

● 'burg'：采用 BURG 的基于网格的方法，该方法利用前向和后向平方预测误差的一致均值求解网格滤波器方程，以得到参数的估计。

● 'gl'：采用几何网格方法进行参数估计，该方法利用前向和后向平方预测误差的几何均值求解网格滤波器方程，以得到参数的估计。

window 为选择数据窗口的类型，window 取值有以下几种定义：

● 'now'：无数据窗口，为缺省值。

● 'prw'：采用前向窗口，即测量开始点之前的 n 个输出数据点被置 0，极小化指标的求和下限为 0 时刻，n 为对象 AR 模型阶次。

● 'pow'：采用后向窗口，即测量结束时刻后的 n 个输出数据点被置 0，极小化指标的求和上限为 $N+n$，N 为观测点个数，n 为对象 AR 模型阶次。

● 'ppw'：同时采用前向和后向窗口，即测量开始点之前的 n 个数据和测量结束时刻后的 n 个输出数据点均被置 0，这种数据窗口用于 YULE-WALKER 参数估计方法。

maxsize 用于指定计算过程中允许生成的最大维数，缺省值的设定在文件 idmsize 中完成。

m 为 AR 模型对应的 idpoly 对象格式。

ref1 是当采用基于网格的方法时，ref1 用于返回反射系数和对应的损失函数。

例 6-12：用 AR 模型辨识，绘制系统 $y(t)=\sin t+e(t)$ 频率响应伯德图。

MATLAB 程序：

```
y = sin([1:300]') + randn(300,1);
y = iddata(y);
mb = ar(y,4,'burg');
mfb = ar(y,4);
bode(mb,mfb)
```

运行结果如图 6-6 所示。

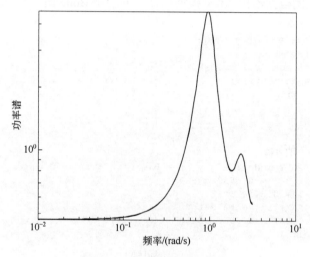

图 6-6　AR 模型辨识功率谱

② armax。

功能：估计 ARMAX 或 ARMA 模型的参数。

格式：m=armax(data,orders)

　　　m=armax(data,'na',na,'nb',nb,'nc',nc,'nk',nk)

　　　m=armax(data,orders,'Property1',Value1,...,'PropertyN',ValueN)

说明：armax 返回的值 m 是一个 idpoly 对象，用于完成基于预测误差的 ARMAX 模型辨识。

data 为包含输入输出数据的 iddata 对象。

模型的次数可以简单地写作(...,'na',na,'nb',nb,...)或设参数 orders 为 orders=[na nb nc nk]，参数 na 为 AR 部分的阶次，nb 为 MA 部分的阶次，nc 为噪声特性的阶次，nk 为对象的纯时延。特别有：

$$na : A(q) = 1 + a_1 q^{-1} + \cdots + a_{na} q^{-na}$$

$$nb : B(q) = b_1 + b_2 q^{-1} + \cdots + b_{nb} q^{-nb+1}$$

$$nc : C(q) = 1 + c_1 q^{-1} + \cdots + c_{nc} q^{-nc}$$

③ arx。

功能：基于最小二乘法估计的 ARX 模型辨识。

格式：m=arx(data,orders)

m=arx(data,'na',na,'nb',nb,'nk',nk)

m=arx(data,orders,'Property1',Value1,...,'PropertyN',ValueN)

说明：data 为包含输入输出数据的基础 iddata 对象。

orders 指定 ARX 模型的阶次和纯时延大小，orders=[na nb nk]，特别有：

$$na: A(q) = 1 + a_1 q^{-1} + \cdots + a_{na} q^{-na}$$

$$nb: B(q) = b_1 + b_2 q^{-1} + \cdots + b_{nb} q^{-nb+1}$$

对于信号输出数据，m 值为 idploy 对象；对于其他的数据，m 为 idarx 对象。

例 6-13：对产生的数据给出 ARX 模型估计，并绘制 Bode 图。

MATLAB 程序：

```
A = [1 -1.5 0.7]; B = [0 1 0.5];
m0 = idpoly(A,B);
u = iddata([],idinput(300,'rbs'));
e = iddata([],randn(300,1));
y = sim(m0, [u e]);
z = [y,u];
m = arx(z,[2 2 1]);
bode(m)
```

运行结果如图 6-7 所示。

```
Discrete-time IDPOLY model: A(q)y(t) = B(q)u(t) + e(t)
A(q) = 1 - 1.477 q^-1 + 0.6752 q^-2
B(q) = 0.994 q^-1 + 0.5134 q^-2
Estimated using ARX from data set z
Loss function 1.00082 and FPE 1.02787
Sampling interval: 1
```

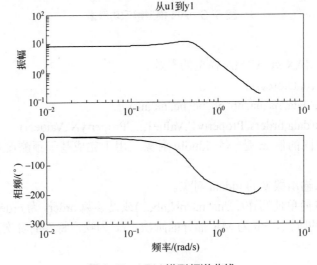

图 6-7　ARX 模型频谱曲线

④ bj。

功能：基于预测误差方法的 BJ 模型辨识。

格式：m=bj(data,orders)

m=bj(data,'nb',nb,'nc',nc,'nd',nd,'nf',nf,'nk',nk)

m=bj(data,orders,'Properyt1',Value1,'Property2',Value2,...)

说明：bj 函数使用预测误差的方法估计 Box-Jenkins 模型：

$$y(t) = \frac{B(q)}{F(q)}u(t-nk) + \frac{C(q)}{D(q)}e(t)$$

data 是包括输入数据的基本 iddata 对象。

模型的阶次可以通过(...,'nb',nb,'nc',nc,'nd',nd,'nf',nf,'nk',nk,...)定义，或利用参数 orders 定义。

orders=[nb nc nd nf nk]

其中，nb、nc、nd、nf 为 Box-Jenkins 模型的阶次，nk 为时延。特别有：

$$nb : B(q) = b_1 + b_2q^{-1} + \cdots + b_{nb}q^{-nb+1}$$

$$nc : C(q) = 1 + c_1q^{-1} + \cdots + c_{nc}q^{-nc}$$

$$nd : D(q) = 1 + d_1q^{-1} + \cdots + d_{nd}q^{-nd}$$

$$nf : F(q) = 1 + f_1q^{-1} + \cdots + f_{nf}q^{-nf}$$

例 6-14：试比较给定数据与 BJ 模型数据。

MATLAB 程序：

```
B = [0 1 0.5];
C = [1 -1 0.2];
D = [1 1.5 0.7];
F = [1 -1.5 0.7];
m0 = idpoly(1,B,C,D,F,0.1);
e = iddata([],randn(200,1));
u = iddata([],idinput(200));
y = sim(m0,[u e]);
z = [y u];
mi = bj(z,[2 2 2 2 1],'MaxIter',0)
m = bj(z,mi,'Maxi',10)
m.EstimationInfo
m = bj(z,m);
compare(z,m,mi)
```

运行结果如图 6-8 所示。

```
Discrete-time IDPOLY model: y(t) = [B(q)/F(q)]u(t) + [C(q)/D(q)]e(t)
B(q) = 0.4607 q^-1 - 2.648 q^-2
C(q) = 1 + 0.3865 q^-1 + 0.5177 q^-2
D(q) = 1 - 0.4419 q^-1 - 0.2967 q^-2
F(q) = 1 - 1.28 q^-1 + 0.3189 q^-2
Estimated using BJ from data set z
Loss function 19.2628 and FPE 20.868
Sampling interval: 1
Discrete-time IDPOLY model: y(t) = [B(q)/F(q)]u(t) + [C(q)/D(q)]e(t)
B(q) = 0.165 q^-1 + 1.198 q^-2
C(q) = 1 + 0.2465 q^-1 + 0.8816 q^-2
D(q) = 1 - 0.04031 q^-1 - 0.4323 q^-2
F(q) = 1 + 0.01337 q^-1 - 0.8127 q^-2
Estimated using BJ from data set z
Loss function 4.72868 and FPE 5.14439
Sampling interval: 1
ans =
          Status: 'Estimated model (PEM)'
          Method: 'BJ'
```

```
        LossFcn: 4.7287
            FPE: 5.1444
       DataName: 'z'
     DataLength: 200
         DataTs: 1
     DataDomain: 'Time'
 DataInterSample: {'zoh'}
       WhyStop: 'Maxiter reached'
     UpdateNorm: 0.8009
 LastImprovement: '0.80093%'
     Iterations: 10
   InitialState: 'Zero'
        Warning: 'None'
```

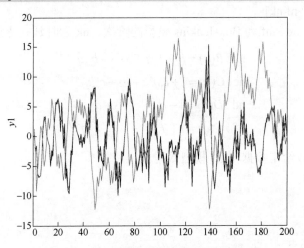

图 6-8 给定数据与 BJ 模型测量输出比较

⑤ ivar。

功能：基于最优辅助变量选择的 AR 模型辨识。

格式：m=ivar(y,na)

　　　m=ivar(y,na,nc,maxsize)

说明：本函数对如下的具有有色噪声输入的 AR 模型进行辨识：

$$A(q)y(t) = v(t)$$

其中，$v(t)$为有色噪声，并且在参数估计过程中被假定为阶次为 nc 的滑动平均过程。

y 为列向量格式的输入序列。

na 指定 AR 模型的阶次。

nc 指定噪声特性的阶次，缺省为 nc=na。

maxsize 用于指定计算过程中允许生成的最大维数，缺省值的设定在文件 idmsize 中完成。

m 为 AR 模型对应的 idpoly 格式。

例 6-15：利用最小二乘法和辅助变量法对过程 $y(t)=\sin(1.2t)+\sin(1.5t)+0.2v$ 进行 AR 模型辨识。

MATLAB 程序：

```
y=iddata(sin([1 :500]'*1.2)+sin([1 :500]'*1.5)+0.2*randn(500,1),[]);
miv=ivar(y,4);
mls=ar(y,4);
bode(miv,mls)
```

运行结果如图 6-9 所示。

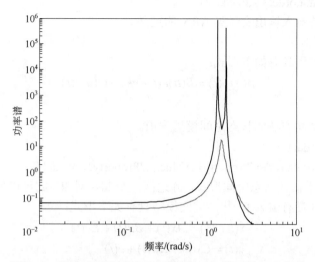

图 6-9 辅助变量选择的 AR 模型与 AR 模型辨识功率谱

⑥ iv4。

功能：采用 4 步辅助变量的 ARX 模型辨识。

格式：m=iv4(data,orders)

m=iv4(data,'na',na,'nb',nb,'nk',nk)

m=iv4(data,orders,'Properyt1',Value1,...,'PropertyN', ValueN)

说明：该函数和 ARX 类似，参数的定义和 ARX 也类似，它们的唯一区别是该函数对模型方程中有色噪声不敏感。

⑦ oe。

功能：基于预测误差方法的输出误差模型辨识。

格式：m=oe(data,orders)

m=oe(data,'nb',nb,'nf',nf,'nk',nk)

m=oe(data,orders,'Property1',Value,...,'Properyt2',Value2,...)

说明：oe 函数使用预测误差的方法估计输出误差模型：

$$y(t) = \frac{B(q)}{F(q)} u(t - nk) + e(t)$$

data 是包含输出输入数据的基本 iddata 对象。

系统结构的信息可以简单地写为(..., 'nb', nb, 'nf', nf, 'nk', nk, ...)或者利用参数 orders 定义。orders=[nb nf nk]，参数 nb、nf 为输出误差模型的阶次，nk 为时延。特别有：

$$nb : B(q) = b_1 + b_2 q^{-1} + L + b_{nb} q^{-nb+1}$$
$$nf : F(q) = 1 + f_1 q^{-1} + L + f_{nf} q^{-nf}$$

常用的 Property 有：'Focus', 'InitialState', 'InputDelay', 'SearchDirection', 'MaxIter', Tolerance', 'LimitError', 'FixedParameter', 'Trace'。

⑧ ivx。

功能：采用任意辅助变量的 ARX 模型辨识。

格式：m=ivx(data,orders,x)

m=ivx(data,orders,x,maxsize)

说明：该函数的输入输出变量见 ARX 的定义。

x 为辅助变量矩阵。

ARMAX 模型方程具有如下形式：

$$A(q)y(t) = B(q)u(t - nk) + C(q)e(t)$$

⑨ n4sid。

功能：基于子空间方法的状态空间模型辨识。

格式：m=n4sid(data)

m=n4sid(data,order,'Property1',Value,...,'PropertyN',ValueN)

说明：n4sid 用于估计状态空间形式，并返回一个 idss 对象。它可以处理任意多的输入输出，包括时间序列（没有输入）。状态空间模型具有如下形式：

$$x(t + Ts) = Ax(t) + Bu(t) + Ke(t)$$
$$y(t) = Cx(t) + Du(t) + e(t)$$

m 为返回的 idss 对象。

data 为包含输入输出数据的 iddata 对象。

order 为状态空间模型所需的阶次，为行向量的形式，缺省为 order=[1:10]，即模型的阶次为 1～10。

函数 n4sid 对所有指定的阶次进行状态空间模型辨识，并绘图比较不同阶次模型的脉冲响应的 hankel 矩阵奇异值，让用户自己选择模型的阶次。

⑩ pem。

功能：采用预测误差算法辨识一般线性输入输出模型。

格式：m=pem(data)

m=pem(data,mi)

m=pem(data,mi,'Property1',Value,...,'PropertyN',ValueN)

m=pem(data,orders)

m=pem(data,'nx',ssorder)

m=pem(data,'na',na,'nb',nb,'nc',nc,'nd',nd,'nf',nf,'nk',nk)

m=pem(data,orders,'Property1',Value,...,'PropertyN',ValueN)

说明：pem 是工具箱中一个基本的估计函数，它包含了许多情况。

m=pem(data)，data 包含输入输出数据的 iddata 对象。

具有初始化条件的模型：

mi 为任何 idmodel 对象，如 idax、idpoly、idss 或 idgrey。

m 为由 mi 定义的模型结构中最适合的模型。

黑箱状态空间模型：

m=pem(data,n)，n 为正整数。

orders 用于指定线性输入输出模型中各个多项式的阶次和纯时延大小，order=[na nb nc nd nf nk]。

函数 pem 可以处理一般的多输入-单输出系统模型：

$$A(q)y(t) = \frac{B_1(q)}{F_1(q)}u_1(t - nk_1) + \cdots + \frac{B_{nu}(q)}{F_{nu}(q)}u_{nu}(t - nk_{nu}) + \frac{C(q)}{D(q)}e(t)$$

6.2.4　递推参数模型辨识

针对各种参数模型提出了相应的递推参数模型估计算法。在 MATLAB 系统辨识工具箱中，提供了适用于各种参数模型的递推参数模型估计函数，如表 6-5 所示。

表 6-5　递推参数模型估计函数

函数名	功能
rarmax	采用递推算法 ARMAX 模型辨识
rarx	基于递推最小二乘法的 ARX 模型辨识
rbj	Box-Jenkins 模型的递推辨识
roe	输入误差模型的递推辨识
rpem	基于递推预测方法的线性/输出模型辨识
rplr	基于伪线性回归的一般线性输入/输出模型辨识
segment	基于数据分段的 ARX、ARMAX 模型辨识

① rarmax。

功能：采用递推算法 ARMAX 模型辨识。

格式：thm=rarmax(z,nn,adm,adg)

　　　[thm,yhat,P,phi,psi]=rarmax(z,nn,adm,adg,th0,p0,phi0,psi0)

说明：该函数只能用于单输入输出对象辨识。

z 为对象的输入输出数据向量，z=[y u]，其中 y 为对象的输出数据列向量，u 为对象的输入数据列向量。当 z=y 时为 AR 模型辨识。

nn 指定 ARX 或 AR 模型的阶次。当为 ARX 模型时，nn=[na nb nk]，其中 na、nb 为 ARX 模型中多项式 $A(q)$ 和 $B(q)$ 的阶次，nk 为对象的纯时延；当为 AR 模型时，nn=na。特别地：

$$na: A(q) = 1 + a_1 q^{-1} + \cdots + a_{na} q^{-na}$$
$$nb: B(q) = b_1 + b_2 q^{-1} + \cdots + b_{nb} q^{-nb+1}$$

adm，adg，th0，p0，phi0，psi0 的定义同函数 rarx。

thm 为参数估值矩阵 thm(k,:)=[a1,a2,...,ana,b1,...,bnb]。

yhat 为输出的当前预测值矩阵。

P 为当前参数估计的协方差矩阵。

phi 为当前的数据向量。

psi 是梯度向量。

② rarx。

功能：基于递推最小二乘法 ARX 模型辨识。

格式：thm=rarx(z,nn,adm,adg)

　　　[thm,yhat,P,phi]=rarx(z,nn,adm,adg,th0,P0,phi0)

说明：z 是对象输入输出数据向量，z=[y u]，其中，y 为对象的输出数据列向量，u 为对象的输入数据列向量。当 z=y 时，函数对 AR 模型进行辨识。

nn 指定 AR 或 ARX 模型的阶次。AR 模型辨识时，nn=na；ARX 模型辨识时，nn=[na nb nk]，其中 na、nb 为多项式 $A(q)$ 和 $B(q)$ 的阶次，nk 为对象的纯时延。

adm，adg 用于指定递推最小二乘法的类型：

● adm='ff'，adg='lam'；

- adm='ug'，adg=gam；
- adm='ng'，adg=gam；
- adm='kf'，adg=R1。

th0 指定模型参数的初始值，为行向量。

P0 指定参数估计的协方差矩阵初值。

phi0 为数据向量的初始值，缺省为 0 向量，定义为：

$$\varphi(t) = [y(t-1),\ldots,y(t-na),u(t-1),\ldots,u(t-nb-bk+1)]$$

thm 为参数估值矩阵 thm(k,:)=[a1,a2,...,ana,b1,...,bnb,c1,...,cnc]。

yhat 为输出当前预测矩阵。

P 为当前参数估计的协方差矩阵。

phi 为当前的数据向量。

③ rbj。

功能：Box-Jenkins 模型的递推辨识。

格式：thm=rbj(z,nn,adm,adg)

　　　[thm,yhat,P,phi,psi]=rbj(z,nn,adm,adg,th0,P0,phi0,psi0)

说明：Box-Jenkins 模型的结构为：

$$y(t) = \frac{B(q)}{F(q)}u(t-nk) + \frac{C(q)}{D(q)}e(t)$$

可以通过 rbj 来实现对该模型的递推辨识。

z：对象输入输出数据向量，z=[y u]，其中，y 为输入，u 为输出，均为列向量的形式，z 也可以为标准包含输入输出数据的 iddata 对象。

nn：指定 Box-Jenkins 模型的阶次，nn=[nb nc nd nf nk]，其中，nb、nc、nd 和 nf 分别为 Box-Jenkins 模型中 $B(q)$、$C(q)$、$D(q)$ 和 $F(q)$ 的阶次，nk 为对象的纯时延。

adm，adg，th0，phi0，psi0 的定义同函数 rarx 的参数定义。

thm：参数估计矩阵 thm(k,:)=[b1,...,bnb,c1,...,cnc,d1,...,dnd,f1,...,fnf]。

yhat：输出的当前预测值矩阵。

P：当前参数估计的协方差矩阵。

phi：当前的数据向量。

psi：梯度向量。

④ roe。

功能：输入误差模型的递推辨识。

格式：thm = roe(z,nn,adm,adg)

　　　[thm,yhat,P,phi,psi] = roe(z,nn,adm,adg,th0,P0,phi0,psi0)

说明：z 为对象输入输出数据向量，z=[y u]，其中，y 为输入，u 为输出，均为列向量的形式，z 也可以为标准包含输入输出数据的 iddata 对象。

nn 指定 Box-Jenkins 模型的阶次，nn=[nb nc nd nf nk]，其中，nb、nc、nd 和 nf 分别为 Box-Jenkins 模型中 $B(q)$、$C(q)$、$D(q)$ 和 $F(q)$ 的阶次，nk 为对象的纯时延。

adm，adg，th0，phi0，psi0 的定义同函数 rarx 的参数定义。

thm 为参数估计矩阵 thm(k,:)=[b1,...,bnb,c1,...,cnc,d1,...,dnd,f1,...,fnf]。

yhat 为输出的当前预测值矩阵。

P 为当前参数估计的协方差矩阵。

phi 为当前的数据向量。

psi 为梯度向量。

⑤ rpem。

功能：基于递推预测方法的线性输入/输出模型辨识。

格式：thm = rpem(z,nn,adm,adg)

[thm,yhat,P,phi,psi] = rpem(z,nn,adm,adg,th0,P0,phi0,psi0)

说明：nn=[na nb nc nd nf nk]，其中，na、nb、nc、nd、nf 为线性输入输出模型中对应的多项式的次数，nk 为对象的纯时延。如果为多输入系统，则对应的阶次为行向量的形式。其他的输入参数同 rarx 和 rarmax。

输出参数同 rarx 和 rarmax。

⑥ rplr。

功能：基于伪线性回归的一般线性输入/输出模型辨识。

格式：thm= rplr(z,nn,adm,adg)

[thm,yhat,P,phi] = rplr(z,nn,adm,adg,th0,P0,phi0)

说明：输入参数同 rpem，但 rplr 只能用于单输入输出系统。当应用于 ARMAX 模型辨识时，nn=[na nb nc 0 0 nk]；当应用于输出误差模型辨识时，nn=[0 nb 0 0 nf nk]。

⑦ segment。

功能：基于数据分段的 ARX、ARMAX 模型辨识。

格式：segm = segment(z,nn)

[segm,V,thm,R2e] = segment(z,nn,R2,q,R1,M,th0,P0,ll,mu)

说明：z 为对象的输入输出数据向量，z=[y u]。其中，y 为对象的输出数据列向量，u 为对象的输入数据列向量。当 z=y 时为 AR 或 ARMA 模型辨识。

nn 用于指定模型的阶次和纯时延的大小：

- 对 ARMAX 模型 nn=[na nb nc nk]；
- 对 ARX 模型(nc=0)nn=[na nb nk]；
- 对 ARMA 模型 z=y，nn=[na nc]；
- 对 AR 模型 nn=na。

R2 为模型的新息方差，缺省值为新息方差的估值。

R1 为模型参数发生突变时的参数协方差矩阵。

q 为模型在任意时刻发生突变的概率，缺省值为 0.01。

M 指定同时采用的估计模型个数，缺省值为 5。

th0 指定参数的初始值，缺省值为 0。

P0 为初始的参数方差矩阵，缺省值为 10I。

ll 指定每个估计模型的最短有效时间，即在分段估计过程中的每个估计模型至少经过 ll 个时间步长才可以被其他模型代替，缺省值为 1。

mu 为估计新息方差的遗忘因子。

segm 为基于分段估计的模型参数矩阵，该矩阵的第 k 行对应第 k 时刻具有最大后验概率的参数估计。

V 为分段参数模型的输出预测误差平方和。

thm 为没有进行分段估计的模型参数矩阵。

R2e 为新息方差的估计值向量，第 k 个元素对应第 k 时刻的估值。

例 6-16：函数 segment 对给定数据的分段结果。

MATLAB 程序：

```
y = sin([1:50]/3)';
thm = segment([y,ones(size(y))],[0 1 1],0.1);
plot([thm,y])
```

运行结果如图 6-10 所示。

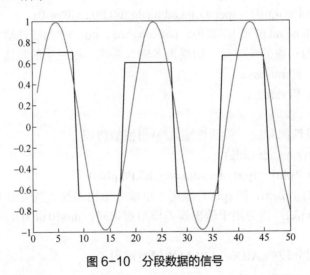

图 6-10　分段数据的信号

6.2.5　常用功能函数

在 MATLAB 系统辨识工具箱中提供了模型验证函数、作图函数、模型选择函数、数据预处理函数。

建立模型和对模型进行辨识后，还需要检验模型的合适性，因此需要对系统的估计模型进行验证和仿真。

（1）模型验证函数

辨识工具箱中提供了如表 6-6 所示的模型验证函数。

表 6-6　模型验证函数

函数名	功能
resid	计算模型预测误差并进行相关分析
fpe	计算已辨识模型的 Akaike 最终预测误差
aic	计算已辨识模型的 Akaike 信息标准
compare	模型仿真/预测输出与实际输出比较
idinput	生成信号，通常用作辨识的输入信号
pe	计算模型预测误差
predict	根据历史数据预测 k 步后辨识模型的输出数据
sim	线性模型仿真
simsd	不确定性模型仿真
idmdlsim	Simulink 中 idmode 对象仿真

① resid。

功能：计算模型预测误差并进行相关分析。

格式：resid(m,data)

　　　resid(m,data,Type)

　　　resid(m,data,Type,M)

　　　e=resid(m,data)

说明：data 包含输入输出数据的 iddata 对象。

m 为任何 idmodel 对象，通过给定数据被估计的对象。

Type 可以取如下字符串之一：

- Type='Corr'：计算并显示 e 的自动修正函数以及 e 和输入 u 的交叉修正函数，为默认值。
- Type='ir'：作出脉冲响应图。
- Type='fr'：作出频率响应的伯德图。

② fpe。

功能：计算已辨识模型的 Akaike 最终预测误差。

格式：am=fpe(Model)

说明：Model 为任意已估计的 idmode 对象(idarx,idgrey,idpoly,idss)。

返回值 am 为 Akaike 最终预测误差：

$$FPE = V(1 + d/N)/(1 + d/N)$$

V 为损失函数，d 为估计参数的个数，N 为估计数据的个数。

③ aic。

功能：计算已辨识模型的 Akaike 信息标准。

格式：am=aic(Model)

说明：Model 为任意已估计的 idmodel 对象(idarx,idgrey,idpoly,idss)。

返回值 am 为 Akaike 信息理论指标：

$$AIC = \log(V) + 2d/N$$

V 为损失函数，d 为估计参数的个数，N 为估计数据的个数。

④ compare

功能：模型仿真/预测输出与实际输出比较。

格式：compare(data,m)

　　　compare(data,m,k,sampnr,init)

　　　compare(data,m1,m2,...,mN,Yplots)

　　　compare(data,m1,'PlotStyple',...,mN,'PlotStyleN',k,sampnr,init)

　　　[yh,fit]=compare(data,m1,'PlotStyle1',...,mN,'PlotStyle',k,sampnr,init)

说明：

data：包含输入输出参数数据的 iddata 对象。

m：仿真模型对象。

k：预测的时间长度。

sampnr：指出用于计算模型适应度和绘图所用的数据点向量。

Yplots：一个字符串类型的数组，只有输出名出现在该数组时才作图。假如该参数没有指定，则作出所有图。

init：指明如何处理模型的初始条件。

- init='e'('estimate')估计最合适的初始条件；
- init='m'('model')使用模型内部的初始条件；
- init='z'('zero')使用零初始条件；
- init=x0，x0 为和模型状态向量同样长度的列向量，并用 x0 作为初始条件；
- init='e'为缺省值。

yh：模型输出的 iddata 对象数组，每个元素包含对应模型的输出数据；

fit：在一般情况下为一个三维数组，fit(kexp,kmod,ky)，包含试验 kexp、模型 kmod 和输出 ky 的适应度值。

例 6-17：compare 示例。

MATLAB 程序：

```
ze=z(1:250);
zv=z(251:500);
m=armax(ze,[2 3 1 0]);
compare(zv,m,6)
```

运行结果：

```
ans =
   123
```

⑤ idinput。

功能：生成信号，通常用作辨识的输入信号。

格式：u=idinput(N)

u=idinput(N,type,band,levels)

[u,freqs]=idinput(N,'sine',band,levels,sinedata)

说明：

N：若 N 为数，则为生成信号数据的长度；若 N=[N nu]，则给出 nu 个输入信号，每个长度为 N；若 N=[P nu M]，则给出 nu 个周期输入信号，每个信号长度为 P×M，且具有周期 P。缺省为 nu=1 和 M=1。

type：生成信号的类型，包括如下几种。

- type='rgs'：高斯随机信号；
- type='rbs'：二值随机信号；
- type='prbs'：二值伪随机信号；
- type='sine'：和为正弦随机分布。

type 的缺省值为'rbs'。

band：信号的带宽，当 type='rgs'、'rbs'和'sine'时该参数为行向量的形式，band=[wlow whigh]，wlow 和 whigh 分别为信号频率带宽的下界和上界，缺省值为生成白噪声信号，即[0 1]；当 type='prbs'时，band=[0 B]，B 指定了信号在 1/B 长度的区间内为常数，缺省值同样为[0 1]。

levels：用于决定输入信号振幅的上下界，为行向量形式，即为 levels=[minu maxu]，当 type='rgs'时，minu 为高斯信号的平均值减 1，maxu 为高斯信号平均值加 1。

sinedata：用于输入信号类型为'sine'时的辅助变量，定义为 sinedata=[No_of_Sinusoids, No_of_Trials,Grid_skip]，其中，No_of_Sinusoids 用于生成信号的正弦函数的个数，No_of_Trials 用于决定在进行正弦函数相位随机化时直到获得信号幅值解极小时的计算次数，缺省为 sinedata=[10,10,1]；Grid_Skip 用于控制奇次或偶次周期脉冲。

u：生成信号数据向量。

例 6-18：生成和为正弦随机分布的信号。

MATLAB 程序：

```
u = idinput([100 1 20],'sine',[],[],[5 10 1]);
u = iddata([],u,1,'per',100);
u2 = u.u.^2;
u2 = iddata([],u2,1,'per',100);
ffplot(etfe(u),'r*',etfe(u2),'+')
```

运行结果如图 6-11 所示。

⑥ pe。

功能：计算模型预测误差。

格式：e=pe(m,data)

　　　　[e,x0]=pe(m,data,init)

说明：data 包含输入输出数据的
iddata 对象。

m 为任何 idmodel 模型对象。

● init 决定如何处理初始条件。

● init='estimate'：取该初值可以使
预测误差范围数量小，并把该初始值返
回在 x0 中。

● init='zero'：取零初值。

● init='model'：取模型内部储存的
初值。

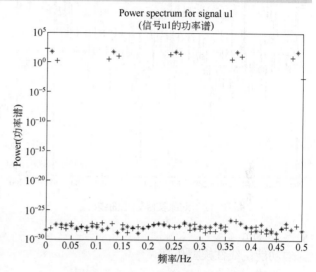

图 6-11　和为正弦随机分布的信号

● init=x0：x0 为和初始值相同维数的列向量，并用 x0 作为初始值。

e：iddata 对象，e.OutputData 包含了模型的预测误差。

⑦ predict。

功能：根据历史数据预测 k 步后辨识模型的输出数据。

格式：yp=predict(m,data)

　　　　[yp,mpred]=predict(m,data,k,init)

说明：m 为任何 idmodel 对象(idpoy,idss,idgrey 或 idarx)。

data 包含输入输出数据的 iddata 对象。

k 为预测时间长度。

● init：决定如何处理初始状态。

● init='estimate'：取初始化状态的值，使得模型的预测误差范围数最小。

● init='zero'：初始化状态取零。

● init='model'：使用模型内部的初始状态。

● init=x0：x0 为一列向量，并用作初始状态的值。

yp 为模型的预测输出，为包含预测值的 iddata 对象。

mpred 是 k 步预测计算的模型。

例 6-19：仿真时间序列，比较实际输出和预测输出。

MATLAB 程序：

```
m0=idpoly([1 -0.99],[],[1 -1 0.2]);
e=iddata([],randn(400,1));
y=sim(m0,e);
m=armax(y(1:200),[1 2]);
```

```
yp=predict(m,y,4);
plot(y(201:400))
plot(yp(201:400))
```

运行结果如图 6-12、图 6-13 所示。

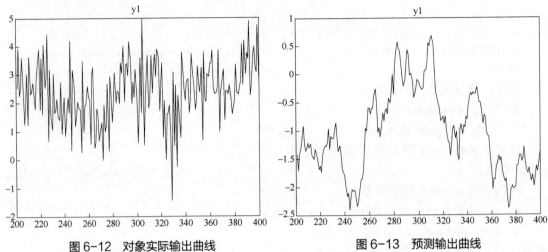

图 6-12 对象实际输出曲线   图 6-13 预测输出曲线

⑧ sim。

功能：线性模型仿真。

格式：y=sim(m,ue)

　　　[y,ysd]=sim(m,ue,init)

说明：m 为任何 idmodel 对象。

ue 为只包含输入的 iddata 对象，其中包含的输入信号的个数必须与 m 中的输入信号的个数相同。

init 给出初始化条件。

● init='m'：（缺省值）使用模型 m 中原始的初始化条件。

● init='z'：使用零初始化条件。

● init=x0，其中 x0 为一列向量，并使用该向量作为初始值。

函数返回值 y 为仿真输出，为一 iddata 对象。

ysd 为仿真输出的标准差。

例 6-20：仿真 m1 系统。

MATLAB 程序：

```
a=[1 -1.5 0.7];b=[0 1 0.5];
m1=idpoly(a,b);
e=iddata([],randn(500,1));
u=iddata([],idinput(500,'prbs'));
y=sim(m1,[u e]);
z=[y u];
plot(y)
```

运行结果如图 6-14 所示。

⑨ simsd。

功能：不确定性模型仿真。

格式：simsd(m,u)

　　　simsd(m,u,N,noise,Ky)

说明：m 为任何 idmodel 对象。

u 为包含输入的 iddata 对象。

N 为仿真中随机生成的模型个数，这些随机模型按照 u 中有关参数的标准差的数据生成，默认值为 10。

noise 用于指定在仿真中加入噪声。

- noise='noise'：加入噪声。
- noise='nonoise'：不加入噪声。

例 6-21：不确定性仿真。

MATLAB 程序：

```
a=[1 -1.5 0.7];
b=[0 1 0.5];
c=[1 -1 0.2];
m1=idpoly(a,b,c);
e=iddata([],randn(300,1)+sin(randn(300,1)));
u=iddata([],idinput(300,'rbs',[0 1],[2 4]));
y=sim(m1,[u e]);
z=[y,u];
i=iv4(z,[2 2 1])
plot(y,'r-')
hold on
simsd(u,i,10,'nonoise');
```

运行结果如图 6-15 所示。

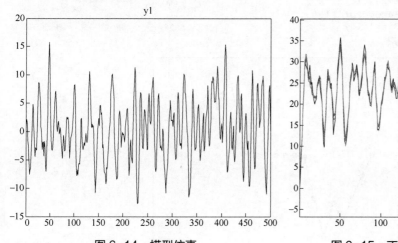

图 6-14 模型仿真

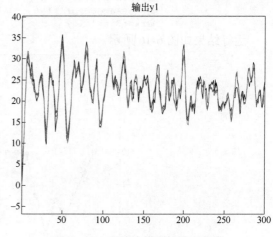

图 6-15 不确定模型的输出曲线

⑩ idmdlsim。

功能：Simulink 中 idmodel 对象仿真。

格式：idmdlsim

（2）作图函数

在系统辨识工具箱中包含如表 6-7 所示的作图函数。

表 6-7 作图函数

函数名	功能
plot	绘制输入输出 iddata 对象
bode	绘制伯德图
ffplot	绘制频率响应曲线
present	显示模型的信息

231

函数名	功能
nyquist	绘制模型的 Nyquist 曲线
pzmap	绘制零点和极点图
impulse	估计/计算/显示脉冲响应
view	绘制模型的特征（需要控制工具箱）

函数 bode、nyquist、impulse 在第 2 章中已经提到，这里不再重复。

① plot。

功能：绘制输入输出 iddata 对象。

格式：plot(data)

plot(d1,...,dN)

plot(d1,PlotStyle1,...,dN,PlotStyleN)

说明：data 为包含输入输出数据的 iddata 对象。d1,...dN 为一列具有相同输入输出的 iddata 对象。PlotStyleN 指定绘图所用的颜色、线条等。

例 6-22：用 plot 绘图。

MATLAB 程序：

```
x = -pi:pi/10:pi;
y = tan(sin(x)) - sin(tan(x));
plot(x,y,'--rs','LineWidth',2,…
            'MarkerEdgeColor','k',…
            'MarkerFaceColor','g',…
            'MarkerSize',10)
```

运行结果如图 6-16 所示。

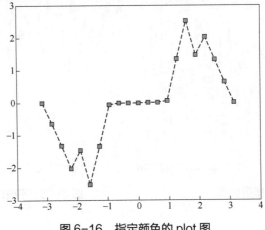

图 6-16　指定颜色的 plot 图

② ffplot。

功能：绘制频率响应曲线。

格式：ffplot(m)

[mag,phase,w]=ffplot(m)

[mag,phase,w,sdmag,sdphase]=ffplot(m)

ffplot(m1,m2,m3,...,w)

ffplot(m1,'PlotStyle1',m2,'PlotStyle2',...)

ffplot(m1,m2,m3,...,'sd',sd,'mode',mode,'ap',ap)

说明：输入参数同 bode。

③ present。

功能：显示模型的信息。

格式：present(m)

说明：m 为模型对象。函数将返回多项式的参数及标准差、损失函数、AIC 指标等。

例 6-23：返回模型相关信息。

MATLAB 程序：

```
a=[1 -0.5 0.7];
b=[0 1 0.5];
m0=idpoly(a,b);
u=iddata([],idinput(300,'rbs'));
e=iddata([],randn(300,1));
y=sim(m0,[u,e]);
z=[y,u];
m2=iv4(z,[2 2 1]);
bode(m2,5,'B','same')
present(m2)
```

运行结果：

```
Discrete-time IDPOLY model: A(q)y(t) = B(q)u(t) + e(t)
A(q) = 1 - 0.5232 (+-0.04851) q^-1 + 0.754 (+-0.04154) q^-2
B(q) = 0.9907 (+-0.06315) q^-1 + 0.4811 (+-0.07488) q^-2
Estimated using IV4 from data set z
Loss function 1.1656 and FPE 1.19711
Sampling interval: 1
Created:        29-Nov-2008 14:59:41
Last modified: 29-Nov-2008 14:59:41
```

④ pzmap。

功能：绘制零点和极点图。

格式：pzmap(m)

　　　　pzmap(m,'sd',sd)

　　　　pzmap(m1,m2,m3,...)

　　　　pzmap(m1,'PlotStyle1',m2,'PlotStyle2',...,'sd',sd)

　　　　pzmap(m1,m2,m3,...,'sd',sd,mode,axis)

说明：m 为任意 iddata 对象。

如果 sd>0 则零点和极点附近的置信区域也将被绘制出。

● mode='sub'：为每个输入输出频道绘制一幅图。

● mdoe='same'：所有的图将会绘制在同一幅图中。

● mode='sep'：绘制下一幅频道图时，擦掉前幅图。

mode 缺省为'sub'。

⑤ view。

功能：绘制模型的特征(需要控制系统工具箱)。

格式：view(m)

　　　　view(m('n'))

　　　　view(m1,...,mN,Plottype)

　　　　view(m1,PlotStyle1,...,mN,PlotStyleN)

说明：m 为需要绘制的输入输出数据，为任何 idfrd 或 idmodel 模型。在经过适当的模型转换后，将打开控制系统工具箱的 LTI 观察器。

例 6-24：绘制控制工具箱中模型的特征。

MATLAB 程序：

```
mc=idpoly(1,1,1,1,[1 1 0],'Ts',0);
view(mc)
```

结果如图 6-17 所示。

在图 6-17 上单击鼠标右键，可以选择绘制不同的图形，例如可以选择绘制 Nyquist 图，结果如图 6-18 所示。

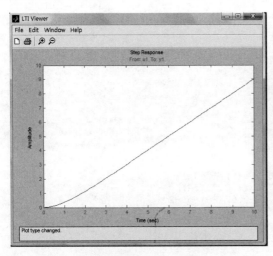

图 6-17　LTI 观察器绘制的阶跃响应图　　　　图 6-18　绘制模型的 Nyquist 图

（3）模型选择函数

系统辨识工具箱还提供了如表 6-8 所示的模型选择函数。

表 6-8　模型选择函数

函数名	功能
arxstruc	计算多个单输入 ARX 模型的损失函数
ivstruc	采用辅助变量方法计算多个 ARX 模型结构的损失函数
selstruc	模型结构选择
struc	生成多个模型结构参数

① arxstruc。

功能：计算多个单输入 ARX 模型的损失函数。

格式：v=arxstruc(ze,zv,NN)

　　　v=arxstruc(ze,zv,NN,maxsize)

说明：ze 用于模型辨识的输入输出数据向量或矩阵。

zv 用于模型验证的输入输出数据向量或矩阵。

NN 是多个模型结构参数构成的矩阵，NN 每一行具有如下形式：NN=[na nb nk]。

maxsize 是计算的辅助变量，参见 ar 函数。

v 的第一行为各个模型的损失函数值，其他为模型的结构参数。

② ivstruc。

功能：采用辅助变量方法计算多个 ARX 模型结构的损失函数。

格式：v=ivstruc(ze,zv,NN)

v=ivstruc(ze,zv,NN,p,maxsize)

说明：ze 用于模型辨识的输入输出数据向量或矩阵。

zv 用于模型验证的输入输出数据向量或矩阵。

NN 为多个模型结构参数构成的矩阵，NN 每一行具有如下形式：NN=[na nb nk]。

maxsize 是计算的辅助变量，参见 ar 函数。

p 决定是否计算矩阵的条件数，p=0 不计算。

v 为各个模型的损失函数。

例 6-25：求模型的损失函数。

MATLAB 程序：

```
a=[1 -0.5 0.7];
b=[0 0 1];
th0=idpoly(a,b);
u=iddata([],idinput(300,'rbs'));
e=iddata([],randn(300,1));
y=sim(th0,[u,e]);
z=[y,u];
v=ivstruc(z,z,struc(1:3,1:2,2:4))
```

运行结果：

```
v =
 1.0e+005 *
 Columns 1 through 12
 0.0001    0.0000    0.0001    0.0001    0.0001    0.0001
 0.0004    0.0000    0.0000    0.0004    0.0000    0.0000
 0.0000    0.0000    0.0000    0.0000    0.0000    0.0000
 0.0000    0.0000    0.0000    0.0000    0.0000    0.0000
 0.0000    0.0000    0.0000    0.0000    0.0000    0.0000
 0.0000    0.0000    0.0000    0.0000    0.0000    0.0000
 0.0000    0.0000    0.0000    0.0000    0.0000    0.0000
 0.0000    0.0000    0.0000    0.0000    0.0000    0.0000
 0.0000    0.0000    0.0000    0.0000    0.0000    0.0000
 0.0000    0.0000    0.0000    0.0000    0.0000    0.0000
 Columns 13 through 19
 0.0004    5.6236    0.0000    0.0996    0.0002    0.0000    0.0029
 0.0000    0.0000    0.0000    0.0000    0.0000    0.0000    0.0000
 0.0000    0.0000    0.0000    0.0000    0.0000    0.0000         0
 0.0000    0.0000    0.0000    0.0000    0.0000    0.0000         0
 0.0000    0.0001    0.0000    0.0001    0.0001    0.0000         0
```

③ selstruc。

功能：模型结构选择。

格式：nn=selstruc(v)

　　　[nn,vmod]=selstruc(v,c)

说明：v 为各个模型结构的损失函数，其格式见 arxstruc。

c 是可选参数，指定模型结构选择方式。

● c='plot'：为缺省值，绘制各个模型结构对应的损失函数值，由用户决定选择何种模型结构。

● c='log'：绘制各个模型结构图对应的损失函数的对数值，由用户决定选择何种模型结构。

● c='aic'：按照极小化 Akaike 信息理论指标(AIC)选择模型结构。

$$V_{\mathrm{mod}} = V(1 + \frac{2d}{N})$$

其中，V 为损失函数；d 为模型结构中所有参数的总数；N 为估计所用的数据点的总数。该函数不作图。

● c='md1'：按照极小化 Risanen 的最小描述长度指标选择模型结构：

$$V_{\text{mod}} = V(1 + \frac{d \log N}{N})$$

参数意义同 AIC。

● c=n：n 为数量，则模型选择的指标为

$$V_{\text{mod}} = V(1 + \frac{cd}{N})$$

参数意义同 AIC。

④ struc。

功能：生成多个模型结构参数。

格式：NN=struc(NA,NB,NK)

说明：NA 为 ARX 模型多项式 $A(q)$ 的阶次范围。

NB 为 ARX 模型多项式 $B(q)$ 的阶次范围。

NK 为 ARX 模型纯时延大小的范围。

NA，NB，NK 均为行向量。

NN 为模型结构参数集矩阵。

例 6-26：struc 示例。

MATLAB 程序：

```
NN=struc(2:2,2:2,4:5)
```

运行结果：

```
NN =
    2    2    4
    2    2    5
```

（4）数据预处理函数

系统辨识工具箱中包含的数据预处理函数如表 6-9 所示。

表 6-9　数据预处理函数

函数名	功能
detrend	消除数据中的趋势项
idfilt	用一般的滤波器或 Butterworth 滤波器对输入输出数据进行滤波
resample	对输入输出数据重新采样

① detrend。

功能：消除数据中的趋势项。

格式：zd=detrend(z)

　　　zd=detrend(z,o,brkp)

说明：z 为输入输出测量数据。

o 为趋势项的阶次，缺省为 0，即每一项减去平均值；若 o=1，则从数据中减去通过线性回归得到的线性趋势项。

brkp 指定分段线性回归的分段点。

返回值 zd 为消除趋势后的数据。

② idfilt。

功能：用一般的滤波器或 Butterworth 滤波器对输入输出数据进行滤波。

格式：zf=idfilt(z,filter)

```
zf=idfilt(z,ord,Wn)
zf=idfilt(z,ord,causality)
[zf,mf]=idfilt(z,ord,Wn,hs)
```

说明：z 包含输入输出数据的 iddata 对象。

ord 指定 Butterworth 滤波器的阶次。

hs='high'时 Wn 用于指定高通滤波器的截止频率。

hs='stop'时 Wn=[Wl Wh]用于指定带阻滤波器的截止频率。

hs 没有指定时，若 Wn 只包含一个元素，则该参数用于指定低通滤波器的截止频率，若 Wn=[Wl Wh]，则 Wn 为低通滤波器的上下限频率。

zf 包含滤波后的输入输出数据的 iddata 对象。

mf 为滤波器对应的 idmodel 对象。

例 6-27：产生两输入滤波器。

MATLAB 程序：

```
num = {1,[1 0.3]}
den = {[1 1 2],[5 2]}
H = filt(num,den,'inputname',{'channel1' 'channel2'})
```

运行结果：

```
num =
    [1]    [1x2 double]
den =
   [1x3 double]    [1x2 double]
Transfer function from input "channel1" to output:
       1
-----------------
1 + z^-1 + 2 z^-2
Transfer function from input "channel2" to output:
1 + 0.3 z^-1
------------
 5 + 2 z^-1
Sampling time: unspecified
```

③ resample。

功能：对输入输出数据重新采样。

格式：datar=resample(data,P,Q)

　　　datar=resample(data,P,Q,filter_order)

说明：data 是需要重新采样的 iddata 对象。

P 和 Q 为数，新的采样周期为原先采样周期的 Q/P 倍。

filter_order：指定在重新采样之前对数据进行滤波的滤波器的阶次，缺省值为 10，输出参数 datar 为重新采样后的 iddata 对象。

例 6-28：对输入数据重新采样。

MATLAB 程序：

```
fs1 = 10;
t1 = 0:1/fs1:1;
x = t1;
y = resample(x,3,2);
t2 = (0:(length(y)-1))*2/(3*fs1);
plot(t1,x,'*',t2,y,'o',-0.5:0.01:1.5,-0.5:0.01:1.5,':')
legend('original','resampled'); xlabel('Time')
```

运行结果如图 6-19 所示。

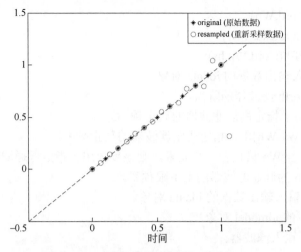

图 6-19 原始数据与重新采样数据比较

6.3 系统辨识工具箱的交互式图形界面

在 MATLAB 系统辨识工具箱中，除了以命令和函数的方法提供许多系统辨识工具外，还提供了一个交互式的图形界面工具。该图形界面工具能够方便地实现数据的预处理、模型类型的选择、参数估计以及模型验证和比较等功能。

在 MATLAB 命令窗口中输入 ident 命令后，即可进入系统辨识工具箱的图形用户界面。该图形界面的主要窗口如图 6-20 所示。

6.3.1 数据视图

在图 6-20 中，左边为数据视图（Data Views）部分，在这一块中可以完成输入输出数据的导入，以及相关的绘图功能。选择左上角的下拉列表框中的 Import data，就进入数据的导入界面，如图 6-21 所示。

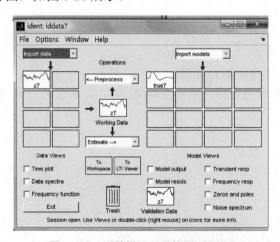

图 6-20 系统辨识工具箱图形界面

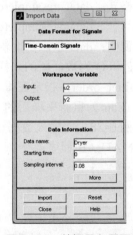

图 6-21 数据导入界面

在图 6-21 的对话框中，通过指定 MATLAB 工作空间中对应的变量名称，即可导入输入输出数据。在导入数据以后，可以通过图形界面对这些数据进行处理。

6.3.2　操作选择

在系统辨识工具箱图形界面中，中间的部分为数据操作部分，包括两部分：上面的下拉列表框里是选择对数据进行的操作，对输入输出数据进行有关的预处理，如滤波、消除趋势等；下面的下拉框列表是选择模型的类型，并通过相应的对话框输入模型的阶次等信息。

在两个列表框的中间还有一个区域用于指示当前工作数据，用鼠标拖动可以实现。

6.3.3　模型视图

在系统辨识工具箱图形界面的右侧为模型视图区，主要包括：选择不同的模型，并在不同模型间切换；进行模型的验证和特征曲线的绘制等。在模型视图上方的下拉列表框中进行选择模型的种类，如选定某个模型并输入相应的参数后，该模型的图标就出现在下面的模型图表区域中，并可以通过鼠标来选择所需的模型种类。

模型视图的下方有六个选择框，其相应的说明如下：

- Model output：绘制模型输出曲线；
- Model resids：绘制模型预测残差曲线；
- Transient resp：绘制暂态响应曲线；
- Frequency resp：绘制频率响应曲线；
- Zeros and poles：绘制模型零点和极点图；
- Noise spectrum：绘制噪声频谱。

6.4　智能优化算法辨识及其应用

遗传算法、粒子群算法、差分进化算法是解决传统系统辨识问题的新方法。

6.4.1　遗传算法

（1）遗传算法基本原理

遗传算法是以达尔文的自然选择学说为基础发展起来的，它将"优胜劣汰，适者生存"的生物进化原理引入优化参数形成的编码串联群体中。按所选择的适配值函数并通过遗传中的复制、交叉及变异对个体进行筛选，使适配值高的个体被保留下来，组成新的群体，新的群体既继承了上一代的信息，又优于上一代，这样周而复始。群体中的个体适应度不断提高，直到满足一定的条件。遗传算法的算法简单，可并行处理，并能得到全局最优解。

（2）遗传算法的基本操作

① 复制　复制是从一个旧种群中选择生命力强的个体位串产生新种群的过程。根据位串的适配值复制，也就是指具有高适配值的位串更有可能在下一代中产生一个或多个子孙。它模仿了自然现象，应用了达尔文的适者生存理论。复制操作可以通过随机方法来实现。若用计算机程序来实现，可考虑首先产生 0～1 之间均匀分布的随机数，若某串的复制概率为 40%，则当产生的随机数在 0.40～1 之间时，该串被复制，否则被淘汰。此外，还可以通过计算方

法实现其中较典型的几种方法，如适应度比例法、期望值法、排位次法等，适应度比例法较常用。选择运算是复制中的重要步骤。

② 交叉　复制操作能从旧种群中选择出优秀者，但不能创造新的染色体。而交叉模拟了生物进化过程中的繁殖现象，通过两个染色体的交换组合，来产生新的优良品种。它的过程为：在匹配池中任选两个染色体，随机选择一点或多点交换点位置；交换双亲染色体交换点右边的部分，即可得到两个新的染色体数字串。交换体现了自然界中信息交换的思想。交叉有一点交叉、多点交叉，还有一致交叉、顺序交叉和周期交叉。一点交叉是最基本的方法，应用较广。

③ 变异　变异运算用来模拟生物在自然的遗传环境中由于各种偶然因素引起的基因突变，它以很小的概率随机地改变遗传基因（表示染色体的符号串的某一位）的值。在染色体以二进制编码的系统中，它随机地将染色体的某一个基因由 1 变为 0，或由 0 变为 1。若只有选择和交叉，而没有变异，则无法在初始基因组合以外的空间进行搜索，使进化过程在早期就陷入局部解而进入终止过程，从而影响解的质量。为了在尽可能大的空间中获得质量较高的优化解，必须采用变异操作。

（3）遗传算法的构成要素

① 染色体编码方法　基本遗传算法使用固定长度的二进制符号来表示群体中的个体，其等位基因是由二值符集(0,1)所组成的。初始个体的基因值可用均匀分布的随机值来生成，如 r=000111001000101101 就可表示一个个体，该个体的染色体长度是 $n=18$。

② 个体适应度评价　基本遗传算法与个体适应度成正比的概率决定当前群体中每个个体遗传到下一代群体中的概率大小。为正确计算这个概率，要求所有个体的适应度必须为正数或零。因此，必须先确定由目标函数值到个体适应度之间的转换规则。

③ 遗传算子　基本遗传算法中的 3 种运算使用下述 3 种遗传算子:

- 选择运算使用比例选择算子;
- 交叉运算使用单点交叉算子;
- 变异运算使用基本位变异算子或均匀变异算子。

④ 基本遗传算法的运行参数

- M：群体大小，即群体中所含个体的数量，一般取为 20～100。
- G：遗传算法的终止进化代数，一般取为 100～500。
- P_e：交叉概率，一般取为 0.4～0.99。
- P_m：变异概率，一般取为 0.0001～0.1。

（4）遗传算法的应用步骤

对于一个需要进行优化的实际问题，一般可按下述步骤构造遗传算法。

第 1 步：确定决策变量及各种约束条件，即确定出个体的表现型 X 和问题的解空间；

第 2 步：建立优化模型，即确定出目标函数的类型及数学描述形式或量化方法；

第 3 步：确定表示可行解的染色体编码方法，即确定出个体的基因型 x 及遗传算法的搜索空间；

第 4 步：确定个体适应度的量化评价方法，即确定出由目标函数值 J(r)到个体适应度函数 F(r)的转换规则；

第 5 步：设计遗传算子，即确定选择运算、交叉运算、变异运算等遗传算子的具体操作方法；

第 6 步：确定遗传算法的有关运行参数，即 M、G、P_e、P_m 等参数；

第7步：确定解码方法,即确定出由个体表现型 X 到个体基因型 x 的对应关系或转换方法。

（5）遗传算法的实例

例 6-29： 设被控对象为如下传递函数：

$$G(s) = \frac{200}{s^2 + 40s}$$

设外加在控制器输出上的干扰为一等效摩擦，其摩擦模型为

$$F_1(t) = \mathrm{sgn}(\dot{\theta}(t))(kx_1 \mid \dot{\theta}(t) \mid +kx_2) = \mathrm{sgn}(\dot{\theta}(t))(0.3 \mid \dot{\theta}(t) \mid +1.5)$$

其中，kx_1 和 kx_2 为待辨识参数。最优指标函数为

$$J = \int_0^\infty (\omega_1 \mid e(t) \mid + \omega_2 u^2(t)) \mathrm{d}t$$

式中，$e(t)$ 为系统误差，$e(t) = y_d(t) - y(t)$；$y_d(t)$ 为理想的信号；$y(t)$ 为实际对象的输出；ω_1 和 ω_2 为权值。

采用 PD 控制：

$$u(t) = k_\mathrm{p} e + k_\mathrm{d} \dot{e}$$

当 $e(t) < 0$ 时，最优指标函数为

$$J = \int_0^\infty (\omega_1 \mid e(t) \mid + \omega_2 u^2(t) + \omega_3 \mid e(t) \mid) \, \mathrm{d}t$$

式中，ω_3 为权值，且 $\omega_3 \gg \omega_1$。

采样时间为 1ms，取 $k_\mathrm{p} = 50$，$k_\mathrm{d} = 0.5$，样本个数为 30，交叉概率 $P_c = 0.9$，变异概率为 $P_m = 0.1 - [1:1:Size] \times 0.01 / Size$，$\omega_1 = 0.999, \omega_2 = 0.001, \omega_3 = 10$，取 $kx = [0,0]$ 和 $kx = [0.1, 1.5]$ 得到无摩擦补偿阶跃响应和有摩擦补偿阶跃响应分别如图 6-22 和图 6-23 所示。

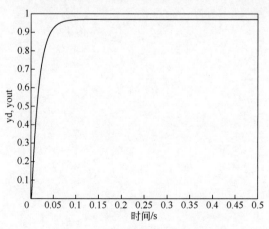

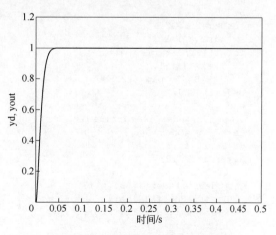

图 6-22　无摩擦补偿的阶跃响应　　　图 6-23　采用摩擦补偿的阶跃响应

待辨识参数采用实数编码法，优化函数值 J 的优化过程如图 6-24 所示。

241

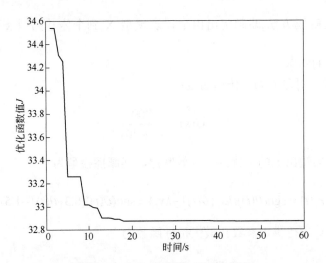

图 6-24　优化函数值 J 的优化过程

MATLAB 程序如下。

```
clear all;
close all;
global yd yout timef F
Size=30;
F=2;
if F==1
   CodeL=1;
   MinX=zeros(CodeL,1);
   MaxX=1.0*ones(CodeL,1);
end
if F==2
   CodeL=2;
   MinX=zeros(CodeL,1);
   MaxX=2.0*ones(CodeL,1);
end
for i=1:1:CodeL
   kxi(:,i)=MinX(i)+(MaxX(i)-MinX(i))*rand(Size,1);
end
G=60;
BsJ=0;
for kg=1:1:G
    time(kg)=kg;
for i=1:1:Size
    kx=kxi(i,:);
    [kx,BsJ]= pid (kx,BsJ);
BsJi(i)=BsJ;
end
 [OderJi,IndexJi]=sort(BsJi);
BestJ(kg)=OderJi(1);
BJ=BestJ(kg);
Ji=BsJi+1e-10;
   fi=1./Ji;
   [Oderfi,Indexfi]=sort(fi);
   Bestfi=Oderfi(Size);
   BestS=kxi(Indexfi(Size),:);
   fi_sum=sum(fi);
   fi_Size=(Oderfi/fi_sum)*Size;
   fi_S=floor(fi_Size);
   r=Size-sum(fi_S);
```

```
    Rest=fi_Size-fi_S;
    [RestValue,Index]=sort(Rest);
    for i=Size:-1:Size-r+1
        fi_S(Index(i))=fi_S(Index(i))+1; %Adding rest to equal Size
    end
    k=1;
    for i=Size:-1:1
      for j=1:1:fi_S(i)
        TempE(k,:)=kxi(Indexfi(i),:);
          k=k+1;
      end
    end
  kxi=TempE;
    Pc=0.90;
    for i=1:2:(Size-1)
        temp=rand;
      if Pc>temp
        alfa=rand;
        TempE(i,:)=alfa*kxi(i+1,:)+(1-alfa)*kxi(i,:);
        TempE(i+1,:)=alfa*kxi(i,:)+(1-alfa)*kxi(i+1,:);
      end
    end
    TempE(Size,:)=BestS;
    kxi=TempE;
Pm=0.10-[1:1:Size]*(0.01)/Size;
Pm_rand=rand(Size,CodeL);
Mean=(MaxX + MinX)/2;
Dif=(MaxX-MinX);
  for i=1:1:Size
     for j=1:1:CodeL
        if Pm(i)>Pm_rand(i,j)
           TempE(i,j)=Mean(j)+Dif(j)*(rand-0.5);
        end
     end
  end
  TempE(Size,:)=BestS;
  kxi=TempE;
end
Bestfi
BestS
Best_J=BestJ(G)
figure(1);
plot(timef,yd,'b',timef,yout,'r');
xlabel('Time(s)');ylabel('yd,yout');
figure(2);
plot(time,BestJ,'r');
xlabel('Times');ylabel('Best J');
function [kx,BsJ]=pid (kx,BsJ)
global yd yout timef F
a=40;b=200;
ts=0.001;
sys=tf(b,[1,a,0]);
dsys=c2d(sys,ts,'z');
[num,den]=tfdata(dsys,'v');
u_1=0;u_2=0;
y_1=0;y_2=0;
e_1=0;
B=0;
kg=500;
for k=1:1:kg
  timef(k)=k*ts;
```

```
S=2;
if S==1
    fre=5;
    AA=0.5;
    yd(k)=AA*sin(2*pi*fre*k*ts);
end
if S==2
    yd(k)=1;
end
yout(k)=-den(2)*y_1-den(3)*y_2+num(2)*u_1+num(3)*u_2;
error(k)=yd(k)-yout(k);
derror(k)=(error(k)-e_1)/ts;
u(k)=50*error(k)+0.50*derror(k);
speed(k)=(yout(k)-y_1)/ts;
if F==1
    Ff(k)=0.8*sign(speed(k));
end
if F==2
    Ff(k)=sign(speed(k))*(0.30*abs(speed(k))+1.50);
end
%kx=[0,0];
%kx=[0.3,1.5];
u(k)=u(k)-Ff(k);
Ffc(k)=sign(speed(k))*(kx(1)*abs(speed(k))+kx(2));
u(k)=u(k)+Ffc(k);
if u(k)>110
    u(k)=110;
end
if u(k)<-110
    u(k)=-110;
end
u_2=u_1;u_1=u(k);
y_2=y_1;y_1=yout(k);
e_1=error(k);
end
for i=1:1:kg
    Ji(i)=0.999*abs(error(i))+0.01*u(i)^2*0.1;
    B=B+Ji(i);
    if error(i)<0
        B=B+10*abs(error(i));
    end
end
BsJ=B;
```

6.4.2　粒子群算法

粒子群算法，也称为粒子群优化算法，是一种进化计算技术，广泛应用于两数优化、系统辨识、模糊控制等应用领域。

（1）粒子群算法基本原理

粒子群算法首先初始化一群随机粒子（随机解），然后通过迭代找到最优解。在每次迭代中，粒子通过跟踪两个"极值"来更新自己的位置。一个极值是粒子本身所找到的最优解，这个解称为个体极值。另一个极值是整个种群目前找到的最优解，这个极值称为全局极值。另外也可以不用整个种群而只是用其中一部分作为粒子的邻居，那么在所有邻居中的极值就是全局极值。

（2）粒子群算法参数设置

1）编码

PSO 的一个优势就是采用实数编码，例如，对于问题 $f(x)=x_1^2+x_2^2+x_3^2$ 求最大值，粒子可以直接编码为（x_1, x_2, x_3），而适应度的数就是 $f(x)$。

2）适应度函数

① 粒子数：一般取 20～40，对于比较难的问题，粒子数可以取到 100 或 200。

② 最大速度 V_{max}：决定粒子在一个循环中最大的移动距离，通常小于粒子的范围宽度。较大的 V_{max} 可以保证粒子种群的全局搜索能力，较小的 V_{max} 则加强粒子种群的局部搜索能力。

③ 学习因子：c_1 和 c_2 通常可设定为 2.0。c_1 为局部学习因子，c_2 为全局学习因子，一般取 c_2 大一些。

④ 惯性权重：一个大的惯性权值有利于展开全局寻优，而一个小的惯性权值有利于局部寻优。当粒子的最大速度 V_{max} 很小时，使用接近于 1 的惯性权重；当 V_{max} 不是很小时，使用权重 ω=0.8 较好。

还可使用时变权重。如果在迭代过程中采用线性递减惯性权值，则粒子群算法在开始时具有良好的全局搜索性能，能够迅速定位到接近全局最优点的区域，而在后期具有良好的局部搜索性能，能够精确地得到全局最优解。经验表明，惯性权重采用从 0.90 线性递减到 0.10 的策略，会获得比较好的算法性能。

⑤ 终止条件：最大循环数或最小误差要求。

（3）粒子算法流程

① 初始化：设定参数运动范围，设定学习因子 c_1、c_2，最大进化代数 G，kg 表示当前的进化代数。在一个 D 维参数的搜索解空间中，粒子组成的种群规模大小为 $Size$，每个粒子代表解空间的一个候选解，其中第 i（$1 \leq i < Size$）个粒子在整个解空间的位置表示为 X_i，速度表示为 V_i。第 i 个粒子从初始到当前迭代次数搜索产生的最优解、个体极值 P_i、整个种群目前的最优解为 $BestS$。随机产生 $Size$ 个粒子，随机产生初始种群的位置矩阵和速度矩阵。

② 个体评价：将各个粒子初始位置作为个体极值，计算群体中各个粒子的初始适应值 $f(X_i)$，并求出种群最优位置。

③ 更新粒子的速度和位置，产生新种群，并对粒子的速度和位置进行越界检查。为避免算法陷入局部最优解，加入一个局部自适应变异算子进行调整。

$$V_i^{kg+1} = w(t) \times V_i^{kg} + c_1 r_1 (p_i^{kg} - X_i^{kg}) + c_2 r_2 (BestS_i^{kg} - X_i^{kg})$$
$$X_i^{kg+1} = X_i^{kg} + V_i^{kg+1}$$

其中，$kg = 1, 2, \cdots, G$；$i = 1, 2, \cdots, Size$；r_1 和 r_2 为 0 到 1 的随机数；c_1 为局部学习因子，c_2 为全局学习因子，一般取 c_2 大一些。

④ 比较粒子的当前适应值 $f(X_i)$ 和自身历史最优值 p_i，如果 $f(X_i)$ 优于 p_i，则置 p_i 为当前值 $f(X_i)$，并更新粒子位置。

⑤ 比较粒子当前适应值 $f(X_i)$ 与种群最优值 $BestS$，如果 $f(X_i)$ 优于 $BestS$，则置 $BestS$ 为当前值 $f(X_i)$，更新种群全局最优值。

⑥ 检查结束条件，若满足，则结束寻优；否则 $kg=kg+1$，转至③。结束条件为寻优达到最大进化代数，或评价值小于给定精度。

（4）粒子群算法实例

例 6-30：如图 6-25 所示为 X-Y 平面上的垂直起降飞行器受力图。因辨识起飞过程只考虑垂直方向 Y 轴和横向 X 轴，忽略前后运动（即 Z 方向），所以设 X-Y 为惯性坐标系，X_b-Y_b 为飞行器的机体坐标系。

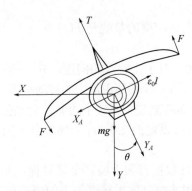

图 6-25　垂直起降飞行器示意图

根据图 6-25，可建立垂直起降飞行器动力学平衡方程为

$$\begin{cases} -m\ddot{X} = -T\sin\theta + \varepsilon_0 l\cos\theta \\ -m\ddot{Y} = T\cos\theta + \varepsilon_0 l\sin\theta - mg \\ I_x\ddot{\theta} = l \end{cases} \tag{6-1}$$

其中，T 和 l 为控制输入，即飞行器底部推力力矩和滚动力矩；g 为重力加速度；ε_0 是描述 T 和 l 之间耦合关系的系数。

由式（6-1）可见，该模型为两个控制输入控制三个状态，为典型的欠驱动系统。模型中包括三个物理参数，即 m、ε_0 和 I_x。

令 $[X, \dot{X}, Y, \dot{Y}, \theta, \dot{\theta}] = [x_1, x_2, x_3, x_4, x_5, x_6]$，$a_1 = \dfrac{1}{m}, a_2 = \dfrac{\varepsilon_0}{m}, a_3 = \dfrac{1}{I_x}, T = u_1, l = u_2$，式（6-1）可表示为

$$\begin{bmatrix} \dot{x}_2 \\ \dot{x}_4 \\ \dot{x}_6 \end{bmatrix} = \begin{bmatrix} \sin x_5 & -\cos x_5 & 0 \\ -\cos x_5 & -\sin x_5 & 0 \\ 0 & 0 & 1 \end{bmatrix} \begin{bmatrix} a_1 & 0 \\ 0 & a_2 \\ 0 & a_3 \end{bmatrix} + \begin{bmatrix} 0 \\ g \\ 0 \end{bmatrix}$$

上式可写成下面形式

$$\boldsymbol{Y} = \boldsymbol{A}\boldsymbol{\tau}$$

其中，$\boldsymbol{Y} = \begin{bmatrix} \sin x_5 & -\cos x_5 & 0 \\ -\cos x_5 & -\sin x_5 & 0 \\ 0 & 0 & 1 \end{bmatrix}^{-1} \left(\begin{bmatrix} \dot{x}_2 \\ \dot{x}_4 \\ \dot{x}_6 \end{bmatrix} - \begin{bmatrix} 0 \\ g \\ 0 \end{bmatrix} \right), \boldsymbol{A} = \begin{bmatrix} a_1 & 0 \\ 0 & a_2 \\ 0 & a_3 \end{bmatrix}, \boldsymbol{\tau} = \begin{bmatrix} u_1 \\ u_2 \end{bmatrix}$。

由 $Y(1) = a_1 u_1$、$Y(2) = a_2 u_2$ 及 $Y(3) = a_3 u_2$ 可知，参数 a_1、a_2、a_3 之间线性无关，因此，可采用智能搜索算法进行参数辨识。采用实数编码，辨识误差指标取

$$J = \sum_{i=1}^{N} \frac{1}{2}(y_i - \hat{y}_i)^{\mathrm{T}}(y_i - \hat{y}_i) \tag{6-2}$$

式中，N 为测试数据的数量；$y_i = Y(i)$。

取参数 $\boldsymbol{P} = [m \quad \varepsilon_0 \quad I_x] = [68.6 \quad 0.5 \quad 123.1]$，辨识参数集为 $\hat{\boldsymbol{P}} = [\hat{m} \quad \hat{\varepsilon}_0 \quad \hat{I}_x]$，粒子群个数 $Size=80$，最大迭代次数 $G=100$，粒子运动最大速度 $V_{\max}=1.0$，学习因子 $c_1=1.3$，$c_2=1.7$，采用线性递减的惯性权重从 0.9 递减到 0.1 的策略，将辨识误差直接作为粒子的目标函数，仿真结

果如图 6-26 所示。

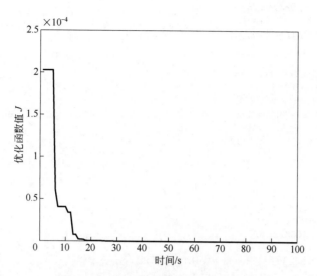

图 6-26 辨识误差函数 J 的优化过程

MATLAB 程序如下。

```
clear all;
close all;
load para_file;
n=size(tol);
N=n(1);
MinX=[0 0 0];
MaxX=[100 10 200];
Vmax=100;
Vmin=-100;
Size=80;
CodeL=3;
c1=1.3;c2=1.7;
wmax=0.90;wmin=0.10;
G=100;
for i=1:G
    w(i)=wmax-((wmax-wmin)/G)*i;
end
for i=1:1:CodeL
    P(:,i)=MinX(i)+(MaxX(i)-MinX(i))*rand(Size,1);
    v(:,i)=Vmin +(Vmax - Vmin)*rand(Size,1);%随机初始化速度
end
for i=1:1:Size
    Ji(i)=eva_obj(P(i,:),tol,Y,N);
    Pl(i,:)=P(i,:);
end
BestS=P(1,:);
for i=2:Size
    if eva_obj(P(i,:),tol,Y,N)<eva_obj(BestS,tol,Y,N)
        BestS=P(i,:);
    end
end
for kg=1:1:G
    time(kg)=kg;
    for i=1:Size
        v(i,:)=w(kg)*v(i,:)+c1*rand*(Pl(i,:)-P(i,:))+c2*rand*(BestS-P(i,:));
        for j=1:CodeL
```

```
            if v(i,j)<Vmin
                v(i,j)=Vmin;
            elseif  v(i,j)>Vmax
                v(i,j)=Vmax;
            end
        end
     P(i,:)=P(i,:)+v(i,:);
     for j=1:CodeL
        if P(i,j)<MinX(j)
            P(i,j)=MinX(j);
        elseif P(i,j)>MaxX(j)
            P(i,j)=MaxX(j);
        end
     end
     if rand>0.6
        k=ceil(3*rand);
        P(1,k)=100*rand;
        P(2,k)=10*rand;
        P(3,k)=200*rand;
     end
     if chap8_15obj(P(i,:),tol,Y,N)<Ji(i)
        Ji(i)=eva_obj(P(i,:),tol,Y,N);
        Pl(i,:)=P(i,:);
     end
     if Ji(i)<eva_obj(BestS,tol,Y,N)
        BestS=Pl(i,:);
     end
   end
Best_J(kg)=eva_obj(BestS,tol,Y,N);
end
display('true value: m  =68.6,epsilon0=0.5,IX=123.1');
BestS
Best_J(kg)
figure(1);
plot(time,Best_J(time),'k','linewidth',2);
xlabel('Times');ylabel('Best J');
function J=eva_obj(B,tol,Y,N)
  J=0;
  m=B(1);
  epc0=B(2);
  Ix=B(3);

  a1=1/m;
  a2=epc0/m;
  a3=1/Ix;
  A=[a1 0;0 a2;0 a3];
for j=1:1:N
    YY=[Y(j,1);Y(j,2);Y(j,3)];
    Yp=A*tol(j,:)';
    E(:,j)=YY-Yp;
end
for j=1:1:N
    Ej(j)=sqrt(E(1,j)^2+E(2,j)^2+E(3,j)^2);
    J=J+0.5*Ej(j)*Ej(j);
end
end
```

6.4.3 差分进化算法

（1）标准差分进化算法

差分进化算法是基于群体智能理论的优化算法，通过群体内个体间的合作与竞争产生的群体智能指导优化搜索。它保留了基于种群的全局搜索策略,采用实数编码、基于差分的简单变异操作和一对一的竞争生存策略,降低了遗传操作的复杂性,同时它特有的记忆能力使其可以动态跟踪当前的搜索情况,从而调整搜索策略,具有较强的全局收敛能力和鲁棒性。差分进化算法的主要优点可以总结为以下三点:待定参数少、不易陷入局部最优、收敛速度快。

差分进化算法根据父代个体间的差分向量进行变异、交叉和选择操作,其基本思想是从某一随机产生的初始群体开始,通过把种群中任意两个个体的向量差加权后按一定的规则与第三个个体求和来产生新个体,然后将新个体与当代种群中某个预先决定的个体相比较,如果新个体的适应度值优于与之相比较的个体的适应度值,则在下一代中就用新个体取代旧个体,否则旧个体仍保存下来,通过不断的迭代运算,保留优良个体,淘汰劣质个体,引导搜索过程向最优解逼近。

(2)差分进化算法的基本流程

差分进化算法是基于实数编码的进化算法,整体结构上与其他进化算法类似,由变异、交叉和选择 3 个基本操作构成。标准差分进化算法主要包括以下 4 个步骤。

① 生成初始群体　在 n 维空间里随机产生满足约束条件的 M 个个体,实施措施如下:

$$x_{ij}(0) = rand_{ij}(0,1)\left(x_{ij}^{U} - x_{ij}^{L}\right) + x_{ij}^{L} \tag{6-3}$$

其中,x_{ij}^{U} 和 x_{ij}^{L} 分别是第 j 个染色体的上界和下界,$rand_{ij}(0,1)$ 是[0,1]之间的随机小数。

② 变异操作　从群体中随机选择 3 个个体 x_{p1}、x_{p2} 和 x_{p3},且 $i \neq p_1 \neq p_2 \neq p_3$,则基本的变异操作为

$$h_{ij}(t+1) = x_{p_1 j}(t) + F\left(x_{p_2 j}(t) - x_{p_3 j}(t)\right) \tag{6-4}$$

如果无局部优化问题,变异操作可写为

$$h_{ij}(t+1) = x_{bj}(t) + F\left(x_{p_2 j}(t) - x_{p_3 j}(t)\right) \tag{6-5}$$

其中,$x_{p_2 j}(t) - x_{p_3 j}(t)$ 为差异化向量,此差分操作是差分进化算法的关键;F 为变异因子;p_1,p_2,p_3 为随机整数,表示个体在种群中的序号;$x_{bj}(t)$ 为当前代中种群中最好的个体。由于式(6-5)借鉴了当前种群中最好的个体信息,可加快收敛速度。

③ 交叉操作　交叉操作是为了增加样体的多样性,具体操作如下:

$$v_{ij}(t+1) = \begin{cases} h_{ij}(t+1), rand\, l_{ij} \leqslant CR \\ x_{ij}(t), rand\, l_{ij} > CR \end{cases} \tag{6-6}$$

其中,$rand\, l_{ij}$ 为[0,1]之间的随机小数;CR 为交叉概率,$CR \in [0,1]$。

④ 选择操作　为了确定 $x_i(t)$ 是否成为下一代的成员,用实验向量 $v_i(t+1)$ 和目标向量 $x_i(t)$ 对评价函数进行比较:

$$x_i(t+1) = \begin{cases} v_i(t+1), f\left(v_{i1}(t+1), \cdots, v_{in}(t+1)\right) < f\left(x_{i1}(t), \cdots, x_{in}(t)\right) \\ x_{ij}(t), f\left(v_{i1}(t+1), \cdots, v_{in}(t+1)\right) \geqslant f\left(x_{i1}(t), \cdots, x_{in}(t)\right) \end{cases} \tag{6-7}$$

反复执行步骤②至步骤④操作,直至达到最大迭代次数 G。

(3)差分进化算法的参数设置

差分进化算法的运行参数主要有:变异因子 F、交叉因子 CR、群体规模 M 和最大迭代次数 G。

① 变异因子 F　变异因子 F 是控制种群多样性和收敛性的重要参数,一般在[0,2]之间取

值。变异因子 F 值较小时，群体的差异度减小，进化过程不易跳出局部极值，从而导致种群过早收敛；变异因子 F 值较大时，虽然容易跳出局部极值，但是收敛速度会减慢。一般可选在 $F=0.3\sim0.6$。

② 交叉因子 CR　交叉因子 CR 可控制个体参数的各维对交叉的参与程度以及全局与局部搜索能力的平衡，一般在 $[0,1]$ 之间。交叉因子 CR 变小，种群多样性减小，容易受骗，过早收敛；CR 越大，收敛速度越大，但过大可能导致收敛变慢，因为扰动大于群体差异度。一般应选在 $[0.6,0.9]$ 之间。

CR 越大，F 越小，种群收敛逐渐加速，但随着交叉因子 CR 的增大，收敛对变异因子 F 的敏感度逐渐提高。

③ 群体规模 M　群体所含个体数量 M 一般介于 $5D$ 与 $10D$ 之间（D 为问题空间的维度），但不能小于 $4D$，否则无法进行变异操作。M 越大，种群多样性越强，获得最优解的概率越大，但是计算时间更长，一般取 $20\sim50$。

④ 最大迭代次数 G　最大迭代次数 G 一般作为进化过程的终止条件。迭代次数越大，最优解更精确，但同时计算的时间会更长，需要根据具体问题设定。

以上 4 个参数对差分进化算法的求解结果和求解效率都有很大的影响，因此，要合理设定这些参数才能获得较好的效果。

（4）基于差分进化算法的函数优化

利用差分进化算法求 Rosenbrock 函数的极大值。

$$\begin{cases} f(x_1,x_2)=100\left(x_1^2-x_2\right)^2+\left(1-x_1\right)^2 \\ -2.048\leqslant x_i\leqslant2.048 \quad(i=1,2) \end{cases} \tag{6-8}$$

该函数有两个局部极大点，分别是 $f(2.048,-2.048)=3897.7342$ 和 $f(2.048,-2.048)=3905.9262$，其中后者为全局最大点。

采用实数编码求函数极大值，用两个实数分别表示两个决策变量 x_1、x_2，分别将 x_1、x_2 的定义域离散化为从离散点 -2.048 到离散点 2.048 的 $Size$ 个实数。个体的适应度直接取为对应的目标函数值，越大越好，即取适应度函数为 $F(x)=f(x_1,x_2)$。

在差分进化算法仿真中，取 $F=1.2$，$CR=0.90$，样本个数为 $Size=30$，最大迭代次数 $G=50$。按式（6-3）～式（6-7）设计差分进化算法，经过 30 步迭代，最佳样本为 $BestS=[-2.048-2.048]$，即当 $x_1=-2.048$，$x_2=-2.048$ 时，Rosenbrock 函数具有极大值，极大值为 3905.9。

适应度函数 $F(x)$ 的变化过程如图 6-27 所示，通过适当增大 F 值及增加样本数量，有效地避免了陷入局部最优解，仿真结果表明正确率接近 100%。

MATLAB 程序如下。

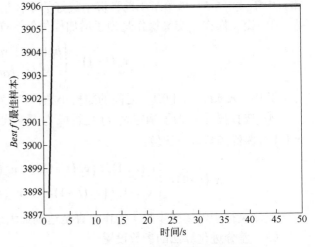

图 6-27　适应度函数 F 的优化过程

```
clear all;
close all;
```

```
Size=30;
CodeL=2;
MinX(1)=-2.048;
MaxX(1)=2.048;
MinX(2)=-2.048;
MaxX(2)=2.048;
G=50;
F=1.2;
cr=0.9;
for i=1:1:CodeL
    P(:,i)=MinX(i)+(MaxX(i)-MinX(i))*rand(Size,1);
end
BestS=P(1,:);
for i=2:Size
        if(eva_obj( P(i,1),P(i,2))>eva_obj( BestS(1),BestS(2)))
        BestS=P(i,:);
    end
end
fi=eva_obj( BestS(1),BestS(2));
for kg=1:1:G
    time(kg)=kg;
    for i=1:Size
        r1 = 1;r2=1;r3=1;
        while(r1 == r2|| r1 == r3 || r2 == r3 || r1 == i || r2 ==i || r3 == i )
            r1 = ceil(Size * rand(1));
             r2 = ceil(Size * rand(1));
              r3 = ceil(Size * rand(1));
        end
        h(i,:) = P(r1,:)+F*(P(r2,:)-P(r3,:));

        for j=1:CodeL
            if h(i,j)<MinX(j)
                h(i,j)=MinX(j);
            elseif h(i,j)>MaxX(j)
                h(i,j)=MaxX(j);
            end
        end
        for j = 1:1:CodeL
            tempr = rand(1);
            if(tempr<cr)
                v(i,j) = h(i,j);
            else
                v(i,j) = P(i,j);
            end
        end
        if(eva_obj(v(i,1),v(i,2))>eva_obj(P(i,1),P(i,2)))
            P(i,:)=v(i,:);
        end
        if(eva_obj(P(i,1),P(i,2))>fi)
          fi=eva_obj(P(i,1),P(i,2));
          BestS=P(i,:);
        end
    end
Best_f(kg)=eva_obj(BestS(1),BestS(2));
end
BestS
Best_f(kg)
figure(1);
plot(time,Best_f(time),'k','linewidth',2);
```

```
xlabel('Times');ylabel('Best f');
function J=eva_obj(x1,x2)
 J=100*(x1^2- x2)^2+(1- x1)^2;
End
```

6.5　线性系统开环传递函数和闭环传递函数的辨识实例

6.5.1　线性系统开环传递函数的辨识

例 6-31：设控制系统被控对象的传递函数为

$$G_P(s) = \frac{133}{s^2 + 25s + 10}$$

采样周期取 1ms，即 $h=0.001$。输入信号为幅值为 0.5 的正弦扫频信号 $y_d(t) = 0.5\sin(2\pi Ft)$，起始频率为 1.0Hz，终止频率为 10Hz，步长为 0.5Hz，对每个频率点，运行 20000 个采样时间，并记录采样区间为[10000,15000]的数据。

求出实际开环系统在各个频率点的相频和幅频后，可写出开环系统频率特性的复数表示，即 $h_p = M(\cos\phi_e + \mathrm{j}\sin\phi_e)$。

取 $w = 2\pi F$，利用 MATLAB 函数 $\mathrm{invfreqs}(h_p, w, nb, na)$，可得到与复频特性 h_p 相对应的传递函数（分子和分母阶数分别为 nb 和 na）的分子和分母系数的和 aa，从而得到开环系统辨识的传递函数。利用 MATLAB 函数 $\mathrm{freqs}(bb, aa, w)$ 可得到分子和分母阶数分别为 aa 和 bb 的开环传递函数的复频表示，从而得到所拟合开环系统传递函数的相频和复频。

通过仿真，可得开环传递函数为

$$G_c(s) = \frac{133.3}{s^2 + 24.28s + 10.08}$$

仿真结果如图 6-28～图 6-30 所示。可见，该算法能精确地求出开环传递函数的幅频和相频特性，从而可以实现开环传递函数的辨识。

拟合 MATLAB 程序如下：

```
clear all;
close all;
load idenfile;
a=25;b=133;c=10;
sys=tf(b,[1,a,c]);
ts=0.001;
Am=0.5;
kk=0;
q=1;
for F=1:0.5:10
kk=kk+1;
FF(kk)=F;
for i=10001:1:15000
    fai(1,i-10000) = sin(2*pi*F*i*ts);
    fai(2,i-10000) = cos(2*pi*F*i*ts);
end
Fai=fai';
```

```
 fai_in(kk)=0;
 Y_out=y(q,10001:1:15000)';
 cout=inv(Fai'*Fai)*Fai'*Y_out;
 fai_out(kk)=atan(cout(2)/cout(1));
 if fai_out(kk)>0
    fai_out(kk)=fai_out(kk)-pi;
 end
 Af(kk)=sqrt(cout(1)^2+cout(2)^2);
 mag_e(kk)=20*log10(Af(kk)/Am);
 ph_e(kk)=(fai_out(kk)-fai_in(kk))*180/pi;
 if ph_e(kk)>0
    ph_e(kk)=ph_e(kk)-360;
 end
    q=q+1;
 end
FF=FF';
mag_e1=Af'/Am;
ph_e1=fai_out'-fai_in';
hp=mag_e1.*(cos(ph_e1)+j*sin(ph_e1)) ;
na=2;
nb=0;
w=2*pi*FF;
 [bb,aa]=invfreqs(hp,w,nb,na); bb
aa
G=tf(bb,aa)
hf=freqs(bb,aa,w);
sysmag=abs(hf);
sysmag1=20*log10(sysmag);
sysph=angle(hf);
sysph1=sysph*180/pi;
figure(1);
subplot(2,1,1);
semilogx(w,mag_e,'r',w,sysmag1,'b');grid on;
xlabel('rad./s');ylabel('Mag.(dB.)');
subplot(2,1,2);
semilogx(w,ph_e,'r',w,sysph1,'b');grid on;
xlabel('rad./s');ylabel('Phase(Deg.)');
figure(2);
subplot(2,1,1);
magError=sysmag1-mag_e';
plot(w,magError,'r');
xlabel('rad./s');ylabel('Mag.(dB.)');
subplot(2,1,2);
phError=sysph1-ph_e';
plot(w,phError,'r');
xlabel('rad./s');ylabel('Phase(Deg.)');
figure(3);
bode(sys,'r',G,'b');
```

扫频 MATLAB 程序如下。

```
clear all;
close all;
ts=0.001;
a=25;b=133;c=10;
sys=tf(b,[1,a,c]);
dsys=c2d(sys,ts,'z');
```

```
[num,den]=tfdata(dsys,'v');
Am=0.5;
q=1;
for F=1:0.5:10
u_1=0.0;u_2=0.0;
y_1=0;y_2=0;
for k=1:1:20000
time(k)=k*ts;
u(q,k)=Am*sin(1*2*pi*F*k*ts);
y(q,k)=-den(2)*y_1-den(3)*y_2+num(2)*u_1+num(3)*u_2;
uk(k)=u(q,k);
yk(k)=y(q,k);
u_2=u_1;u_1=u(q,k);
y_2=y_1;y_1=y(q,k);
end
q=q+1;
plot(time,uk,'r',time,yk,'b');
pause(0.2);
end
save idenfile y;
```

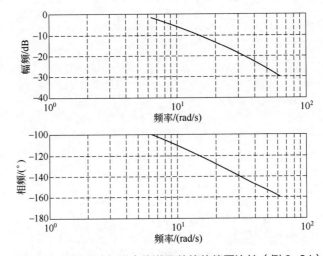

图 6-28　实际测试与拟合传递函数的伯德图比较（例 6-31）

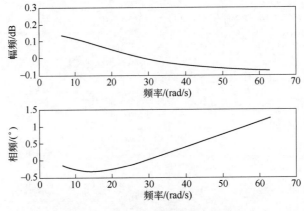

图 6-29　频率特性拟合误差曲线（例 6-31）

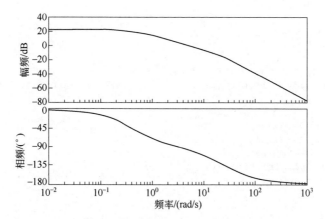

图 6-30　实际对象与拟合传递函数的伯德图比较（例 6-31）

6.5.2　线性系统闭环传递函数的辨识

例 6-32：设控制系统被控对象的传递函数为

$$G_P(s) = \frac{523500}{s^3 + 87.35s^2 + 10470s}$$

采样周期取 1ms，即 h=0.001。输入信号为幅值为 0.5 的正弦扫频信号 $y_d(t) = 0.5\sin(2\pi Ft)$，频率的起始频率为 1.0Hz，终止频率为 10Hz，步长为 0.5Hz，对每个频率点，运行 20000 个采样时间，并记录采样区间为[10000,15000]的数据。

求出实际开环系统在各个频率点的相频和幅频后，可写出开环系统频率特性的复数表示，即 $h_p = M(\cos\phi_e + j\sin\phi_e)$。取 $w = 2\pi F$，利用 MATLAB 函数 invfreqs(h_p, w, nb, na)，可得到与复频特性 h_p 相对应的分子和分母阶数分别为 nb 和 na 的传递函数的分子和分母系数的和 aa，从而得到开环系统辨识的传递函数。利用 MATLAB 函数 freqs(bb, aa, w) 可得到分子和分母阶数分别为 aa 和 bb 的开环传递函数的复频表示，从而得到所拟合开环系统传递函数的相频和复频。

通过仿真，可得开环传递函数为

$$G_P(s) = \frac{-178s + 3.664 \times 10^5}{s^3 + 87.49s^2 + 1.029 \times 10^4 s + 3.664 \times 10^5}$$

图 6-31 为实际闭环系统频率特性及其拟合闭环系统频率特性的比较，图 6-32 为实际闭环系统频率特性及其拟合闭环系统频率特性之差，即建模误差。可见，该算法能非常精确地求出闭环系统的幅频和相频，从而可以精确地实现闭环系统的建模。

MATLAB 程序 1 如下。

```
close all
ts=0.001;
Am=0.5;
Gp=tf(5.235e005,[1,87.35,1.047e004,0]);
zGp=c2d(Gp,ts,'z');
[num,den]=tfdata(zGp,'v');
kp=0.70;
kk=0;
u_1=0.0;u_2=0.0;u_3=0.0;
y_1=0;y_2=0;y_3=0;
```

```
for F=0.5:0.5:8
kk = kk+1;
FF(kk)=F;
for k=1:1:2000
time(k)=k* ts;
yd(k)=Am * sin (1 * 2 * pi * F * k * ts) ;
y(kk,k) = - den(2)*y_1-den(3)*y_2-den(4)*y_3+num(2)*u_1+num(3)*u_2+num(4)*u_3;
e(k)=yd(k)-y(kk,k);
u(k)=kp*e(k);
u_3=u_2;u_2=u_1;u_1=u(k);
y_3=y_2;y_2=y_1;y_1=y(kk,k);
end
        plot (time,yd, 'r',time,y(kk,:),'b');
        pause(0.6);
end
Y=y;
save saopin_data Y;
save closed.mat kp;
```

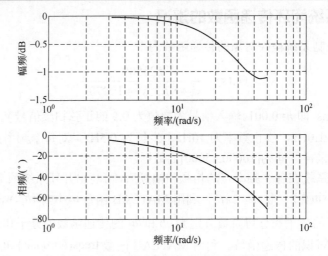

图 6-31　实际传递函数与拟合传递函数的伯德图比较（例 6-32）

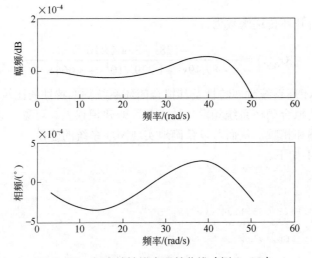

图 6-32　频率特性拟合误差曲线（例 6-32）

MATLAB 程序 2 如下。

```
load saopin_data;
ts=0.001;
Am=0.5;
kk=0;
for F=0.5:0.5:8
kk=kk+1;
FF(kk)=F;
for i=1001:1:2000
fai(1,i-1000) = sin(2*pi*F*i* ts);
fai(2,i-1000)=cos(2*pi*F*i*ts);
end
Fai=fai';
fai_in(kk)=0;
Y_out=Y(kk,1001:1:2000)';
cout=inv(Fai'*Fai)*Fai'*Y_out;
fai_out(kk)=atan(cout(2)/cout(1));% Phase Frequency(Deg.)
Af(kk)=sqrt(cout(1)^2+cout(2)^2); % Magnitude Frequency(dB)
mag_e(kk)=20*log10(Af(kk)/Am);%in dB.
ph_e(kk)=(fai_out(kk)-fai_in(kk))*180/pi; %in Deg.
if ph_e(kk)>0
ph_e(kk)=ph_e(kk)-360;
end
end
FF
FF=FF';
mag_e1=Af'/Am;
ph_e1=fai_out'-fai_in';
hp=mag_e1.*(cos(ph_e1)+j*sin(ph_e1))
if S==1
na= 3;
nb=1;
else if  S==2
na= 3;
nb= 3;
end
w=2*pi*FF;
 [bb,aa]=invfreqs(hp,w,nb,na);
save model Gc.mat bb aa; Gc=tf(bb,aa)
  hf=freqs(bb,aa,w);
    sysmag=abs(hf);
sysmag1=20*log10(sysmag);
sysph=angle(hf);
sysph1=sysph*180/pi;
figure(1);
subplot(2,1,1);
semiiogx(w,mag_e,'r',w, sysmagl,'b');
grid on;
xlabe1('rad/s');
ylabel('Mag.(dB)');
subplot(2,1,2);
semilogx(w,ph_e,'r',w, sysph1,'b');
grid on;
xlabe1('rad/s');
ylabel('Phase(Deg)');
figure(2);
subplot(2,1,1);
magError=sysmag1-mage';
plot(w.magError,'r');
xlabel('rad/s');
ylabel('Mag.(dB)');
subplot(2,1,2);
```

```
phError=sysph1-phe';
plot(w,phError,'r');
xlabel('rad/s');
ylabel('Phase(Deg)');
```

练习题

1. 阐述系统辨识的基本原理及常用模型。
2. 系统辨识工具箱主要有哪些？
3. 智能优化算法辨识有哪几种？

第 7 章

工程应用

7.1 液压阀控系统

7.1.1 系统概述

液压阀控系统是工程上常用的伺服控制系统，具有响应速度快、功率质量比大、负载刚性高和性能价格比高等特点，能实现高精度、高速度和大功率的控制，因此在航空航天、冶金、船舶、机床、动力设备和煤矿机械等工业领域得到了广泛应用。液压阀控系统的非线性主要由电液转换与控制元件（伺服阀、比例阀或数字阀）的节流特性（包括阀零位附近的不灵敏性、最大开口附近的流量饱和特性、阀流量方程的非线性以及温漂等和液压动力机构的滞环、死区及限幅）等因素引起。对于由后者引起的非线性（通常称为本质非线性），采用描述函数法已能获得较好的结果，而对前者目前还没有比较满意的统一处理方法。模糊控制以模糊逻辑和语言规则为基础，抓住人脑思维的模糊性特点，模仿人的推理过程来进行模糊推理，善于表达近似与定性的知识，已被广泛地应用在液压阀控系统。

7.1.2 工作原理

液压阀控系统主要包括以下几个功能：

① 能够进行泵控马达、阀控马达进而达到伺服控制；

② 能够进行位置（转角）、速度（角速度）、力（力矩）、加速度等控制，并能实现液压缸、液压马达的同步控制；

③ 能够进行液压泵、液压缸、液压马达、板式液压阀的主要性能测试；

④ 能够进行液压比例方向阀、压力阀、流量阀的主要性能测试。

液压原理如图 7-1 所示。

电动机 1 带动主泵 3 通过过滤器 2 吸油，伺服阀 7 的输入电压信号为-10～10V，加载泵 10、单向阀 11、比例溢流阀 13 以及补油泵 12 共同组成模拟负载部分。工作时加载泵一直处于强制卸荷状态，通过改变比例溢流阀的输入电压信号，可以使马达 8 获得不同的负载，通过实时调节伺服阀的输入电压信号可以改变阀芯位移，使马达进油腔的流量保持不变，以此来获得恒定的转速。

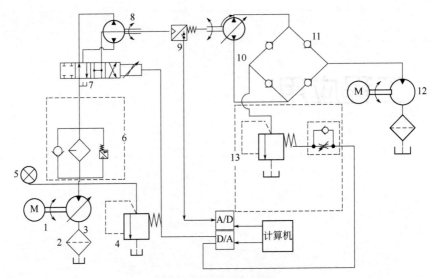

图 7-1　液压原理图

1—电动机；2—过滤器；3—主泵；4—溢流阀；5—压力表；6—过滤发讯器；7—伺服阀；
8—马达；9—转矩转速传感器；10—加载泵；11—单向阀；12—补油泵；13—比例溢流阀

7.1.3　模型建立

（1）系统的基本方程

根据系统的基本方程，即液压控制阀的流量方程、液压马达的流量连续性方程和液压马达与负载的力平衡方程，推导阀控液压马达的传递函数。

① 滑阀的流量方程　假定：阀是零开口四边滑阀，四个节流窗口是匹配和对称的，供油压力 P_s 恒定，回油压力 P_0 为零。阀的线性化流量方程为：

$$\Delta q_L = K_q \Delta x_V - K_C \Delta p_L \tag{7-1}$$

式中，K_q 为流量增益；K_C 为流量压力系数；x_V 为伺服阀主阀位移；p_L 为负载压力。

为了简单起见，仍用变量本身表示它们从初始条件下的变化量，则

$$q_L = K_q x_V - K_C p_L \tag{7-2}$$

位置伺服系统动态性能分析经常是在零位工作条件下进行的，此时的增量和变量相等。由于液压马达的外泄漏和压缩性的影响，流入液压马达的流量 q_1 和流出液压马达的流量 q_2 不相等，为了简化分析，定义负载流量为：

$$q_L = \frac{q_1 + q_2}{2} \tag{7-3}$$

② 液压马达流量连续性方程　假定：阀与液压马达的连接管道对称且短而粗，管道中的压力损失和管道动态可以忽略；液压马达每个工作腔内各处的压力相等；油温和体积弹性模量为常数；液压马达内、外泄漏均为层流流动。

流入液压马达进油腔的流量 q_1 为：

$$q_1 = D_m \frac{\mathrm{d}\theta_m}{\mathrm{d}t} + C_{im}(p_1 - p_2) + C_{em}p_1 + \frac{V_1}{\beta_e} \times \frac{\mathrm{d}p_1}{\mathrm{d}t} \tag{7-4}$$

从液压马达回油腔流出的流量 q_2 为：

$$q_2 = D_m \frac{\mathrm{d}\theta_m}{\mathrm{d}t} + C_{im}(p_1 - p_2) - C_{em}p_2 - \frac{V_2}{\beta_e} \times \frac{\mathrm{d}p_2}{\mathrm{d}t_1} \tag{7-5}$$

式中　θ_m——液压马达的转角；

　　　D_m——液压马达的排量；

　　　C_{im}——液压马达内泄漏系数；

　　　C_{em}——液压马达外泄漏系数；

　　　V_1——液压马达进油腔的容积（包括阀、连接管道和进油腔）；

　　　V_2——液压马达回油腔的容积（包括阀、连接管道和回油腔）；

　　　β_e——有效体积弹性模量。

在式（7-4）和式（7-5）中，等号右边第一项是推动马达运动所需的流量，第二项是马达的内泄漏流量，第三项是马达的外泄漏流量，第四项是油液压缩和腔内变形所需的流量。

液压马达工作腔的容积可写为：

$$V_1 = V_{01} + D_m\theta_m \tag{7-6}$$
$$V_2 = V_{02} - D_m\theta_m \tag{7-7}$$

式中　V_{01}——进油腔的初始容积；

　　　V_{02}——回油腔的初始容积。

由式（7-3）～式（7-7）得流量连续性方程为：

$$q_L = \frac{q_1 + q_2}{2} = D_m\frac{\mathrm{d}\theta_m}{\mathrm{d}t} + C_{im}(p_1 - p_2) + \frac{C_{em}}{2}(p_1 - p_2)$$
$$+ \frac{1}{2\beta_e}\left(V_{01}\frac{\mathrm{d}p_1}{\mathrm{d}t} - V_{02}\frac{\mathrm{d}p_2}{\mathrm{d}t}\right) + \frac{D_m\theta_m}{2\beta_e}\left(\frac{\mathrm{d}p_1}{\mathrm{d}t} + \frac{\mathrm{d}p_2}{\mathrm{d}t}\right) \tag{7-8}$$

在式（7-4）和式（7-5）中，外泄漏流量 $C_{em}p_1$ 和 $C_{em}p_2$ 通常很小，可以忽略不计。如果 $\frac{V_1}{\beta_e} \times \frac{\mathrm{d}p_1}{\mathrm{d}t}$ 和 $-\frac{V_2}{\beta_e} \times \frac{\mathrm{d}p_2}{\mathrm{d}t_1}$ 相等，则 $q_1 = q_2$。因阀与液压马达的连接管道是对称的，所以通过滑阀芯流口 1、2 的流量也相等。因此动态时 $p_s = p_1 + p_2$，仍近似适用。由于 $p_L = p_1 - p_2$，则 $p_1 = \frac{p_s + p_L}{2}$，$p_2 = \frac{p_s - p_L}{2}$，从而有：

$$\frac{\mathrm{d}p_1}{\mathrm{d}t} = \frac{1}{2} \times \frac{\mathrm{d}p_L}{\mathrm{d}t} = -\frac{\mathrm{d}p_2}{\mathrm{d}t} \tag{7-9}$$

要使压缩流量相等，就应使液压马达两腔的初始容积 V_{01} 和 V_{02} 相等，即：

$$V_{01} = V_{02} = V_0 = \frac{V_t}{2} \tag{7-10}$$

式中　V_0——液压马达腔的平均容积；

　　　V_t——总压缩容积。

由于 $D_m\theta_m \ll V_0$，$\frac{\mathrm{d}p_1}{\mathrm{d}t} + \frac{\mathrm{d}p_2}{\mathrm{d}t} \approx 0$，则式（7-8）可化简为：

$$q_L = D_m\frac{\mathrm{d}\theta_m}{\mathrm{d}t} + C_{tm}p_L + \frac{V_t}{4\beta_e} \times \frac{\mathrm{d}p_L}{\mathrm{d}t} \tag{7-11}$$

式中 C_{tm} ——液压马达总泄漏系数，$C_{tm} = C_{im} + \dfrac{C_{em}}{2}$。

式（7-11）中右边第一项是推动液压马达转动所需的流量，第二项是总泄漏流量，第三项是总压缩流量。

③ 液压马达负载力平衡方程   液压马达动力元件的动态特性受负载特性的影响。负载力一般包括惯性力、黏性阻尼力、弹性力和任意外负载力。

液压马达的输出力与负载力的平衡方程为：

$$D_m p_L = J_t \frac{\mathrm{d}^2 \theta_m}{\mathrm{d}t^2} + B_m \frac{\mathrm{d}\theta_m}{\mathrm{d}t} + G\theta_m + T_L \tag{7-12}$$

式中 J_t ——液压马达和负载折算到马达轴上的总惯量；

  B_m ——液压马达和负载的黏性阻尼系数；

  G ——负载的扭转弹簧刚度；

  T_L ——作用在马达轴上的任意外负载力矩。

此外还存在库仑摩擦力等非线性负载，但采用线性化的方法分析系统的动态特性时，必须将这些非线性负载忽略。

（2）系统模型函数的推导

对式（7-2）、式（7-11）、式（7-12）取拉普拉斯变换为：

$$Q_L = K_q X_V - K_c P_L \tag{7-13}$$

$$Q_L = D_m s\theta_m + C_{tm}P_L + \frac{V_t}{4\beta_e}sP_L \tag{7-14}$$

$$D_m P_L = J_t s^2 \theta_m + B_m s\theta_m + G\theta_m + T_L \tag{7-15}$$

式（7-13）、式（7-14）、式（7-15）完全描述了阀控马达组合装置的动态特性。由此可以画出阀控液压马达系统的方框图，如图 7-2 所示。其中图 7-2（a）是由负载流量获得的液压马达系统方框图，图 7-2（b）是由负载压力获得的液压马达系统方框图。

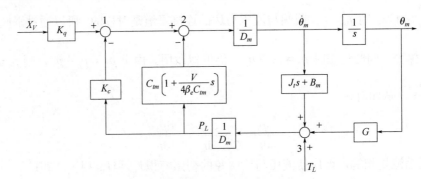

(a) 由负载流量获得的液压马达系统方框图

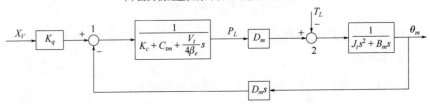

(b) 由负载压力获得的液压马达系统方框图

图 7-2   阀控液压马达系统方框图

由式（7-13）、式（7-14）、式（7-15）消去中间变量 Q_L 和 P_L，可以求得阀芯输入位移 X_V 和外负载力矩 T_L 同时作用时液压马达总的输出转角 θ_m：

$$\theta_m = \frac{\dfrac{K_q}{D_m}X_V - \dfrac{K_{ce}}{D_m^2}\left(1+\dfrac{V_t}{4\beta_e K_{ce}}s\right)T_L}{\dfrac{V_t J_t}{4\beta_e D_m^2}s^3 + \left(\dfrac{J_t K_{ce}}{D_m^2}+\dfrac{B_m V_t}{4\beta_e D_m^2}\right)s^2 + \left(1+\dfrac{B_m K_{ce}}{D_m^2}+\dfrac{GV_t}{4\beta_e D_m^2}\right)s + \dfrac{GK_{ce}}{D_m^2}} \tag{7-16}$$

式中　$K_{ce} = K_c + C_{tm}$ ——总流量-压力系数。

在式（7-16）中，阀位移 X_V 是系统的输入量，外加负载力矩 T_L 是干扰量，外干扰量也是一种输入量，只是它的作用与输入量的作用相反。从式中可以看出液压马达对阀的位移和负载力矩输入的响应特性。分子中的第一项可以看成是无负载时的速度，第二项则是因负载而造成的速度降低。

（3）系统模型函数的简化

动态方程（7-16）中，考虑了惯性负载、黏性摩擦负载、弹性负载以及油液的压缩性和液压马达的泄漏等因素，实际系统的负载情况可能比较简单，有些因素可以忽略，这样传递函数就可以进一步简化。

伺服系统的负载在很多情况下是以惯性负载为主，没有弹性负载或弹性负载很小可以忽略，在液压马达作为执行元件的伺服系统中，弹性负载更是少见。另外，黏性阻尼系数 B_m 一般很小，当 $G=0$，且 $\dfrac{B_m K_{ce}}{D_m^2} \ll 1$ 时，动态方程可简化为：

$$\theta_m = \frac{\dfrac{K_q}{D_m}X_V - \dfrac{K_{ce}}{D_m^2}\left(1+\dfrac{V_t}{4\beta_e K_{ce}}s\right)T_L}{s\left(\dfrac{s^2}{\omega_h^2}+\dfrac{2\zeta_h}{\omega_h}s+1\right)} \tag{7-17}$$

式中　ω_h ——液压固有频率，见式（7-18）；

　　　ζ_h ——液压阻尼比，见式（7-19）。

$$\omega_h = \sqrt{\frac{4\beta_e D_m^2}{V_t J_t}} \tag{7-18}$$

$$\zeta_h = \frac{K_{ce}}{D_m}\sqrt{\frac{\beta_e J_t}{V_t}} + \frac{B_m}{4D_m}\sqrt{\frac{V_t}{\beta_e J_t}} \tag{7-19}$$

通常负载黏性阻尼系数 B_m 很小，ζ_h 可用式（7-20）表示：

$$\zeta_h = \frac{K_{ce}}{D_m}\sqrt{\frac{\beta_e J_t}{V_t}} \tag{7-20}$$

由式（7-17）可得液压马达轴的转角对阀芯位移的传递函数为：

$$\frac{\theta_m}{X_V} = \frac{\dfrac{K_q}{D_m}}{s\left(\dfrac{s^2}{\omega_h^2}+\dfrac{2\zeta_h}{\omega_h}s+1\right)} \tag{7-21}$$

液压马达轴的转角对外负载力矩的传递函数为：

$$\frac{\theta_m}{T_L} = \frac{-\dfrac{K_{ce}}{D_m^2}\left(1 + \dfrac{V_t}{4\beta_e K_{ce}}s\right)}{s\left(\dfrac{s^2}{\omega_h^2} + \dfrac{2\zeta_h}{\omega_h}s + 1\right)} \tag{7-22}$$

因马达角速度 $\omega = \dfrac{\mathrm{d}\theta_m}{\mathrm{d}t}$，故得到马达的角速度 ω 对阀芯的位移 X_V 的传递函数为：

$$\frac{\omega}{X_V} = \frac{\dfrac{K_q}{D_m}}{\dfrac{s^2}{\omega_h^2} + \dfrac{2\zeta_h}{\omega_h}s + 1} \tag{7-23}$$

马达的角速度 ω 对外负载力矩 T_L 之间的传递函数为：

$$\frac{\omega}{T_L} = \frac{-\dfrac{K_{ce}}{D_m^2}\left(1 + \dfrac{V_t}{4\beta_e K_{ce}}s\right)}{\dfrac{s^2}{\omega_h^2} + \dfrac{2\zeta_h}{\omega_h}s + 1} \tag{7-24}$$

（4）液压阀控系统传递函数的计算

① 伺服阀传递函数　在大多数伺服系统中，伺服阀的动态响应往往高于动力元件的动态响应。为了简化系统的动态特性分析与设计，伺服阀的传递函数可用二阶振荡环节表示。如果伺服阀二阶环节的固有频率高于动力元件的固有频率，伺服阀的传递函数可以用一阶惯性环节表示。当伺服阀固有频率远远高于动力元件的固有频率时，伺服阀可看成比例环节。本例中研究的伺服系统的固有频率在 10Hz 附近，伺服阀的响应时间小于 10ms，所以伺服阀传递函数可简化为比例环节：

$$\frac{X_V}{I} = K_{sv} \tag{7-25}$$

② 伺服放大器及转速传感器传递函数　伺服放大器为高输出阻抗的电压-电流转换器，频率比液压固有频率高得多，可将其简化为比例环节，即：

$$\frac{I}{U} = K_a \tag{7-26}$$

在系统应用范围内，转速传感器也可用比例环节表示，即：

$$\frac{U}{\omega_m} = K_f \tag{7-27}$$

③ 系统传递函数的计算　根据上述推导，由式（7-23）、式（7-25）～式（7-27）可以得到液压阀控系统的模型结构框图，如图 7-3 所示。结合伺服系统的各项参数，得到系统的传递函数为：

$$G_s = \frac{K_a K_{sv}\dfrac{K_q}{D_m}}{\dfrac{s^2}{\omega_h^2} + \dfrac{2\zeta_h}{\omega_h} + 1 + K_f K_a K_{sv}\dfrac{K_q}{D_m}} \approx \frac{1}{100s^2 + 5s + 36}$$

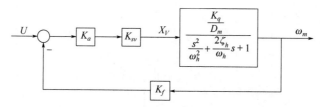

图 7-3　液压阀控系统的简化模型结构图

7.1.4　控制仿真

（1）隶属度的选取

两个输入及输出的模糊论域分别取为输入[-6　6]、[-7　7]，隶属度函数如图 7-4、图 7-5、图 7-6 所示。模糊化和解模糊采用系统默认即可。

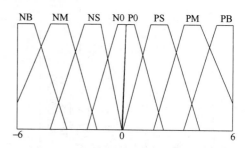

图 7-4　输入误差（e）的隶属函数曲线

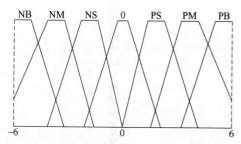

图 7-5　输入误差变化（ec）的隶属函数曲线

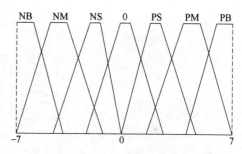

图 7-6　输出（u）的隶属函数曲线

（2）控制规则表

可由经验选取模糊控制规则表，即可由输入 e、ec 的实际情况根据经验得到相应的模糊规则控制表，如表 7-1 所示。

表 7-1　模糊控制规则表

u		e							
		PB	NM	NS	NO	PO	PS	PM	PB
ec	NM	PB	PB	PM	PM	PM	PS	ZO	NS
	NB	PB	PB	PB	PB	PB	PM	PS	ZO
	NS	PB	PB	PM	PS	PS	ZO	NM	NM
	ZO	PM	PM	PS	PS	ZO	NS	NM	NM
	PS	PS	PM	ZO	ZO	NS	NM	NB	NB
	PM	ZO	ZO	NS	NM	NM	NM	NB	NB
	PB	ZO	PS	NM	NB	NB	NB	NB	NB

（3）Simulink 仿真模型的建立

为了进一步提高控制性能，在 Simulink 下采用模糊+PID 控制，得到系统的仿真模型如图 7-7 所示，仿真结果如图 7-8 所示。

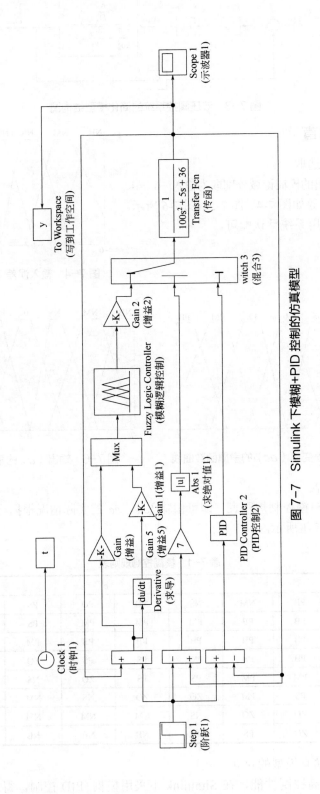

图 7-7 Simulink 下模糊+PID 控制的仿真模型

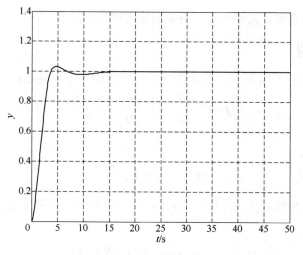

图 7-8　仿真结果图

7.2　烤箱控制

本应用是控制一个通风烤箱的温度。热量由热电阻产生，由功率放大器产生的电压 V_c 控制。温度由放在测量孔中的热电偶测量，仪表放大器产生电压 V_m，显示温度 θ_m。在烤箱温度范围内，假定传感器和仪表放大器装置是线性的，如图 7-9 所示。

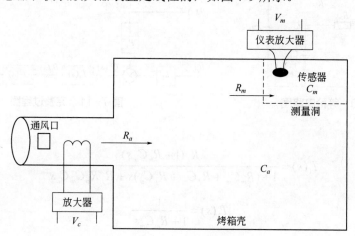

图 7-9　烤箱结构图

此过程包括的参数如下：

$Q = k_1 V_C$　　产生的热量；

R_a　　　　导热管向机壳传播的热电阻；

C_a　　　　机壳的比热容；

R_m　　　　降低测量洞中的烤箱热循环热电阻；

C_m　　　　测量洞的比热容；

R_f　　　　朝烤箱外散热的漏泄电阻；

C_e　　　　烤箱外的比热容；

θ_a、θ_m、θ_e　分别表示烤箱机壳、测量洞和烤箱外的温度。

7.2.1　烤箱模型

等价的电路图如图 7-10 所示，其热力学系统可用如下方程描述：

$$Q = C_a \frac{\mathrm{d}\theta_a}{\mathrm{d}t} + C_m \frac{\mathrm{d}\theta_m}{\mathrm{d}t} + \frac{\theta_a - \theta_c}{R_f} \tag{7-28}$$

其中

$$\theta_m = \theta_a - R_m C_m \frac{\mathrm{d}\theta_m}{\mathrm{d}t} \tag{7-29}$$

对上式进行拉普拉斯变换，得到根据 Q、θ_e 和系统参数的关于 θ_a 的表达式。经过计算后，也就是

$$\theta_a = \left(Q + \frac{\theta_e}{R_f}\right) \left[\frac{R_f(1 + R_m C_m s)}{1 + (R_m C_m + R_f C_m + R_f C_a)s + R_f R_m C_m C_a s^2} \right] \tag{7-30}$$

测量温度和烤箱机壳温度的关系如下：

$$\frac{\theta_m}{\theta_a} = \frac{1}{1 + R_m C_m s} \tag{7-31}$$

考虑这些方程，完整的过程可用函数方框图来描述，描述框图如图 7-11 所示。

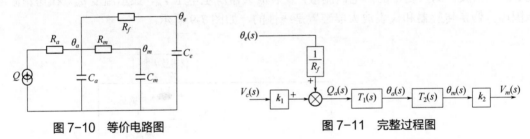

图 7-10　等价电路图　　　　　图 7-11　完整过程图

其中

$$T_1(s) = \frac{R_f(1 + R_m C_m s)}{1 + (R_m C_m + R_f C_m + R_f C_a)s + R_f R_m C_m C_a s^2} \tag{7-32}$$

$$T_2(s) = \frac{1}{1 + R_m C_m s} \tag{7-33}$$

烤箱参数值取如下的值：

R_a=0.01℃/W　　　　　C_a=5000J/℃　　　　　k_1=100W/V

R_m=3℃/W　　　　　C_m=10J/℃　　　　　k_2=0.1V/℃

R_f=0.1℃/W　　　　　C_e=∞

Q_{max}=5000W　　　　　θ_e=20℃

经过计算得出

$$T_1(s) = \frac{0.1 + 3s}{1 + 531s + 15000s^2}$$

$$T_2(s) = \frac{1}{1 + 30s}$$

系统模拟模型如图 7-12 所示。

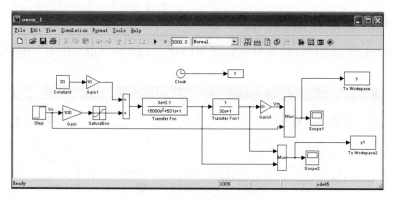

图 7-12 烤箱控制模拟模型

经过仿真得出控制电压 V_c 和测量电压 V_m 的变化曲线和烤箱的温度的变化曲线分别如图 7-13 和图 7-14 所示。

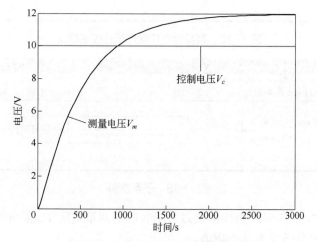

图 7-13 控制电压 V_c 和测量电压 V_m

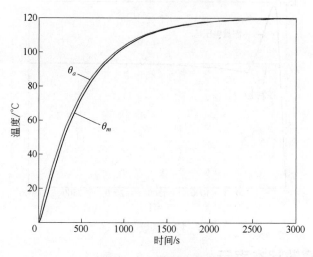

图 7-14 烤箱温度图

饱和限制产生的最大热量为 5000W，图中所呈现的是 1000W 功率下烤箱的反应。由图中可以看到，在瞬间测量温度 θ_m 很接近烤箱温度 θ_a，在稳定状态下，它们当然是相等的。

7.2.2 具有零极点补偿的积分控制

在 Simulink 中得到的积分控制模型如图 7-15 所示。图中"Subsystem"中的结构如图 7-16 所示。

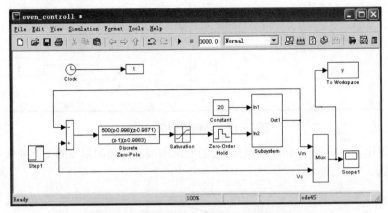

图 7-15 有零极点补偿的积分控制模型

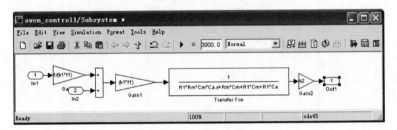

图 7-16 子系统图

仿真结果如图 7-17 所示，由图中可以看出实际的测量电压 V_m 存在着较大的超调，因此可以考虑通过降低积分增益来减小超调。

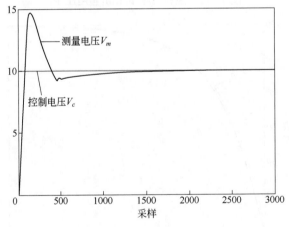

图 7-17 测量电压 V_m

7.2.3 烤箱的离散状态表示

为了得到传递函数 $T(s) = \dfrac{V_m(s)}{V_a(s)}$ 的状态表达式，修改烤箱函数数据框图如图 7-18 所示。

图中 $V_a(s)$ 反映烤箱机壳的温度。

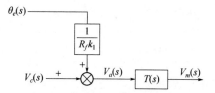

图 7-18　修改后烤箱函数框图

其中

$$T(s) = \frac{k_1 k_2 R_f}{1 + (R_m C_m + R_f C_m + R_f C_a)s + R_f R_m C_m C_a s^2} \tag{7-34}$$

$T(s)$ 是二阶函数，因此状态表达式需要 2 个状态变量：

$$\begin{cases} x_1(t) = V_m(t) \\ x_2(t) = \dot{x}_1(t) \end{cases} \tag{7-35}$$

如果将表达式修改为：

$$T(s) = \frac{b_0}{s^2 + a_1 s + a_0} \tag{7-36}$$

得到对应于 $T(s)$ 传递函数的状态表达式为：

$$\begin{bmatrix} \dot{x}_1 \\ \dot{x}_2 \end{bmatrix} = \begin{bmatrix} 0 & 1 \\ -a_0 & -a_1 \end{bmatrix} \begin{bmatrix} x_1 \\ x_2 \end{bmatrix} + \begin{bmatrix} 0 \\ b_0 \end{bmatrix} V_C \tag{7-37}$$

$$y = V_m = \begin{bmatrix} 1 & 0 \end{bmatrix} \begin{bmatrix} x_1 \\ x_2 \end{bmatrix} \tag{7-38}$$

考虑过程的时间常数，其被采样的周期 1s 所离散化。通过测量 V_m 来控制烤箱温度，为此应用极点配置二阶系统：固有频率 $\omega_n = 0.005\text{rad/s}$；阻尼系数 $\xi = 0.707$。

离散系统的状态空间表达式由下面的程序求出。

```
% Oven control,state return
Rm=3;
Rf=0.1;
Ca=5000;
Cm=10;
k2=0.1;
k1=100;
Te=1;

b0=k1*k2*Rf/(Rf*Rm*Cm*Ca);
a0=1/(Rf*Rm*Cm*Ca);
a1=1/(Rm*Cm);

% Representation in the state space
A=[0 1;-a0 -a1];
B=[0;b0];
C=[1 0];
D=0;
```

```
% discretisation of the state represention

sys=ss(A,B,C,D);
sysd=c2d(sys,Te,'zoh');
[Ad,Bd,Cd,Dd,Ts,Td]=ssdata(sysd)
```

运行结果：

```
Ad =
    1.0000    0.9835
   -0.0001    0.9672
Bd =
  1.0e-004 *
    0.3297
    0.6557
Cd =
    1    0
Dd =
    0
Ts =
    1
Td =
    0
```

状态反馈矢量 K 的求解程序如下：

```
>> % process dynamics
>> m=sqrt(2)/2;
>> wn=1/200;
>> p1=-2*exp(-m*wn*Te)*cos(wn*Te*sqrt(1-m^2));
>> p2=exp(-2*m*wn*Te);
>> p=[1 p1 p2];
>> pr=roots(p);
>> K=acker(Ad,Bd,pr)

K =

   -0.6201 -392.8495
```

具有状态反馈的 Simulink 离散过程模型如图 7-19 所示，控制结果如图 7-20 所示。

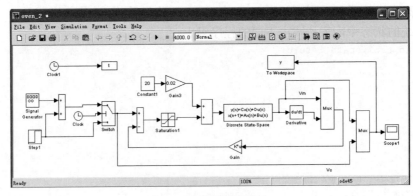

图 7-19   烤箱控制图

由图 7-20 中可以看到，测量电压 V_m 和控制电压 V_c 之间存在着较大的位置差异，因此可考虑适当增加前向通道的增益来减小两者位置上的差异，如图 7-21 所示。然而在前向通道中加入增益，势必会带来超调和振荡，因此在前向通道中加入的增益不宜过大。控制结果如图 7-22 所示。

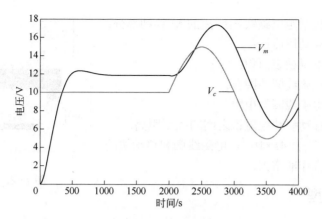

图 7-20　V_m 和 V_c

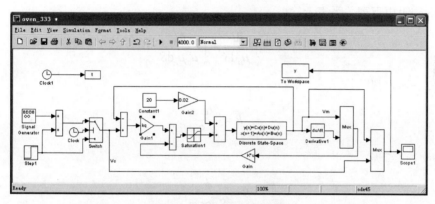

图 7-21　烤箱最终控制图

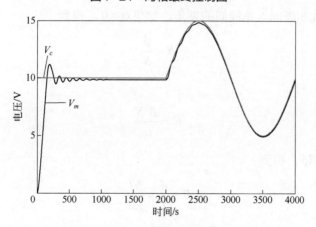

图 7-22　最终控制

由图 7-22 可以看出，虽然产生一定的振荡，但位置差已经被大大地减小了，控制的效果也基本令人满意。

7.3　电磁悬浮

这个应用是通过使用电磁能让移动块 M 在无任何接触下移动，其原理图如图 7-23 所示。

这个控制系统包括距电磁铁 x_0 距离的 M 移动部分：

- $M=1\text{kg}$　　移动块质量；
- $S=4\text{cm}^2$　　电磁铁表面积；
- $N=1000$　　电磁线圈的圈数；
- $r=2\Omega$　　电磁线圈的电阻；
- $x_0=5\text{mm}$　移动块和电磁铁之间的控制距离。

空气磁导率 μ_0 等于 $4\pi\times10^{-7}$，电磁线圈和移动块的磁材料的磁导率可看作非常大。

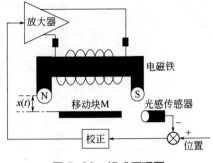

图 7-23　组成原理图

7.3.1　过程模型

（1）用线圈电流 I 和气隙 e 表示的吸引力 F 表达式

磁路的磁阻由下列关系表示：

$$R = \int_e \frac{\mathrm{d}I}{\mu_0 \mathrm{d}S} + \int_e \frac{\mathrm{d}I}{\mu_0 \mu_r \mathrm{d}S} \tag{7-39}$$

已知 $\mu_r \to \infty$，得

$$R = \frac{2e}{\mu_0 S}$$

电磁感应可写为

$$B = \frac{\phi}{S\cos\varphi}$$

这里 φ 是磁力线和表面 S 垂线间的夹角，如果 $\varphi=0$，得到

$$B = \frac{\phi}{S}$$

引力为

$$F = \frac{B^2 S}{\mu_0}$$

此外，由 $NI = R\phi$，得到

$$B = \frac{\phi}{S} = \frac{NI}{RS} \tag{7-40}$$

$$F = \frac{B^2 S}{\mu_0} = \left(\frac{NI}{RS}\right)^2 \frac{S}{\mu_0} = \frac{\mu_0 S N^2 I^2}{4e^2} \tag{7-41}$$

（2）工作点 $e(t)=e_0$ 附近过程的线性化

引力 F 由线圈电流 $I(t)$ 和气隙 $e(t)$ 这两个变量决定。通过假定悬浮块移动的距离与 e_0 相比仍很小来限制这个作用，所考虑的系统能简化成如下的近似公式描述的一个线性系统：

$$F(x, I) = F(x = e_0, I = I_0) + k_1 I(t) + k_2 x(t)$$

已知 $F=Mg$，悬在距离 $x=x_0$ 下的物块电流表达式为

$$I_0 = \frac{2e_0}{N} = \sqrt{\frac{Mg}{\mu_0 S}}$$

系数 k_1 和 k_2 表达成

$$k_1 = \frac{\mathrm{d}F}{\mathrm{d}I} = \frac{\mathrm{d}}{\mathrm{d}I}\left(\frac{\mu_0 S N^2 I^2}{4e_0^2}\right) = \frac{\mu_0 S N^2 I_0}{2e_0^2}$$

$$k_2 = \frac{\mathrm{d}F}{\mathrm{d}x} = -\frac{\mathrm{d}F}{\mathrm{d}e} = -\frac{\mathrm{d}}{\mathrm{d}e}\left(\frac{\mu_0 S N^2 I^2}{4e_0^2}\right) = \frac{\mu_0 S N^2 I_0^2}{2e_0^3}$$

由牛顿第一定律，得到表达式

$$\sum F = M\gamma \tag{7-42}$$

$$k_1 I(t) + k_2 x(t) = M\frac{\mathrm{d}^2 x}{\mathrm{d}t^2} \tag{7-43}$$

（3）过程传递函数

因为电磁可由电流或电压控制，所以可写出位移 $x(t)$、电流 $I(t)$ 和放大器输出电压 $U(t)$ 之间的传递函数表达式。

① 电磁电流控制

$$k_1 I(t) + k_2 x(t) = M\frac{\mathrm{d}^2 x(t)}{\mathrm{d}t^2}$$

此方程的拉普拉斯变换为：

$$k_1 I(s) + k_2 X(s) = Ms^2 X(s)$$

也就是

$$\frac{X(s)}{I(s)} = \frac{k_1}{M} \times \frac{1}{s^2 - \dfrac{k_2}{M}} = \frac{b_0}{s^2 + a_0}$$

这里

$$\begin{cases} b_0 = \dfrac{k_1}{M} \\ a_0 = \dfrac{-k_2}{M} \end{cases}$$

② 电磁电压控制

$$U(t) = rI(t) + \frac{\mathrm{d}\phi(t)}{\mathrm{d}t} \tag{7-44}$$

其中

$$\begin{cases} \phi(t) = L(t)I(t) \\ L(t) = L_0 - \dfrac{\mathrm{d}L}{\mathrm{d}x} \end{cases}$$

得出一个电压控制表达式

$$U(t) = rI(t) + L_0\frac{\mathrm{d}I(t)}{\mathrm{d}t} - I_0\frac{\mathrm{d}L(t)}{\mathrm{d}x} \times \frac{\mathrm{d}x(t)}{\mathrm{d}t} \tag{7-45}$$

其中

$$L = \frac{N\phi}{I} = \frac{N^2}{R} = \frac{\mu_0 N^2 S}{2e}$$

$$\frac{dL}{dx} = \frac{dL}{de} = -\frac{\mu_0 N^2 S}{2e^2}$$

也就是

$$U(t) = rI(t) + L_0 \frac{dI(t)}{dt} + k_1 \frac{dx(t)}{dt}$$

上式的拉普拉斯变换为

$$U(s) = rI(s) + L_0 sI(s) + k_1 sX(s)$$

已知

$$\frac{X(s)}{I(s)} = \frac{k_1}{M} \times \frac{1}{s^2 - \frac{k_2}{M}}$$

获得如下位移和电磁控制电压之间的传递函数公式：

$$\frac{X(s)}{U(s)} = \frac{k_1}{k_1^2 s + (r + L_0 s)(Ms^2 - k_2)} = \frac{b_0}{a_3 s^3 + a_2 s^2 + a_1 s + a_0}$$

这里

$$\begin{cases} b_0 = k_1 \\ a_3 = L_0 M \\ a_2 = rM \\ a_1 = k_1^2 - k_2 L_0 \\ a_0 = -rk_2 \end{cases}$$

选取

$$\begin{cases} k_1 \approx 14 \\ k_2 \approx 3941 \\ L_0 \approx 50\text{mH} \\ I_0 \approx 1.4\text{A} \end{cases}$$

7.3.2 电流放大器控制系统

电磁吸引过程本质上是不稳定的。为了克服不稳定，线圈中的电流必须在位置偏差 $x(t)=0$ 时很快地校正。因此，在控制位置 $x(t)$ 前，必须控制电磁线圈的电流 $I(t)$。

（1）$I(t)$ 电流控制系统简介

电流控制系统原理图如图 7-24 所示。

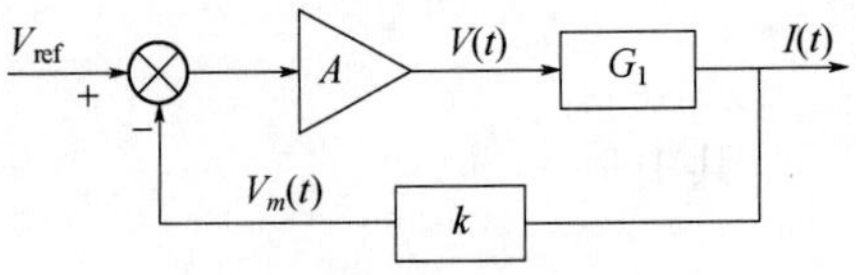

考虑感应系数 L 等于常数 L_0。线圈电流由 $V_m(t)$ 电压转换系数 k 等于 0.04 下的增益产生。传递函数 G_1 为：

图 7-24　电流控制方框图

$$G_1(s) = \frac{I(s)}{V(s)} = \frac{1}{r + L_0 s} = \frac{K}{1 + \tau s} = \frac{0.5}{1 + 0.025s}$$

为使 I_0 等于 1.4A，有必要假设 $V_{\text{ref}} = 56\text{mV}$ 作为参考。闭环传递公式如下：

$$\frac{V_m(s)}{V_{\mathrm{ref}}(s)} = \frac{kKA}{1+kKA} \times \frac{1}{1+\dfrac{\tau}{1+kKA}s}$$

如果制定一条绝对规则来降低过程时间常数至 5ms，增益 A 必须取 200，如图 7-25 所示。

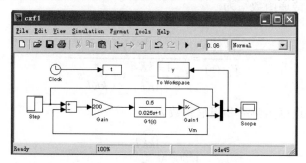

图 7-25　电流控制系统单一反馈图

（2）56mV 阶跃响应

阶跃响应图如图 7-26 所示。从阶跃响应图中可以看到，对应于达到最终电压 V_l 的 63% 的一阶控制系统的时间常数为 5ms。

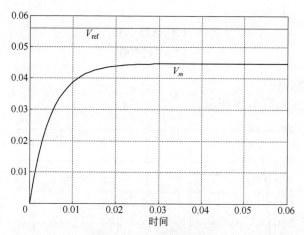

图 7-26　阶跃响应图

另一方面，位置误差也很重要。为在不影响很重要的放大值 A 的前提下减小误差，可以考虑使用比例和积分校正。为此，在固定微分校正为 0 时使用类似 PID 的 Simulink 块，如图 7-27 所示。

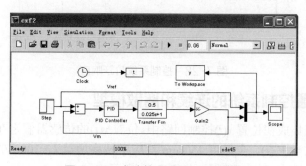

图 7-27　电流控制系统 PI 控制器

PI 校正关系为

$$C(s) = A + \frac{I}{s}$$

因此，控制系统传递函数写为

$$\frac{V_m(s)}{V_{\text{ref}}(s)} = \frac{1 + \dfrac{A}{I}s}{1 + \dfrac{1 + kKA}{kKI}s + \dfrac{\tau}{kKI}s^2}$$

此表达式的自然振荡角频率和阻尼系数为

$$\begin{cases} \omega_0 = \sqrt{\dfrac{kKI}{\tau}} \\ \xi = \dfrac{1}{2} \times \dfrac{1 + kKA}{\sqrt{kKI\tau}} \end{cases}$$

如果制定一条绝对规则以获得自然频率为 500rad/s 和阻尼系数 ξ=0.7，则获得校正环节的参数为

$$\begin{cases} A = 825 \\ I = 312500 \end{cases}$$

（3）控制系统阶跃响应

控制系统阶跃响应如图 7-28 所示。

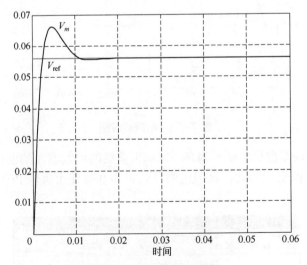

图 7-28　控制系统阶跃响应

7.3.3　$x(t)$位置控制系统的连续和离散模型

将电流控制系统集成在位置 $x(t)$控制回路中。位置 $x(t)$的传感器假定在点 x=0 附近为线性，产生一个位置电压函数 $V_x(t)$。灵敏度 1V/mm 对应于转换增益 k_3=1000V/m。注意，经过上述校正后的电流传递函数为 $G(s)$，其框图如图 7-29 所示。

图 7-29 控制系统框图

图 7-29 所示的前向传递函数为：

$$\frac{V_m(s)}{V_{ref}(s)} = \frac{k_1 k_3}{kM} \times \frac{1 + \dfrac{A}{I}s}{\left(1 + \dfrac{1+kKA}{kKI}s + \dfrac{\tau}{kKI}s^2\right)\left(s^2 - \dfrac{k_2}{M}\right)}$$

上述三个方框的传递函数可用下述程序完成。

```
>> M=1;S=4E-4;
>> N=1000;r=2;
>> I=1.4;
>> e=0.005;mu=pi*4e-7;
>> k=0.04;k3=1000;
>> A=825;Int=312500;
>> K=0.5;tau=0.025;
>> k1=mu*S*I*N^2/(2*e^2);
>> k2=mu*S*(N*I)^2/(2*e^3);
```

- 传递函数 $X(s)/I(s)$ 表达式如下：

```
>> num1=k1/M;den1=[1 0 -k2/M];
>> sys1=tf(num1,dent1)
>> sys1=tf(num1,den1)

Transfer function:
  14.07
----------
s^2 - 3941
```

- 传递函数 $V_m(s)/V_{ref}(s)$ 表达式如下：

```
>> num2=[1+A/Int 0];
>> den2=[tau/(k*K*I) (1+k*K*A)/(k*K*Int) 1];
>> sys2=tf(num2,den2)

Transfer function:
      1.003 s
------------------------
0.8929 s^2 + 0.0028 s + 1
```

- 传递函数 $V_x(s)/V_{ref}(s)$ 表达式如下：

```
>> sys=sys1*sys2/k

Transfer function:
              352.8 s
-------------------------------------------------
0.8929 s^4 + 0.0028 s^3 - 3518 s^2 - 11.03 s - 3941
```

这样一个过程本质上是不稳定的。为了对 Simulink 模型进行位置控制，电流控制系统部分将封装成为子系统，如图 7-30 所示。

具有单位反馈的 Simulink 位置控制系统模型如图 7-31 所示。

在阶数不变的情况下的仿真结果证实了过程的不稳定状态，仿真结果如图 7-32 所示。

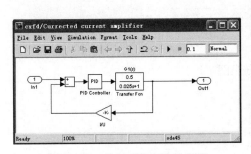

图 7-30 修正后的电流放大器

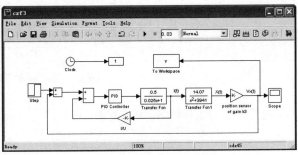

图 7-31 $x(t)$位置控制系统

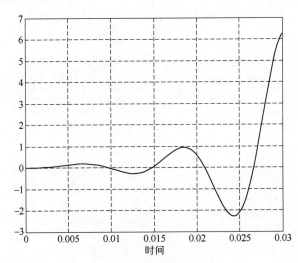

图 7-32 不变阶数下的 $V_x(t)$响应

7.3.4 模糊调节器控制

模糊调节器的主要优点就是它的鲁棒性，这在控制本质不稳定的过程中尤为重要。

本控制包括 2 个输入，$e(t)$表示位置指令和测量值间的误差，$de(t)$是 $e(t)$的微分。控制输出称为 V_c。

3 个信号取值范围如下：

$-1 < e < 1$；$-100 < de < 100$；$-1 < V_c < 1$

（1）变量模糊化

定义 3 个输入 trimf 三角形关系，neg 表示负，zero 表示零，pos 表示正。输出也定义 5 个三角形关系函数（GN 代表绝对值大的负值，N 为负，Z 为零，P 为正，GP 为大的正值）。

在图形界面帮助下得到的模糊修正定义为 cxf53.fis。下面命令体现了这些模糊设置。

```
fismat=readfis('cxf53.fis');

figure(1)
plotmf(fismat,'input',1),grid
title('e(t) input membership rules')
xlabel('e(t) static error')
ylabel('Degree of membership')

figure(2)
plotmf(fismat,'input',2),grid
```

```
title('de(t) input membership rules')
xlabel('de(t) position error derivative')
ylabel('Degree of membership')

figure(3)
plotmf(fismat,'output',1),grid
title('Vc(t) output membership rules')
xlabel('Vc(t) output')
ylabel('Degree of membership')
```

输入"位置误差"的隶属函数图、输入"位置误差微分"的隶属函数图和输出"电磁控制"的隶属函数图分别如图 7-33、图 7-34 和图 7-35 所示。

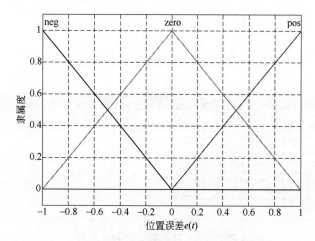

图 7-33　输入"位置误差"的隶属函数图

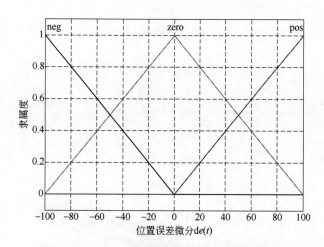

图 7-34　输入"位置误差微分"的隶属函数图

使用最小算子 AND、最大算子 OR 的 Mamdani 方法。

（2）推理规则定义

排列中有 2 个输入，每个输入有 3 个隶属度规则，这就产生 9 种规则。9 种规则的定义如图 7-36 所示。

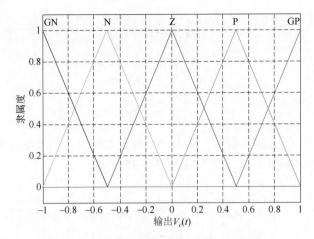

图 7-35 输出"电磁控制"的隶属函数图

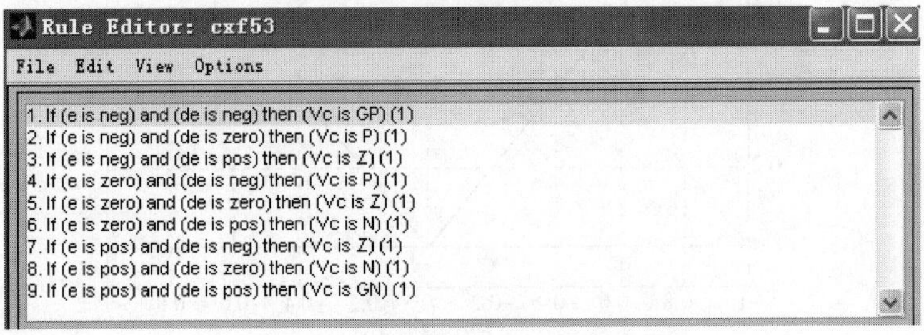

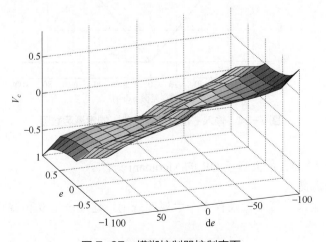

图 7-36 规则编辑器中的规则

（3）输出解模糊

使用最常用的重心计算方法,控制 gensurf 能够根据输入 e 和 de 而绘制出变量 V_c 的表面,如图 7-37 所示。

```
>> figure(4)
>> gensurf(fismat)
>> title('Fuzzy corrector control surface')
>> view(-110,28)
```

图 7-37 模糊控制器控制表面

在命令 plotfis 帮助下得到模糊系统的框图如图 7-38 所示。

```
>> figure(5)
>> plotfis(fismat)
>> gtext('Control system of the mass position')
```

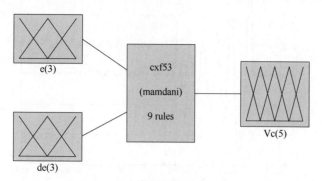

System cxf53: 2 inputs, 1 outputs, 9 rules

图 7-38 块位置控制系统

用零阶保持器的离散化 Simulink 模型通过模糊控制器进行调节，如图 7-39 所示。

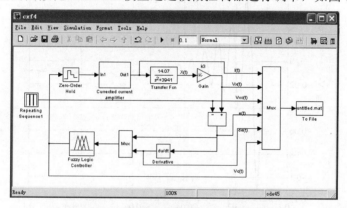

图 7-39 块位置控制系统 $x(t)$ 模糊调节器

施加阶梯型指令，但为避免微分块太过剧烈反应而呈现一定的转换斜面。仿真结果如图 7-40、图 7-41 和图 7-42 所示。

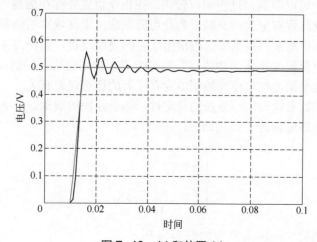

图 7-40 V_{xc} 和位置 V_x

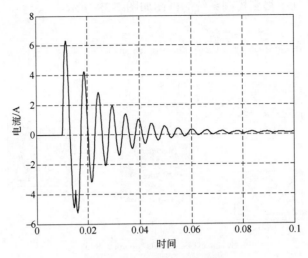

图 7-41　控制电流波动图

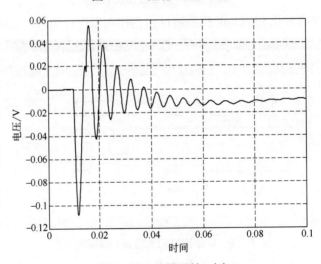

图 7-42　位置误差 $e(t)$

从上述 3 个图中可以看到，过程响应较快，在指令位置处存在振荡。为了减弱振荡，有必要在位置 0 附近使过程有更大的衰减，为此可降低输出隶属规则的倾斜度。为在 0 附近增加过程阻尼，可使用高斯隶属规则来修改输出变量的模糊设置，如图 7-43 所示。由图 7-43 中可以看到，系统位置误差是保证物体提升的平均值。物体的这个控制在 $e(t)$ 误差图上也很清楚地表现出来，这个误差也与模糊控制本身存在着的稳态误差有关。

通过修改过程参数来检查修正系统的稳定性，如悬浮块的质量。将 M 从 1kg 加到 2kg，于是 K 和 τ 参数的电磁电流传递公式如下：

$$\begin{cases} b_0 = \dfrac{k_1}{M} = 7 \\ a_0 = -\dfrac{k_2}{M} = 1970 \end{cases}$$

则位置控制系统的 Simulink 模型如图 7-44 所示。

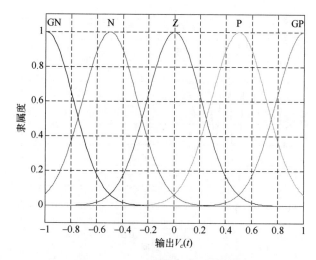

图 7-43　修正后输出 V_c 隶属规则

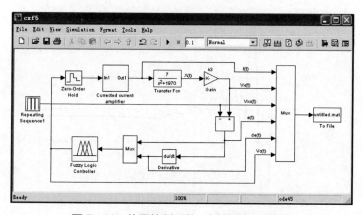

图 7-44　位置控制系统 $x(t)$ 模糊逻辑修正

仿真结果如图 7-45、图 7-46 和图 7-47 所示。

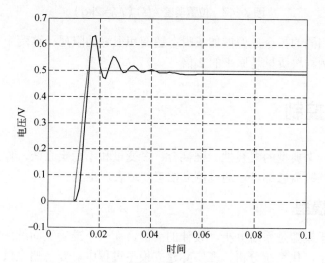

图 7-45　V_{xc} 和位置 V_x (M = 2kg)

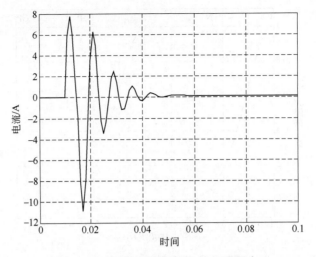

图 7-46　控制电流波动图（$M=2$kg）

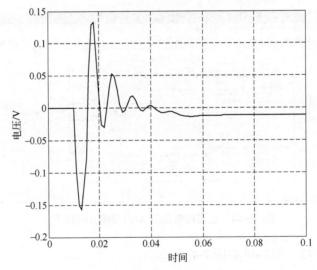

图 7-47　位置误差 $e(t)$（$M=2$kg）

这个仿真仍用相同的指令，但增加了瞬态超调和很好的阻尼。这两个现象是由增加物块质量所引起的，本例物块质量是原来的 2 倍。

7.4　倒立摆控制

倒立摆系统是一个典型的非线性、强耦合、多变量和不稳定系统，作为控制系统的被控对象，许多抽象的控制概念都可以通过倒立摆直观地表现出来。

7.4.1　倒立摆模型

对系统建立数学模型是系统分析、设计的前提，而一个准确又简练的数学模型将大大简化后期的工作。为了简化系统分析，在实际建立模型过程中，要忽略空气流动阻力，以及各种次要的摩擦阻力。这样，可将倒立摆系统抽象成由小车和匀质刚性杆组成，如图 7-48 所示，系统中小车和摆杆的受力分析图如图 7-49 所示，N 和 P 为小车与摆杆相互作用力的水平和垂直方向的分量，θ 是摆杆与垂直向下方向的夹角。

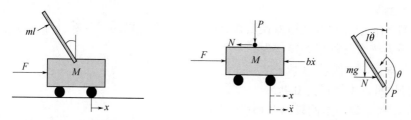

图 7-48　倒立摆模型　　　　图 7-49　矢量方向定义

根据图 7-49，应用 Newton 方法来建立系统的动力学方程，得出系统的运动方程为：

$$(M + m)\ddot{x} + b\dot{x} + ml\ddot{\theta}\cos\theta - ml\dot{\theta}^2\sin\theta = F$$

$$(I + ml^2)\ddot{\theta} + mgl\sin\theta = -ml\ddot{x}\cos\theta$$

（1）微分方程模型

设 $\theta = \pi + \phi$，当摆杆与垂直向上方向之间的夹角 ϕ 与 1(弧度)相比很小，即 $\phi \ll 1$ 时，则可以进行近似处理：$\cos\theta = -1$，$\sin\theta = -\phi$，$(\mathrm{d}\theta / \mathrm{d}t)^2 = 0$。为了与控制理论的表达习惯统一，即 u 表示控制量，因此用 u 来表示被控对象的输入力 F，线性化后得到该系统数学模型的微分方程表达式：

$$\begin{cases} (I + ml^2)\ddot{\theta} - mgl\phi = ml\ddot{x} \\ (M + m)\ddot{x} + b\dot{x} - ml\ddot{\theta} = u \end{cases} \tag{7-46}$$

（2）传递函数模型

对方程组（7-46）进行拉式变换，然后经过整理得出以输入力 u 为输入量，以摆杆摆角 ϕ 为输出量的传递函数为：

$$G_1(s) = \frac{\Phi(s)}{U(s)} = \frac{\dfrac{ml^2}{q}s^2}{s^4 + \dfrac{b(I + ml^2)}{q}s^3 - \dfrac{(M + m)mgl}{q}s^2 - \dfrac{bmql}{q}s} \tag{7-47}$$

式中，$q = (M + m)(I + ml^2) - (ml)^2$。

若取小车位移为输出量，可得传递函数为

$$G_2(s) = \frac{X(s)}{U(s)} = \frac{\dfrac{1 + ml^2}{q}s^2 - \dfrac{mgl}{q}}{s^4 + \dfrac{b(I + ml^2)}{q}s^3 - \dfrac{(M + m)mgl}{q}s^2 - \dfrac{bmql}{q}s} \tag{7-48}$$

（3）状态空间数学模型

$$Y = \begin{bmatrix} x \\ \phi \end{bmatrix} = \begin{bmatrix} 1 & 0 & 0 & 0 \\ 0 & 0 & 1 & 0 \end{bmatrix} \begin{bmatrix} x \\ \dot{x} \\ \theta \\ \dot{\theta} \end{bmatrix} + \begin{bmatrix} 0 \\ 0 \end{bmatrix} u$$

控制系统的仿真与分析——基于 MATLAB 的应用

7.4.2 开环响应

（1）传递函数

在 MATLAB 中，拉普拉斯变换后得到的传递函数可以通过计算并输入分子和分母矩阵来实现。假设系统内部各相关参数为：

M：小车质量，本例设为 1kg；

m：摆杆质量，本例设为 0.4kg；

b：小车摩擦系数，本例设为 0.15；

l：摆杆传动轴心到杆质心的长度，本例设为 0.3m；

T：采样时间，本例设为 0.005s。

以下仿真程序用于求系统传递函数、传递函数的极点以及开环脉冲响应。

```
%倒立摆传递函数、开环极点及开环脉冲响应
%输入倒立摆传递函数 G(S)=num/den
M = 1;
m = 0.4;
b = 0.15;
I = 0.006;
g = 9.8;
l = 0.3;
q = (M+m)*(I+m*l^2)-(m*l)^2;
% 计算并显示多项式形式的传递函数
num = [m*l/q 0 0]
den = [1 b*(I+m*l^2)/q -(M+m)*m*g*l/q -b*m*g*l/q 0]
% 计算并显示传递函数的极点 p
[r,p,k] = residue(num,den);
s = p
%求传递函数的脉冲响应并显示
t=0:0.005:5;
impulse(num,den,t)
axis([0 1 0 60])
grid
```

执行上面的文件，得到系统传递函数的分子（num）与分母（den）多项式的 MATLAB 表示：

```
num =
   2.7027        0        0
den =
   1.0000    0.1419  -37.0811   -3.9730        0
s =
  -6.1071
   6.0724
  -0.1071
        0
```

由此可知，系统传递函数的多项式表达式为

$$G_1(s) = \frac{\Phi(s)}{U(s)} = \frac{2.7027s^2}{s^4 + 0.1419s^3 - 37.0811s^2 - 3.9730s}$$

系统的开环极点为 s_1=-6.1071、s_2=6.0724、s_3=-0.1071、s_4=0，由于一个开环极点位于 S 平面的右半部，开环系统不稳定。

仿真的开环脉冲响应（即给系统加一个脉冲推力）曲线如图 7-50 所示，系统不稳定。

288

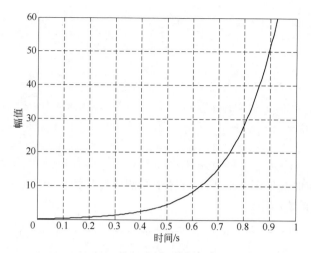

图 7-50　开环脉冲响应

（2）状态空间法

状态空间法可以进行单输入多输出系统设计，因此，在这里尝试同时对摆杆角度和小车位置进行控制。为了更具挑战性，给小车加一个阶跃输入信号。利用 MATLAB 求出系统的状态空间方程各矩阵，并仿真系统的开环阶跃响应，其程序如下：

```
% 输入倒立摆相关参数
M = 1;
m = 0.4;
b = 0.15;
I = 0.006;
g = 9.8;
l = 0.3;
% p 用于状态方程的计算
p = I*(M+m) +M*m*l^2;
% 输入倒立摆状态方程并显示
A = [0        1              0            0;
0    -(I+m*l^2)*b/p   (m^2*g*l^2)/p      0;
  0       0              0            1;
0    -(m*l*b)/p      m*g*l*(M+m)/p     0]
B = [    0;
      (I+m*l^2)/p;
       0;
      m*l/p]
C = [1 0 0 0;
   0 0 1 0]
D = [0;
0]
% 求开环系统的阶跃响应并显示
T = 0:0.005:5;
U = 0.2*ones(size(T));
[Y,X] = lsim(A,B,C,D,U,T);
plot(T,Y)
% 输入显示范围
axis([0 2 0 100])
grid
```

执行上述程序，得到系统的状态空间矩阵 **A**、**B**、**C**、**D**，显示结果如下：

```
A =
    0    1.0000       0       0
    0   -0.1419    3.1784       0
```

289

```
         0          0          0     1.0000
         0    -0.4054    37.0811          0
B =
         0
    0.9459
         0
    2.7027
C =
    1    0    0    0
    0    0    1    0
D =
    0
    0
```

仿真的开环响应曲线如图 7-51 所示（图中左侧曲线是摆杆角度响应曲线，右侧曲线是小车位置响应曲线），系统不稳定。

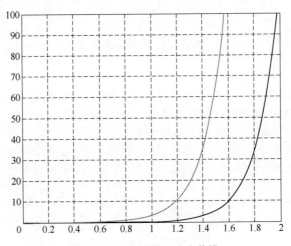

图 7-51　开环阶跃响应曲线

7.4.3　PID 控制算法的 MATLAB 仿真

（1）摆杆角度控制算法的仿真

输出为摆杆角度 ϕ 时系统的脉冲响应仿真程序为：

```
%输入倒立摆传递函数 G1(S)=num1/den1
M = 1;
m = 0.4;
b = 0.15;
I = 0.006;
g = 9.8;
l = 0.3;
q = (M+m)*(I+m*l^2)-(m*l)^2;
num1 = [m*l/q  0 0];
den1 = [1  b*(I+m*l^2)/q  -(M+m)*m*g*l/q  -b*m*g*l/q 0];
%输入控制器 PID 数学模型
Kp = 1;
Ki = 0.6;
Kd = 2;
numPID = [Kd Kp Ki];
denPID = [1 0];
num = conv(num1,denPID);   %计算闭环系统传递函数
%多项式相加
den = polyadd(conv(denPID,den1),conv(numPID,num1 ));
[r,p,k] = residue(num,den);  %求整个系统传递函数的极点
```

```
s = p    % 显示极点
% 求多项式传递函数的脉冲响应
t=0:0.005:5;
impulse(num,den,t)
axis([0 5 0 10])
grid
```

文件中用到了两个多项式之和的函数 polyadd，它不是 MATLAB 工具，因此必须把该文件和源文件一起拷贝到 MATLAB 工作区。polyadd.m 文件如下：

```
% 求两个多项式之和
function[poly] = polyadd(poly1,poly2)
if length(poly1) < length(poly2)
    short = poly1;
    long = poly2;
else
    short = poly2;
    long = poly1;
end
mz = length(long)-length(short);
if mz > 0
    poly = [zeros(1,mz),short] + long;
else
    poly = long + short;
end
```

于是就可以进行系统脉冲响应的 PID 控制仿真了。

PID 控制系统系数取为 K_P=1、K_I=0.6、K_D=2，闭环系统极点为：

```
s =
  -7.4415
   4.6337
  -0.0368
        0
```

脉冲响应曲线如图 7-52 所示。

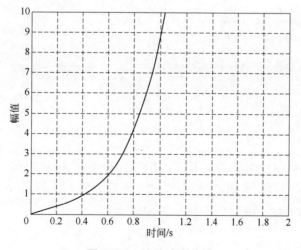

图 7-52 脉冲响应曲线

有 1 个闭环极点位于 S 平面右半部，系统不稳定。从系统响应曲线也可以看出，系统响应是不稳定的，不能满足要求，需要调整 K_P、K_I、K_D，直到获得满意的控制结果。不断调整 K_P、K_I、K_D 三个参数，同时观察它对响应的影响，最后当 K_P=80，K_I=20，K_D=50 时，得系统的响应曲线如图 7-53 所示。由图中可以看到，系统响应满足指标要求。

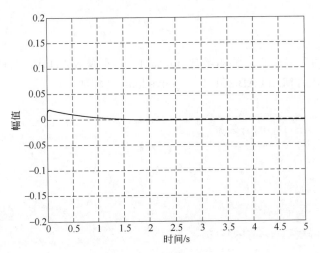

图 7-53　系统响应曲线

（2）小车位置控制算法的仿真

取 K_P=80，K_I=20，K_D=50，仿真程序如下：

```
%输入倒立摆传递函数 G1(s)=num1/den1,G2(s)=num2/den2
M = 1;
m = 0.4;
b = 0.15;
I = 0.006;
g = 9.8;
l = 0.3;
q = (M+m)*(I+m*l^2) -(m*l)^2;
num1 = [m*l/q  0 0];
den1 = [1  b*(I+m*l^2)/q  -(M+m)*m*g*l/q  -b*m*g*l/q 0];
num2 = [-(I+m*l^2)/q  0  m*g*l/q];
den2 = den1;
%输入控制器 PID 数学模型 Gc(s)=numPID/denPID
Kp = 80;
Ki = 20;
Kd = 50;
numPID = [Kd Kp Ki];
denPID = [1 0];
num = conv(num2,denPID); %多项式相乘
den = polyadd(conv(denPID,den2),conv(numPID,num1 )); %多项式相加
 [r,p,k] = residue(num,den); %求闭环系统极点
s = p  % 显示闭环极点
% 求取多项式传递函数的脉冲响应
t=0:0.005:5;
impulse(num,den,t)
axis([0 5 0 0.5])
grid
```

阶跃响应仿真曲线如图 7-54 所示。

由仿真结果能够看出，当摆杆角度处于很好的闭环控制下时，小车位置处于失控状态，会沿着某一方向运动下去。

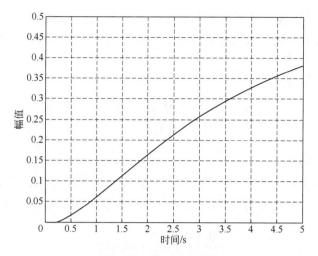

图 7-54　阶跃响应曲线

7.5　汽车防抱制动系统的控制

下面以常规模糊控制为基础，把自调整因子环节应用于汽车防抱制动系统（ABS）的控制中。

7.5.1　汽车 ABS 控制系统

（1）汽车 ABS 控制系统结构

以汽车的减速度作为被监控的参数，得到控制系统，如图 7-55 所示。

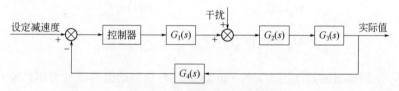

图 7-55　控制系统结构框图

图 7-55 中，$G_1(s)$ 为液压调节器的传递函数；$G_2(s)$ 为制动器的传递函数；$G_3(s)$ 为车轮的传递函数；$G_4(s)$ 为测量单元的传递函数。

（2）液压调节系统数学模型的建立

液压调节系统主要由电磁阀和制动缸轮组成，其中电磁阀模型可以近似简化为如图 7-56 所示的节流阀模型。

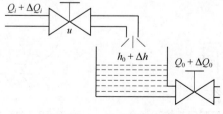

图 7-56　节流阀模型图

图 7-56 中，Q_i 表示输入水流量的稳态值；ΔQ_i 表示输入水流量的增量；Q_0 表示输出水流量的稳态值；ΔQ_0 表示输出水流量的增量；h_0 表示液位的稳态值；Δh 表示液位的增量；u 表示调节阀的开度。

其传递函数可近似为

$$G(s) = \frac{\Delta H(s)}{\Delta U(s)} = \frac{K}{Ts + 1} \tag{7-49}$$

（3）制动缸模型的建立

制动缸模型可以由如图 7-57 所示的弹簧阻尼系统来近似。设定图 7-57 中 $x(t)$ 为输入位移，$y(t)$ 为输出位移，并设 k 为弹簧刚度，c 为阻尼系数，根据牛顿定律有

$$c \frac{\mathrm{d}y(t)}{\mathrm{d}t} + ky(t) = kx(t) \tag{7-50}$$

经过拉式变换后得传递函数为

$$G(s) = \frac{Y(s)}{X(s)} = \frac{1}{Ts + 1} \tag{7-51}$$

式中，$T = \dfrac{c}{k}$，为惯性环节的时间常数。

（4）制动器模型的建立

以流入或流出制动缸的流量作为该模型的输入，制动缸产生的压力作为模型的输出，忽略制动器非线性和滞后带来的一系列影响，制动器模型可近似简化成力矩的形式：

$$M_b = 0 \qquad\qquad P(t) < P_m \tag{7-52}$$

$$M_b = K_p\left(P(t) - P_m\right) \qquad\qquad P(t) > P_m \tag{7-53}$$

式中，K_p 是制动器的效能因素，$\mathrm{N \cdot m/kPa}$；M_b 是制动器的制动力矩，$\mathrm{N \cdot m}$；$P(t)$ 是制动缸压力，kPa；P_m 是克服制动缸中弹簧所需的压力。最终的制动器模型可以近似成一个比例环节 K_p。

（5）车轮模型的建立

以单个车轮为研究对象，忽略空气动力学及结构弹性振动的影响，弹簧和减振器均简化和线性处理，忽略车轮滚动阻力、加速阻力及车辆的横向运动，如图 7-58 所示。

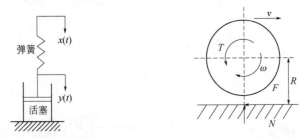

图 7-57　弹簧阻尼系统　　　　图 7-58　单轮车辆模型

根据车辆动力方程

$$\frac{1}{4}m\dot{v}=-F_x \tag{7-54}$$

$$I\omega=F_x R-M_b \tag{7-55}$$

$$S=1-\frac{\omega R}{v} \tag{7-56}$$

得简化的线性滑移率-附着关系为

$$\begin{cases} \mu=\dfrac{\mu_{\max}}{S_T}S, & S\leqslant S_T \\[3mm] \mu=\dfrac{\mu_{\max}-\mu_0 S_T}{1-S_T}S-\dfrac{\mu_{\max}-\mu_0}{1-S_T}S, & S>S_T \end{cases} \tag{7-57}$$

式中，μ 为地面附着系数；m 为整车质量；F_x 为地面制动力；v 为车辆速度；I 为车轮转动惯量；R 为车轮滚动半径；M_b 为制动力矩；S 为滑移率；$\mu_{\max}$ 为峰值附着系数；μ_0 为抱死时的附着系数；S_T 为峰值附着系数对应的滑移率。

进行拉式变换，则滑移率-附着的传递函数可以近似为：

$G(s)=1/(K_T m)$，K_T 为滑移率附着系数。

这里以家用 SUV 车型为例，取车体总质量（空载）m=1500kg，车体总质量（满载）m=1850kg。令传感器传函 $G_4(s)=1$，取 $K_p=21\mathrm{N\cdot m/kPa}$，$T$ 取 0.1s，K_T 取 0.25。

最后得到被控对象的近似传函为：

$$G(s)=G_1(s)G_2(s)G_3(s)=\frac{1}{Ts+1}\times\frac{1}{s}\times K_p\times\frac{1}{0.25m}\approx \begin{cases} \dfrac{1}{1.786s^2+17.86s} & （空载） \\[3mm] \dfrac{1}{2.143s^2+21.43s} & （满载） \end{cases}$$

7.5.2　Simulink 下控制系统模型的建立

为了提高系统响应速度，缩短控制时间，并增加控制的精度和稳定性，采用模糊 PID 控制。控制系统模型如图 7-59 所示。

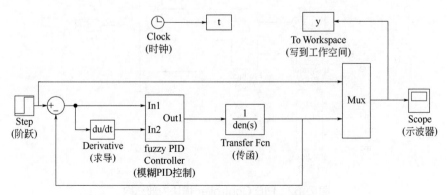

图 7-59　Simulink 下的控制系统模型

图中以单位阶跃相应作为给定的输入信号，fuzzy PID Controller 模块内部如图 7-60 所示。图 7-60 中模糊逻辑控制模块和 PID 控制模块内部分别如图 7-61 和图 7-62 所示。图 7-61 中的模糊逻辑控制的设计如图 7-63 所示，图中 e、ec、kp、ki、kd 的设计分别如图 7-64、图 7-65、图 7-66、图 7-67、图 7-68 所示，控制规则如图 7-69 所示。

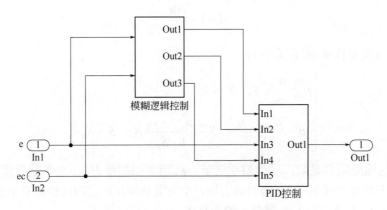

图 7-60　模糊 PID 控制模块内部结构

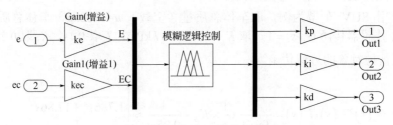

图 7-61　模糊逻辑控制模块内部结构

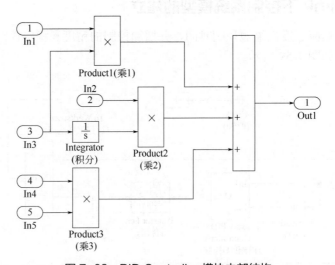

图 7-62　PID Controller 模块内部结构

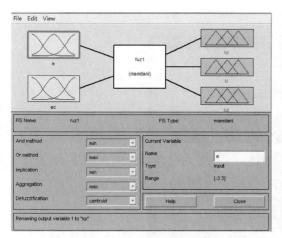

图 7-63　模糊逻辑控制设计图

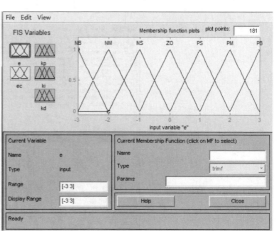

图 7-64　e 设计图

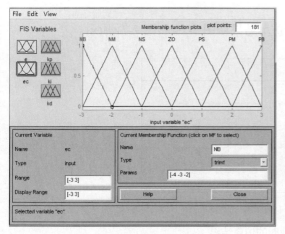

图 7-65　ec 设计图

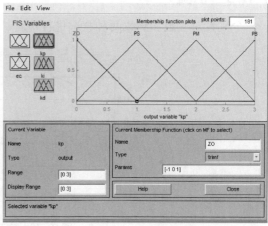

图 7-66　kp 设计图

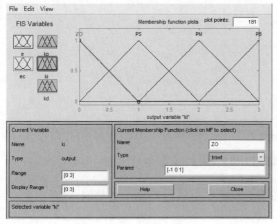

图 7-67　ki 设计图

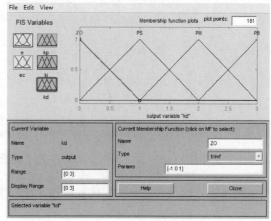

图 7-68　kd 设计图

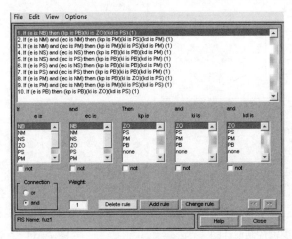

图 7-69 控制规则

7.5.3 仿真

分别针对空载和满载两种状况进行仿真，仿真结果如图 7-70 和图 7-71 所示。

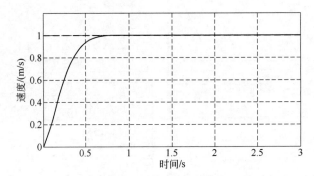

图 7-70 空载时的仿真结果

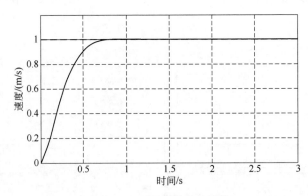

图 7-71 满载时的仿真结果

当考虑系统干扰时，系统仿真模型如图 7-72 所示，图中空载时 Gain1 增益取 $\dfrac{1}{0.25 \times 1500}$，满载时取 $\dfrac{1}{0.25 \times 1850}$，仿真结果如图 7-73、图 7-74 所示。

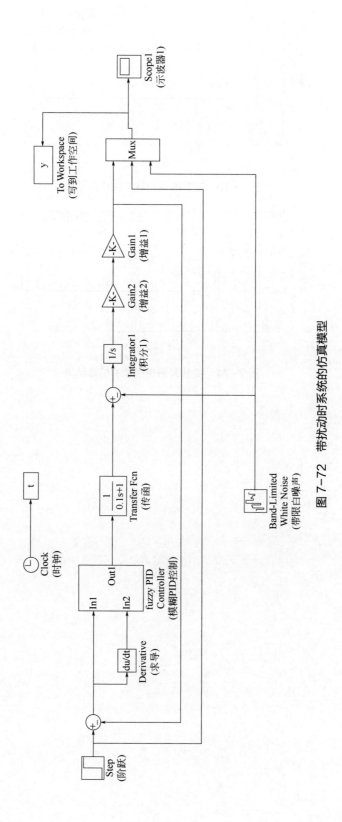

图 7-72 带扰动时系统的仿真模型

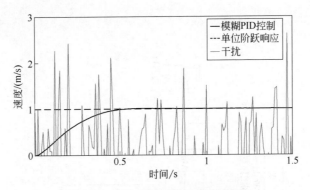

图 7-73　空载时带有扰动的仿真结果

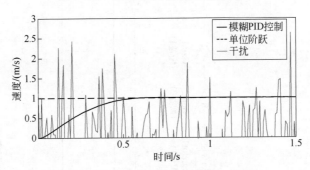

图 7-74　满载时带有扰动的仿真结果

参考文献

[1] 于浩洋. 模糊积分控制在汽车防抱制动系统的应用[J]. 电气自动化，2022,44(2):54-56.

[2] 于浩洋，李普强. 无缆自主式水下机器人航向的模糊控制[J]. 黑龙江工程学院学报，2017,31(5):33-36.

[3] 于浩洋. 液压阀控系统的前馈-自调整因子模糊控制[J]. 黑龙江工程学院学报，2015,29(2):18-21.

[4] 于浩洋，关广丰，于笑平，等. 电液振动台加速度波形再现控制算法[J]. 黑龙江工程学院学报（自然科学版），2013,27(1):60-63.

[5] 于浩洋. 磁悬浮垂直位置控制的设计与仿真[J]. 自动化技术与应用，2010,29(2):67-71,75.

[6] 于浩洋. 啤酒发酵温度的模糊控制与实现[J]. 电气传动，2007(12):53-55.

[7] 于浩洋，徐泽清，周正林. 提高模糊控制器控制性能的一种实用方法[J]. 电气自动化，2007,29(3):6-8.

[8] 胡寿松. 自动控制原理简明教程[M]. 4 版. 北京：科学出版社，2019.

[9] 胡寿松. 自动控制原理[M]. 6 版. 北京：科学出版社，2013.

[10] 胡寿松. 自动控制原理习题解析[M]. 2 版. 北京：科学出版社，2013.

[11] 于浩洋，初红霞，王希凤. MATLAB 实用教程——控制系统仿真与应用[M]. 北京：化学工业出版社，2009.

[12] 李国勇. 神经·模糊预测控制及其 MATLAB 实现[M]. 4 版. 北京：电子工业出版社. 2018.